全国应用型高等院校土建类"十三五"规划教材

建设工程监理概论

主编 刘勇

U0238484

中国水利水电出版社
www.waterpub.com.cn
·北京·

内 容 提 要

本教材依据我国现行的规程规范，结合院校学生实际能力和就业特点，根据教学大纲及培养技术应用型人才的总目标来编写。教材主要内容为建设工程监理制度与相关法律法规、工程监理企业与注册监理工程师、建设工程监理招投标与合同管理、建设工程监理组织、监理规划与监理实施细则、建设工程监理工作内容和主要方式、建设工程监理文件资料管理、建设工程监理相关服务及附录等。

本教材可作为应用型本科院校、高职高专院校土建类建筑工程、工程造价、建设监理等专业教材使用；亦可为工程技术人员的参考借鉴，也可作为成人、函授、网络教育、自学考试等参考用书使用。

本教材还随书附赠了一本《顶岗实习指导书》，既可作为高职院校相关专业顶岗实习的指导用书，也可作为监理企业培训新入职员工的参考用书。

图书在版编目（CIP）数据

建设工程监理概论 / 刘勇主编. -- 北京：中国水
利水电出版社，2016.12（2021.4重印）
全国应用型高等院校土建类"十三五"规划教材
ISBN 978-7-5170-5077-3

Ⅰ．①建… Ⅱ．①刘… Ⅲ．①建筑工程－监理工作－
高等学校－教材 Ⅳ．①TU712

中国版本图书馆CIP数据核字(2016)第323209号

书　名	全国应用型高等院校土建类"十三五"规划教材 **建设工程监理概论** JIANSHE GONGCHENG JIANLI GAILUN
作　者	主编　刘勇
出版发行	中国水利水电出版社 （北京市海淀区玉渊潭南路1号D座　100038） 网址：www.waterpub.com.cn E-mail：sales@waterpub.com.cn 电话：（010）68367658（营销中心）
经　售	北京科水图书销售中心（零售） 电话：（010）88383994、63202643、68545874 全国各地新华书店和相关出版物销售网点
排　版	中国水利水电出版社微机排版中心
印　刷	北京印匠彩色印刷有限公司
规　格	184mm×260mm　16开本　27.25印张　646千字
版　次	2016年12月第1版　2021年4月第2次印刷
印　数	3001—5000册
定　价	**58.00**元

前　言

随着我国工程监理实践经验的不断丰富，建设工程监理相关法规及标准也在不断完善中，近年来先后颁布、修订了《建设工程监理规范》（GB/T 50319—2013）、《建设工程监理合同（示范文本）》（GF—2012—0202）等一系列标准、规范，《工程监理企业资质标准》《注册监理工程师继续教育暂行办法》等也正在修订中，工程监理的定位和职责得到了进一步明确。同时也对建设监理行业提出了更高的要求，需要培养大量的具有相当理论基础和实际操作能力的监理人才。本教材就是为了满足这种新形势和教学需要而编写的。在编写过程中主要参考了全国监理工程师培训考试用书《建设工程监理概论（第四版）》、《建设工程监理规范》及其应用指南等权威文献的内容，并根据最新法律法规和建设工程监理的相关规定进行了增减。内容贴近施工现场监理实践，切实反映监理人员的实际需求，避免过多的理论和程序性的内容，注重实用性、可操作性。为了让学生能将所学更好的应用在实际中，培养其实际工作能力和分析能力，本教材还随书附赠了一本《顶岗实习指导书》，以达到学以致用的目的。

本教材共 8 章，比较全面地介绍了建设工程监理制度与相关法律法规、工程监理企业与注册监理工程师等工程监理基础知识，以及建设工程监理招投标与合同管理、监理组织、监理规划与监理实施细则、监理工作内容和主要方式、监理文件资料管理等监理实际操作方面的内容，还简要介绍了拓宽监理服务业务范围的建设工程相关服务的内容；附录包含了《建设工程监理合同（示范文本）》《建设工程施工监理服务费计费规则》《建设监理人员职业道德行为准则》《建设工程监理规范》附表和《建设工程施工合同（示范文本）》5 个部分。本教材不仅可作为高职高专院校工程监理、工程造价、建筑工程技术等土木工程类专业的教学用书，也可以作为监理人员的参考用书。

本教材编写者都是具有高级职称、活跃在施工现场的国家注册监理工程师。参加本教材编写的有淮北职业技术学院的刘勇、黄胜方，安徽恒正建设工程项目管理公司的黄士勇，淮北市建设工程质量监督站的徐士东。具体分工为：刘勇编写第 1 章、第 4 章和第 8 章，黄胜方编写第 2 章和第 3 章，黄士勇编写第 6 章和第 9 章，徐士东编写第 5 章和第 7 章。全书由刘勇负责统稿和定稿。

在本教材的编写过程中，得到了中国水利水电出版社、淮北职业技术学院、安徽恒正建设工程项目管理有限公司和淮北市质量监督站的大力支持，同时参考了其他作者编写的教材和文献，在此一并表示感谢。

由于编者的水平有限，难免有不妥之处，请广大读者批评指正。

编者

2016 年 8 月

目 录

第1章

建设工程监理制度与相关法律法规

教学目标：

- 掌握建设工程监理的涵义及性质，建设工程监理的法律地位及责任，建设工程强制监理的范围。
- 熟悉工程建设程序与建设工程监理相关制度。
- 熟悉与我国建设工程监理相关的法律法规的内容。
- 掌握《建设工程监理规范》的内容。

我国建设工程监理制度自1988年起，先后经历了试点、稳步实施和全面推行几个阶段，建设监理制度的实施，对于加快我国工程建设管理方式向社会化、专业化方向发展，促进工程建设管理水平和投资效益的提高发挥了重要作用。建设工程监理制与项目法人责任制、工程招投标制、合同管理制等一起共同构成了我国工程建设领域的重要管理制度。

1.1 建 设 工 程 监 理 概 述

1.1.1 建设工程监理的涵义及性质

1.1.1.1 建设工程监理的涵义

建设工程监理是指工程监理单位受建设单位委托，根据法律法规、工程建设标准、勘察设计文件及合同，在施工阶段对建设工程质量、造价、进度进行控制，对合同、信息进行管理，对工程建设相关方的关系进行协调，并履行建设工程安全生产管理法定职责的服务活动。

建设单位（业主、项目法人）是建设工程监理任务的委托方，工程监理单位是监理任务的受托方。工程监理单位在建设单位的委托授权范围内从事专业化服务活动。与国际上一般的工程项目管理咨询服务不同，建设工程监理是一项具有中国特色的工程建设管理制度，目前的工程监理不仅定位于工程施工阶段，而且法律法规还将工程质量、安全生产管理方面的责任赋予工程监理单位。

建设工程监理的涵义需要从以下几方面理解。

1. 建设工程监理的行为主体

《中华人民共和国建筑法》（以下简称《建筑法》）第三十一条明确规定："实行监理的工程，由建设单位委托具有相应资质条件的工程监理单位实施监理。"建设工程监理应当由具有相应资质的工程监理单位实施，由工程监理单位实施工程监理的行为主体是工程监理单位。

建设工程监理不同于政府主管部门的监督管理。后者属于行政性监督管理，其行为主体是政府主管部门。同样，建设单位自行管理、工程总承包单位或施工总承包单位对分包单位的监督管理都不是工程监理。

2. 建设工程监理实施的前提

《建筑法》第三十一条明确规定："建设单位与其委托的工程监理单位应当以书面形式订立建设工程监理合同。"也就是说，建设工程监理的实施需要建设单位的委托和授权。工程监理单位只有与建设单位以书面形式订立建设工程监理合同，明确监理工作的范围、内容、服务期限和酬金，以及双方的义务、违约责任后，才能在规定的范围内实施监理。工程监理单位在委托监理的工程中之所以拥有一定的管理权限，是基于建设单位授权的结果。

3. 建设工程监理实施的依据

建设工程监理实施的依据包括法律法规、工程建设标准、勘察设计文件及合同等。

（1）法律法规。包括《建筑法》《中华人民共和国合同法》（以下简称《合同法》）《中华人民共和国招标投标法》（以下简称《招标投标法》）《建设工程质量管理条例》《建设工程安全生产管理条例》《招标投标法实施条例》等法律法规；《工程监理业资质管理规定》《注册监理工程师管理规定》《建设工程监理范围和规模标准规定》等部门规章，以及地方性法规等。

（2）工程建设标准。包括：有关工程技术标准、规范、规程以及《建设工程监理范》等。

（3）勘察设计文件及合同。包括：经批准的初步设计文件、施工图设计文件，建设工程监理合同以及与所监理工程相关的施工合同、材料设备采购合同等。

4. 建设工程监理实施的范围

目前，建设工程监理定位于工程施工阶段，工程监理单位受建设单位委托，按照建设工程监理合同约定，在工程勘察、设计、保修等阶段提供的服务活动均称为相关服务。工监理单位可以拓展自身的经营范围，为建设单位提供包括建设工程项目策划决策和建设实施全过程的项目管理服务。

5. 建设工程监理的基本职责

建设工程监理是一项具有中国特色的工程建设管理制度。工程监理单位的基本职责是在建设单位委托授权范围内，通过合同管理和信息管理，以及协调工程建设相关方的关系，控制建设工程质量、造价和进度，即"三控、两管、一协调"。此外，还需履行建设工程安全生产管理的法定职责，这是《建设工程安全生产管理条例》赋予工程监理单位的社会责任。

1.1.1.2 建设工程监理的性质

建设工程监理的性质可概括为服务性、科学性、独立性和公平性 4 个方面。

1. 服务性

在工程建设中，工程监理人员利用自己的知识、技能和经验以及必要的试验、检测手段，为建设单位提供管理和技术服务。工程监理单位既不直接进行工程设计，也不直接进行工程施工；既不向建设单位承包工程造价，也不参与施工单位的利润分成。工程监理单位的服务对象是建设单位，但不能完全取代建设单位的管理活动。工程监理单位不具有工程建设重大问题的决策权，只能在建设单位授权范围内采用规划、控制、协调等方法，控制建设工程质量、造价和进度，并履行建设工程安全生产管理的监理职责，协助建设单位在计划目标内完成工程建设任务。

2. 科学性

科学性是由建设工程监理的基本任务决定的。工程监理单位以协助建设单位实现其投资目的为己任，力求在计划目标内完成工程建设任务。由于工程建设规模日趋庞大，建设环境日益复杂，功能需求及建设标准越来越高，新技术、新工艺、新材料、新设备不断涌现，工程建设参与单位越来越多，工程风险日渐增加，工程监理单位只有采用科学的思想、理论、方法和手段，才能驾驭工程建设。

为了满足建设工程监理实际工作需求，工程监理单位应由组织管理能力强、工程建设经验丰富的人员担任领导；应有足够数量的、有丰富管理经验和较强应变能力的注册监理工程师组成的骨干队伍；应有健全的管理制度、科学的管理方法和手段；应积累丰富的技术、经济资料和数据；应有科学的工作态度和严谨的工作作风，能够创造性地开展工作。

3. 独立性

《建设工程监理规范》（GB/T 50319—2013）明确要求，工程监理单位应公平、独立、诚信、科学地开展建设工程监理与相关服务活动。独立是工程监理单位公平地实施监理的基本前提。《建筑法》第三十四条规定："工程监理单位与被监理工程的承包单位以及建筑材料、建筑构配件和设备供应单位不得有隶属关系或者其他利害关系。"

按照独立性要求，工程监理单位应严格按照法律法规、工程建设标准、勘察设计文件、建设工程监理合同及有关建设工程合同等实施监理。在建设工程监理工作过程中，必须建立项目监理机构，按照自己的工作计划和程序，根据自己的判断，采用科学的方法和手段，独立地开展工作。

4. 公平性

国际咨询工程师联合会（FIDIC）《土木工程施工合同条件》（红皮书）自1957年第一版发布以来，一直都保持着一个重要原则，要求（咨询）工程师"公正"，即不偏不倚地处理施工合同中的有关问题。该原则也成为我国建设工程监理制度建立初期的一个重要性质。然而，在FIDIC《土木工程施工合同条件》（1999年第一版）中，（咨询）工程师的公正性要求不复存在，而只要求"公平"。（咨询）工程师不充当调解人或仲裁人的角色，只是接受业主报酬负责进行施工合同管理的受托人。

与FIDIC《土木工程施工合同条件》中的（咨询）工程师类似，我国工程监理单位受建设单位委托实施建设工程监理，也无法成为公正或不偏不倚的第三方，但需要公平地对待建设单位和施工单位。公平性是建设工程监理行业能够长期生存和发展的基本职业道德准则。特别是当建设单位与施工单位发生利益冲突或者矛盾时，工程监理单位应以事实为依据，以法律法规和有关合同为准绳，在维护建设单位合法权益的同时，不能损害施工单位的合法权益。例如，在调解建设单位与施工单位之间的争议，处理费用索赔和工程延期、进行工程款支付控制及结算时，应尽量客观、公平地对待建设单位和施工单位。

1.1.2　建设工程监理的法律地位和责任

1.1.2.1　建设工程监理的法律地位

自建设工程监理制度实施以来，有关法律、行政法规、部门规章等逐步明确了建设工程监理的法律地位。

1. 明确了强制实施监理的工程范围

《建筑法》第三十条规定："国家推行建筑工程监理制度。国务院可以规定实行强制监理的建筑工程的范围。"为此，《建设工程质量管理条例》第十二条规定了必须实行监理的5类工程，即：①国家重点建设工程；②大中型公用事业工程；③成片开发建设的住宅小区工程；④利用外国政府或者国际组织贷款、援助资金的工程；⑤国家规定必须实行监理的其他工程。

《建设工程监理范围和规模标准规定》（建设部令第86号）又进一步细化了必须实行监理的工程范围和规模标准。

（1）国家重点建设工程，是指依据《国家重点建设项目管理办法》所确定的对国民经济和社会发展有重大影响的骨干项目。

（2）大中型公用事业工程，是指项目总投资额在3000万元以上的下列工程项目。

1）供水、供电、供气、供热等市政工程项目。

2）科技、教育、文化等项目。

3）体育、旅游、商业等项目。

4）卫生、社会福利等项目。

5）其他公用事业项目。

（3）成片开发建设的住宅小区工程。建筑面积在 5 万 m² 以上的住宅建设工程必须实行监理；5 万 m² 以下的住宅建设工程，可以实行监理，具体范围和规模标准，由省、自治区、直辖市人民政府建设行政主管部门规定。

为了保证住宅质量，对高层住宅及地基、结构复杂的多层住宅应当实行监理。

（4）利用外国政府或者国际组织贷款、援助资金的工程：

1）使用世界银行、亚洲开发银行等国际组织贷款资金的项目。

2）使用国外政府及其机构贷款资金的项目。

3）使用国际组织或者国外政府援助资金的项目。

（5）国家规定必须实行监理的其他工程。

1）项目总投资额在 3000 万元以上关系社会公共利益、公众安全的下列基础设施项目：①煤炭、石油、化工、天然气、电力、新能源等项目；②铁路、公路、管道、水运、民航以及其他交通运输业等项目；③邮政、电信枢纽、通信、信息网络等项目；④防洪、灌溉、排涝、发电、引（供）水、滩涂治理、水资源保护、水土保持等水利建设项目；⑤道路、桥梁、地铁和轻轨交通、污水排放及处理、垃圾处理、地下管道、公共停车场等城市基础设施项目；⑥生态环境保护项目；⑦其他基础设施项目。

2）学校、影剧院、体育场馆项目。

2. 明确了建设单位委托工程监理单位的职责

《建筑法》第三十一条规定："实行监理的建筑工程，由建设单位委托具有相应资质条件的工程监理单位监理。建设单位与其委托的工程监理单位应当订立书面委托监理合同。"

《建设工程质量管理条例》第十二条也规定："实行监理的建设工程，建设单位应当委托具有相应资质等级的工程监理单位进行监理，也可以委托具有工程监理相应资质等级并与被监理工程的施工承包单位没有隶属关系或者其他利害关系的该工程的设计单位进行监理。"

3. 明确了工程监理单位的职责

《建筑法》第三十四条规定："工程监理单位应当在其资质等级许可的监理范围内承担工程监理业务。"《建设工程质量管理条例》第三十七条规定："工程监理单位应当选派具备相应资格的总监理工程师和监理工程师进驻施工现场。""未经监理工程师签字，建筑材料、建筑构配件和设备不得在工程上使用或者安装，施工单位不得进行下一道工序的施工。未经总监理工程师签字，建设单位不拨付工程款，不进行竣工验收。"

《建设工程安全生产管理条例》第十四条规定："工程监理单位应当审查施工组织设计中的安全技术措施或者专项施工方案是否符合工程建设强制性标准。""工程监理单位在实施监理过程中，发现存在安全事故隐患的，应当要求施工单位整改；情况严重的，应当要求施工单位暂时停止施工，并及时报告建设单位。施工单位拒不整改或者不停止施工的，工程监理单位应当及时向有关主管部门报告。"

4. 明确了工程监理人员的职责

《建筑法》第三十二条规定："工程监理人员认为工程施工不符合工程设计要求、施工技术标准和合同约定的，有权要求建筑施工企业改正。""工程监理人员发现工程设计不符合建筑工程质量标准或者合同约定的质量要求的，应当报告建设单位要求设计单位改正。"

《建设工程质量管理条例》第三十八条规定："监理工程师应当按照工程监理规范的要求，采取旁站、巡视和平行检验等形式，对建设工程实施监理。"

1.1.2.2　工程监理单位及监理工程师的法律责任

1. 工程监理单位的法律责任

（1）《建筑法》第三十五条规定："工程监理单位不按照委托监理合同的约定履行监理义务，对应当监督检查的项目不检查或者不按照规定检查，给建设单位造成损失的，应当承担相应的赔偿责任。"《建筑法》第六十九条规定："工程监理单位与建设单位或者建筑施工企业串通，弄虚作假、降低工程质量的，责令改正，处以罚款，降低资质等级或者吊销资质证书；有违法所得的，予以没收；造成损失的，承担连带赔偿责任；构成犯罪的，依法追究刑事责任。""工程监理单位转让监理业务的，责令改正，没收违法所得，可以责令停业整顿，降低资质等级；情节严重的，吊销资质证书。"

（2）《建设工程质量管理条例》第六十条和第六十一条规定："工程监理单位有下列行为的，责令停止违法行为或改正，处合同约定的监理酬金1倍以上2倍以下的罚款，可以责令停业整顿，降低资质等级；情节严重的，吊销资质证书：

1）超越本单位资质等级承揽工程的；

2）允许其他单位或者个人以本单位名义承揽工程的。"

《建设工程质量管理条例》第六十二条规定："工程监理单位转让工程监理业务的，责令改正，没收违法所得，处合同约定的监理酬金25％以上50％以下的罚款；可以责令停业整顿，降低资质等级；情节严重的，吊销资质证书。"

《建设工程质量管理条例》第六十七条规定："工程监理单位有下列行为之一的，责令改正，处50万元以上100万元以下的罚款，降低资质等级或者吊销资质证书；有违法所得的，予以没收；造成损失的，承担连带赔偿责任：

1）与建设单位或者施工单位串通，弄虚作假、降低工程质量的；

2）将不合格的建设工程、建筑材料、建筑构配件和设备按照合格签字的。"

《建设工程质量管理条例》第六十八条规定："工程监理单位与被监理工程的施工承包单位以及建筑材料、建筑构配件和设备供应单位有隶属关系或者其他利害关系承担该项建设工程的监理业务的，责令改正，处5万元以上10万元以下的罚款，降低资质等级或者吊销资质证书；有违法所得的，予以没收。"

（3）《建设工程安全生产管理条例》第五十七条规定："工程监理单位有下列行为之一的，责令限期改正；逾期未改正的，责令停业整顿，并处 10 万元以上 30 万元以下的罚款；情节严重的，降低资质等级，直至吊销资质证书；造成重大安全事故，构成犯罪的，对直接责任人员，依照刑法有关规定追究刑事责任；造成损失的，依法承担赔偿责任：①未对施工组织设计中的安全技术措施或者专项施工方案进行审查的；②发现安全事故隐患未及时要求施工单位整改或者暂时停止施工的；③施工单位拒不整改或者不停止施工，未及时向有关主管部门报告的；④未依照法律、法规和工程建设强制性标准实施监理的。"

（4）《中华人民共和国刑法》（以下简称《刑法》）第一百三十七条规定："工程监理单位违反国家规定，降低工程质量标准，造成重大安全事故的，对直接责任人员处五年以下有期徒刑或者拘役，并处罚金；后果特别严重的，处五年以上十年以下有期徒刑，并处罚金。"

2. 监理工程师的法律责任

工程监理单位是订立工程监理合同的当事人。监理工程师一般要受聘于工程监理单位，代表工程监理单位从事建设工程监理工作。工程监理单位在履行工程监理合同时，是由具体的监理工程师来实现的，因此，如果监理工程师出现工作过错，其行为将被视为工程监理单位违约，应承担相应的违约责任。工程监理单位在承担违约赔偿责任后，有权在企业内部向有过错行为的监理工程师追偿损失。因此，由监理工程师个人过失引发的合同违约行为，监理工程师必然要与工程监理单位承担一定的连带责任。

《建设工程质量管理条例》第七十二条规定，监理工程师因过错造成质量事故的，责令停止执业 1 年；造成重大质量事故的，吊销执业资格证书，5 年以内不予注册；情节特别恶劣的，终身不予注册。《建设工程质量管理条例》第七十四条规定，工程监理单位违反国家规定，降低工程质量标准，造成重大安全事故，构成犯罪的，对直接责任人员依法追究刑事责任。

《建设工程安全生产管理条例》第五十八条规定，注册监理工程师未执行法律、法规和工程建设强制性标准的，责令停止执业 3 个月以上 1 年以下；情节严重的，吊销执业资格证书，5 年内不予注册；造成重大安全事故的，终身不予注册；构成犯罪的，依照刑法有关规定追究刑事责任。

1.2 工程建设程序及建设工程监理相关制度

1.2.1 工程建设程序

工程建设程序是指建设工程从策划、决策、设计、施工，到竣工验收、投入生产或交付使用的整个建设过程中，各项工作必须遵循的先后顺序。工程建设程序是建设工程策划决策和建设实施过程客观规律的反映，是建设工程科学决策和顺利实施的重要保证。

按照工程建设内在规律，每一项建设工程都要经过策划决策和建设实施两个发展时期。这两个发展时期又可分为若干阶段，各阶段之间存在着严格的先后顺序，可以进行合理交叉，但不能任意颠倒顺序。

1.2.1.1　策划决策阶段的工作内容

建设工程策划决策阶段的工作内容主要包括项目建议书和可行性研究报告的编报和审批。

1. 编报项目建议书

项目建议书是拟建项目单位向政府投资主管部门提出的要求建设某一工程项目的建议文件，是对工程项目建设的轮廓设想。项目建议书的主要作用是推荐一个拟建项目，论述其建设的必要性、建设条件的可行性和获利的可能性，供政府投资主管部门选择并确定是否进行下一步工作。

项目建议书的内容视工程项目不同而有繁有简，但一般应包括以下几方面内容。

（1）项目提出的必要性和依据。

（2）产品方案、拟建规模和建设地点的初步设想。

（3）资源情况、建设条件、协作关系和设备技术引进国别、厂商的初步分析。

（4）投资估算、资金筹措及还贷方案设想。

（5）项目进度安排。

（6）经济效益和社会效益的初步估计。

（7）环境影响的初步评价。

对于政府投资工程，项目建议书按要求编制完成后，应根据建设规模和限额划分报送有关部门审批。项目建议书经批准后，可进行可行性研究工作，但并不表明项目非上不可，批准的项目建议书不是工程项目的最终决策。

2. 编报可行性研究报告

可行性研究是指在工程项目决策之前，通过调查、研究、分析建设工程在技术、经济等方面的条件和情况，对可能的多种方案进行比较论证，同时对工程项目建成后的综合效益进行预测和评价的一种投资决策分析活动。

可行性研究应完成以下工作内容：

（1）进行市场研究，以解决工程项目建设的必要性问题。

（2）进行工艺技术方案研究，以解决工程项目建设的技术可行性问题。

（3）进行财务和经济分析，以解决工程项目建设的经济合理性问题。

可行性研究工作完成后，需要编写出反映其全部工作成果的"可行性研究报告"。凡经可行性研究未通过的项目，不得进行下一步工作。

3. 投资项目决策管理制度

根据《国务院关于投资体制改革的决定》（国发〔2004〕20 号），政府投资工程实行审批制；非政府投资工程实行核准制或登记备案制。

（1）政府投资工程。对于采用直接投资和资本金注入方式的政府投资工程，政府需要从投资决策的角度审批项目建议书和可行性研究报告，除特殊情况外，不再审批开工报告，同时还要严格审批其初步设计和概算；对于采用投资补助、转贷和贷款贴息方式的政府投资工程，则只审批资金申请报告。

政府投资工程一般都要经过符合资质要求的咨询中介机构的评估论证，特别重大的工程还应实行专家评议制度。国家将逐步实行政府投资工程公示制度，以广泛听取各方面的意见和建议。

（2）非政府投资工程。对于企业不使用政府资金投资建设的工程，政府不再进行投资决策性质的审批，区别不同情况实行核准制或登记备案制。

1）核准制。企业投资建设《政府核准的投资项目目录》中的项目时，仅需向政府提交项目申请报告，不再经过批准项目建议书、可行性研究报告和开工报告的程序。

2）备案制。对于《政府核准的投资项目目录》以外的企业投资项目，实行备案制。除国家另有规定外，由企业按照属地原则向地方政府投资主管部门备案。

为扩大大型企业集团的投资决策权，对于基本建立现代企业制度的特大型企业集团，投资建设《政府核准的投资项目目录》中的项目时，可以按项目单独申报核准，也可编制中长期发展建设规划，规划经国务院或国务院投资主管部门批准后，规划中属于《政府核准的投资项目目录》中的项目不再另行申报核准，只需办理备案手续。企业集团要及时向国务院有关部门报告规划执行和项目建设情况。

1.2.1.2 建设实施阶段的工作内容

建设工程实施阶段的工作内容主要包括勘察设计、建设准备、施工安装及竣工验收。对于生产性工程项目，在施工安装后期，还需要进行生产准备工作。

1. 勘察设计

（1）工程勘察。工程勘察通过对地形、地质及水文等要素的测绘、勘探、测试及综合评定，提供工程建设所需的基础资料。工程勘察需要对工程建设场地进行详细论证，保证建设工程合理进行，促使建设工程取得最佳的经济、社会和环境效益。

（2）工程设计。工程设计工作一般划分为两个阶段，即初步设计和施工图设计。重大工程和技术复杂工程，可根据需要增加技术设计阶段。

1）初步设计。初步设计是根据可行性研究报告的要求进行具体实施方案设计，目的是为了阐明在指定的地点、时间和投资控制数额内，拟建项目在技术上的可行性和经济上的合理性，并通过对建设工程所作出的基本技术经济规定，编制工程总概算。

初步设计不得随意改变被批准的可行性研究报告所确定的建设规模、产品方案、工程标准、建设地址和总投资等控制目标。如果初步设计提出的总概算超过可行性研究报告总投资的10%以上或其他主要指标需要变更时，应说明原因和计算依据，并重新向原审批单位报批可行性研究报告。

2) 技术设计。技术设计应根据初步设计和更详细的调查研究资料编制，以进一步解决初步设计中的重大技术问题，如工艺流程、建筑结构、设备选型及数量确定等，使工程设计更具体、更完善，技术指标更好。

3) 施工图设计。根据初步设计或技术设计的要求，结合工程现场实际情况，完整地表现建筑物外形、内部空间分割、结构体系、构造状况以及建筑群的组成和周围环境的配合。施工图设计还包括各种运输、通信、管道系统、建筑设备的设计。在工艺方面，应具体确定各种设备的型号、规格及各种非标准设备的制造加工图。

（3）施工图设计文件的审查。根据《房屋建筑和市政基础设施工程施工图设计文件审查管理办法》（建设部令第134号），建设单位应当将施工图送施工图审查机构审查。施工图审查机构按照有关法律、法规，对施工图涉及公共利益、公众安全和工程建设强制性标准的内容进行审查。审查的主要内容包括以下几方面：

1) 是否符合工程建设强制性标准。

2) 地基基础和主体结构的安全性。

3) 勘察设计企业和注册执业人员以及相关人员是否按规定在施工图上加盖相应的图章和签字。

4) 其他法律、法规、规章规定必须审查的内容。

任何单位或者个人不得擅自修改审查合格的施工图。确需修改的，凡涉及上述审查内容的，建设单位应当将修改后的施工图送原审查机构审查。

2. 建设准备

（1）建设准备工作内容。工程项目在开工建设之前要切实做好各项准备工作，其主要内容包括以下几方面：

1) 征地、拆迁和场地平整。

2) 完成施工用水、电、通信、道路等接通工作。

3) 组织招标选择工程监理单位、施工单位及设备、材料供应商。

4) 准备必要的施工图纸。

5) 办理工程质量监督和施工许可手续。

（2）工程质量监督手续的办理。建设单位在领取施工许可证或者开工报告前，应当到规定的工程质量监督机构办理工程质量监督注册手续。办理质量监督注册手续时需提供下列资料：

1) 施工图设计文件审查报告和批准书。

2) 中标通知书和施工、监理合同。

3) 建设单位、施工单位和监理单位工程项目的负责人和机构组成。

4）施工组织设计和监理规划（监理实施细则）。

5）其他需要的文件资料。

（3）施工许可证的办理。从事各类房屋建筑及其附属设施的建造、装修装饰和与其配套的线路、管道、设备的安装，以及城镇市政基础设施工程的施工，建设单位在开工前应当向工程所在地县级以上人民政府建设主管部门申请领取施工许可证。必须申请领取施工许可证的建筑工程未取得施工许可证的，一律不得开工。

工程投资额在 30 万元以下或者建筑面积在 300m² 以下的建筑工程，可以不申请办理施工许可证。

3. 施工安装

建设工程具备开工条件并取得施工许可后才能开始土建工程施工和机电设备安装。

按照规定，建设工程新开工时间是指工程设计文件中规定的任何一项永久性工程第一次正式破土开槽的开始日期。不需要开槽的工程，以正式开始打桩的日期作为开工日期。铁路、公路、水库等需要进行大量土石方工程的，以开始进行土石方工程施工的日期作为正式开工日期。工程地质勘察、平整场地、旧建筑物拆除、临时建筑、施工用临时道路和水、电等工程开始施工的日期不能算作正式开工日期。分期建设的工程分别按各期工程开工的日期计算，如二期工程应根据工程设计文件规定的永久性工程开工的日期计算。

施工安装活动应按照工程设计要求、施工合同及施工组织设计，在保证工程质量、工期、成本及安全、环保等目标的前提下进行。

4. 生产准备

对于生产性工程项目而言，生产准备是工程项目投产前由建设单位进行的一项重要工作。生产准备是衔接建设和生产的桥梁，是工程项目建设转入生产经营的必要条件。建设单位应适时组成专门机构做好生产准备工作，确保工程项目建成后能及时投产。

生产准备的主要工作内容包括：组建生产管理机构，制定有关管理制度和规定；招聘和培训生产人员，组织生产人员参加设备的安装、调试和工程验收工作；落实原材料、协作产品、燃料、水、电、气等的来源和其他需协作配合的条件，并组织工装、器具、备品、备件等的制造或订货等。

5. 竣工验收

建设工程按设计文件的规定内容和标准全部完成，并按规定将施工现场清理完毕后，达到竣工验收条件时，建设单位即可组织工程竣工验收。工程勘察、设计、施工、监理等单位应参加工程竣工验收。工程竣工验收要审查工程建设的各个环节，审阅工程档案、实地查验建筑安装工程实体，对工程设计、施工和设备质量等进行全面评价，不合格的工程不予验收。对遗留问题要提出具体解决意见，限期落实完成。

工程竣工验收是投资成果转入生产或使用的标志，也是全面考核工程建设成果、检验设计和施工质量的关键步骤。工程竣工验收合格后，建设工程方可投入使用。

建设工程自竣工验收合格之日起即进入工程质量保修期。建设工程自办理竣工验收手续后，发现存在工程质量缺陷的，应及时修复，费用由责任方承担。

1.2.2 建设工程监理相关制度

按照有关规定，我国工程建设应实行项目法人责任制、工程监理制、工程招标投标制和合同管理制，这些制度相互关联、相互支持，共同构成了我国工程建设管理的基本制度。

1.2.2.1 项目法人责任制

为了建立投资约束机制，规范建设单位行为，原国家发展计划委员会于 1996 年 3 月发布了《关于实行建设项目法人责任制的暂行规定》（计建设〔1996〕673 号），要求"国有单位经营性基本建设大中型项目在建设阶段必须组建项目法人""由项目法人对项目的策划、资金筹措、建设实施、生产经营、债务偿还和资产的保值增值，实行全过程负责"。项目法人责任制的核心内容是明确由项目法人承担投资风险，项目法人要对工程项目的建设及建成后的生产经营实行一条龙管理和全面负责。

1. 项目法人的设立

新上项目在项目建议书被批准后，应由项目的投资方派代表组成项目法人筹备组，具体负责项目法人的筹建工作。有关单位在申报项目可行性研究报告时，须同时提出项目法人的组建方案，否则，其可行性研究报告将不予审批。在项目可行性研究报告被批准后，应正式成立项目法人。按有关规定确保资本金按时到位，并及时办理公司设立登记。项目公司可以是有限责任公司（包括国有独资公司），也可以是股份有限公司。

由原有企业负责建设的大中型基建项目，需新设立子公司的，要重新设立项目法人；只设分公司或分厂的，原企业法人即是项目法人，原企业法人应向分公司或分厂派遣专职管理人员，并实行专项考核。

2. 项目法人的职权

（1）项目董事会的职权。建设项目董事会的职权有：负责筹措建设资金；审核、上报项目初步设计和概算文件；审核、上报年度投资计划并落实年度资金；提出项目开工报告，研究解决建设过程中出现的重大问题；负责提出项目竣工验收申请报告；审定偿还债务计划和生产经营方针，并负责按时偿还债务；聘任或解聘项目总经理，并根据总经理的提名，聘任或解聘其他高级管理人员。

（2）项目总经理的职权。项目总经理的职权有：组织编制项目初步设计文件，对项目工艺流程、设备选型、建设标准、总图布置提出意见，提交董事会审查；组织工程设计、施工监理、施工队伍和设备材料采购的招标工作，编制和确定招标方案、标底和评标标准，评选和确定投标、中标单位；编制并组织实施项目年度投资计划、用款计划、建设进度计划；编制项目财务预算、决算；编制并组织实施归还贷款和其他债务计划；组织工程建设实施，负责控制工程投资、工期和质量；在项目建设过程中，在批准的概算范围内对单项工程的设计进行局部调整（凡引起生产性质、能力、产品品种和标准变化的设计调整以及概算调整，需经董事会决定并报原审批单位批准）；根据董事会授权处理项目实施中的重大紧急事件，并及时向董事会报告；负责生产准备工作和培训有关人员；负责组织项目试生产和单项工程预验收；拟订生产经营计划、企业内部机构设置、劳动定员定额方案及工资福利方案；组织项目后评价，提出项目后评价报告；按时向有关部门报送项目建设、生产信息和统计资料；提请董事会聘任或解聘项目高级管理人员。

3. 项目法人责任制与工程监理制的关系

（1）项目法人责任制是实行工程监理制的必要条件。项目法人责任制的核心是要落实"谁投资、谁决策，谁承担风险"的基本原则。实行项目法人责任制，必然使项目法人面临一个重要问题：如何做好投资决策和风险承担工作。项目法人为了切实承担其职责，必然需要社会化、专业化机构为其提供服务。这种需求为建设工程监理的发展提供了坚实基础。

（2）工程监理制是实行项目法人责任制的基本保障。实行工程监理制，项目法人可以依据自身需求和有关规定委托监理，在工程监理单位协助下，进行建设工程质量、造价、进度目标有效控制，从而为在计划目标内完成工程建设提供了基本保证。

1.2.2.2　工程招标投标制

为了保护国家利益、社会公共利益，提高经济效益，保证工程项目质量，自2000年1月1日起开始施行的《招标投标法》（国家主席令第21号）规定，在中华人民共和国境内进行下列工程建设项目包括项目的勘察、设计、施工、监理以及与工程建设有关的重要设备、材料等的采购，必须进行招标：①大型基础设施、公用事业等关系社会公共利益、公众安全的项目；②全部或者部分使用国有资金投资或者国家融资的项目；③使用国际组织或者外国政府贷款、援助资金的项目。

1. 工程招标的具体范围和规模标准

2000年5月1日开始施行的《工程建设项目招标范围和规模标准规定》（原国家发展计划委员会令第3号）进一步明确了工程招标的范围和规模标准。

（1）关系社会公共利益、公众安全的基础设施项目的范围包括：

1）煤炭、石油、天然气、电力、新能源等能源项目。

2）铁路、公路、管道、水运、航空以及其他交通运输业等交通运输项目。

3）邮政、电信枢纽、通信、信息网络等邮电通讯项目。

4）防洪、灌溉、排涝、引（供）水、滩涂治理、水土保持、水利枢纽等水利项目。

5）道路、桥梁、地铁和轻轨交通、污水排放及处理、垃圾处理、地下管道、公共停车场等城市设施项目。

6）生态环境保护项目。

7）其他基础设施项目。

（2）关系社会公共利益、公众安全的公用事业项目的范围包括：

1）供水、供电、供气、供热等市政工程项目。

2）科技、教育、文化等项目。

3）体育、旅游等项目。

4）卫生、社会福利等项目。

5）商品住宅，包括经济适用住房。

6）其他公用事业项目。

（3）使用国有资金投资项目的范围包括：

1）使用各级财政预算资金的项目。

2）使用纳入财政管理的各种政府性专项建设基金的项目。

3）使用国有企业事业单位自有资金，并且国有资产投资者实际拥有控制权的项目。

（4）国家融资项目的范围包括：

1）使用国家发行债券所筹资金的项目。

2）使用国家对外借款或者担保所筹资金的项目。

3）使用国家政策性贷款的项目。

4）国家授权投资主体融资的项目。

5）国家特许的融资项目。

（5）使用国际组织或者外国政府资金的项目的范围包括：

1）使用世界银行、亚洲开发银行等国际组织贷款资金的项目。

2）使用外国政府及其机构贷款资金的项目。

3）使用国际组织或者外国政府援助资金的项目。

（6）上述五类项目的勘察、设计、施工、监理以及与工程建设有关的重要设备、材料等的采购，达到下列标准之一的，必须进行招标：

1）施工单项合同估算价在 200 万元人民币以上的。

2）重要设备、材料等货物的采购，单项合同估算价在 100 万元人民币以上的。

3）勘察、设计、监理等服务的采购，单项合同估算价在 50 万元人民币以上的。

4）单项合同估算价低于前三项规定的标准，但项目总投资额在 3000 万元人民币以上的。

依法必须进行招标的项目，全部使用国有资金投资或者国有资金投资占控股或者主导地位的，应当公开招标。

2. 工程招标投标制与工程监理制的关系

（1）工程招标投标制是实行工程监理制的重要保证。对于法律法规规定必须实施监理招标的工程项目，建设单位需要按规定采用招标方式选择工程监理单位。通过工程监理招标，有利于建设单位优选高水平工程监理单位，确保建设工程监理效果。

（2）工程监理制是落实工程招标投标制的重要保障。实行工程监理制，建设单位可以通过委托工程监理单位做好招标工作，更好地优选施工单位和材料设备供应单位。

1.2.2.3　合同管理制

工程建设是一个极为复杂的社会生产过程，由于现代社会化大生产和专业化分工，许多单位会参与到工程建设之中，而各类合同则是维系各参与单位之间关系的纽带。

自 1999 年 10 月 1 日起施行的《合同法》（国家主席令第 15 号）明确了合同的订立、效力、履行、变更与转让、终止、违约责任等有关内容以及包括建设工程合同、委托合同在内的 15 类合同，为实行合同管理制提供了重要法律依据。

1. 工程项目合同体系

在工程项目合同体系中，建设单位和施工单位是两个最主要的节点。

（1）建设单位的主要合同关系。为实现工程项目总目标，建设单位可通过签订合同将工程项目有关活动委托给相应的专业承包单位或专业服务机构，相应的合同有：工程承包（总承包、施工承包）合同、工程勘察合同、工程设计合同、材料设备采购合同、工程咨询（可行性研究、技术咨询、造价咨询）合同、工程监理合同、工程项目管理服务合同、工程保险合同、贷款合同等。

（2）施工单位的主要合同关系。施工单位作为工程承包合同的履行者，也可通过签订合同将工程承包合同中所确定的工程设计、施工、材料设备采购等部分任务委托给其他相关单位来完成，相应的合同有：工程分包合同、材料设备采购合同、运输合同、加工合同、租赁合同、劳务分包合同、保险合同等。

2. 合同管理制与工程监理制的关系

（1）合同管理制是实行工程监理制的重要保证。建设单位委托监理时，需要与工程监理单位建立合同关系，明确双方的义务和责任。工程监理单位实施监理时，需要通过合同管理控制工程质量、造价和进度目标。合同管理制的实施，为工程监理单位开展合同管理工作提供了法律和制度支持。

（2）工程监理制是落实合同管理制的重要保障。实行工程监理制，建设单位可以通过委托工程监理单位做好合同管理工作，更好地实现建设工程项目目标。

1.3　建设工程监理相关法律、法规、规范

建设工程监理相关法律、行政法规及标准规范是建设工程监理的法律依据和工作

指南。目前，与工程监理密切相关的法律有：《建筑法》《招标投标法》和《合同法》；与建设工程监理密切相关的行政法规有：《建设工程质量管理条例》《建设工程安全生产管理条例》《生产安全事故报告和调查处理条例》和《招标投标法实施条例》。建设工程监理标准则包括《建设工程监理规范》等。此外，有关工程监理的部门规章和规范性文件，以及地方性法规、地方政府规章及规范性文件，行业标准和地方标准等，也是建设工程监理的法律依据和工作指南。

1.3.1　建设工程监理相关法律、行政法规

1.3.1.1　法律

建设工程法律是指由全国人民代表大会及其常务委员会通过的规范工程建设活动的法律规范，以国家主席令的形式予以公布。与建设工程监理密切相关的法律有：《建筑法》《招标投标法》和《合同法》。

1.3.1.1.1　《建筑法》的主要内容

《建筑法》是我国工程建设领域的一部大法，以建筑市场管理为中心，以建筑工程质量和安全管理为重点，主要包括建筑许可、建筑工程发包与承包、建筑工程监理、建筑安全生产管理和建筑工程质量管理等方面内容。

1. 建筑许可

建筑许可包括建筑工程施工许可和从业资格许可两个方面。

（1）建筑工程施工许可。建筑工程施工许可是建设行政主管部门根据建设单位的申请，依法对建筑工程所应具备的施工条件进行审查，对符合规定条件者准许其开始施工并颁发施工许可证的一种管理制度。

1）施工许可证的申领。建筑工程开工前，建设单位应当按照国家有关规定向工程所在地县级以上人民政府建设行政主管部门申请领取施工许可证。按照国务院规定的权限和程序批准开工报告的建筑工程，不再领取施工许可证。

建设单位申请领取施工许可证，应当具备下列条件：

①已经办理该建筑工程用地批准手续；

②在城市规划区的建筑工程，已经取得规划许可证；

③需要拆迁的，其拆迁进度符合施工要求；

④已经确定建筑施工企业；

⑤有满足施工需要的施工图纸及技术资料；

⑥有保证工程质量和安全的具体措施；

⑦建设资金已经落实；

⑧法律、行政法规规定的其他条件。

2）施工许可证的有效期。

①建设单位应当自领取施工许可证之日起 3 个月内开工。因故不能按期开工的，

应当向发证机关申请延期；延期以两次为限，每次不超过 3 个月。既不开工又不申请延期或者超过延期时限的，施工许可证自行废止。

②在建的建筑工程因故中止施工的，建设单位应当自中止施工之日起 1 个月内，向发证机关报告，并按照规定做好建筑工程的维护管理工作。建筑工程恢复施工时，应当向发证机关报告。中止施工满 1 年的工程恢复施工前，建设单位应当报发证机关核验施工许可证。

（2）从业资格许可。从业资格包括工程建设参与单位资质和专业技术人员执业资格两个方面。

1）工程建设参与单位资质要求。从事建筑活动的建筑施工企业、勘察单位、设计单位和工程监理单位，应当具备下列条件：

①有符合国家规定的注册资本；

②有与其从事的建筑活动相适应的具有法定执业资格的专业技术人员；

③有从事相关建筑活动所应有的技术装备；

④法律、行政法规规定的其他条件。

从事建筑活动的建筑施工企业、勘察单位、设计单位和工程监理单位，按照其拥有的注册资本、专业技术人员、技术装备和已完成的建筑工程业绩等资质条件，划分为不同的资质等级，经资质审查合格，取得相应等级的资质证书后，方可在其资质等级许可的范围内从事建筑活动。

2）专业技术人员执业资格要求。从事建筑活动的专业技术人员，应当依法取得相应的执业资格证书，并在执业资格证书许可的范围内从事建筑活动。如注册建筑师、注册结构工程师、注册监理工程师、注册造价工程师、注册建造师等。

2. 建筑工程发包与承包

建筑工程的发包单位与承包单位应当依法订立书面合同，明确双方的权利和义务。发包单位和承包单位应当全面履行合同约定的义务。不按照合同约定履行义务的，依法承担违约责任。建筑工程造价应当按照国家有关规定，由发包单位与承包单位在合同中约定。发包单位应当按照合同的约定，及时拨付工程款项。

（1）建筑工程发包。建筑工程实行招标发包的，发包单位应当将建筑工程发包给依法中标的承包单位。建筑工程实行直接发包的，发包单位应当将建筑工程发包给具有相应资质条件的承包单位。

提倡对建筑工程实行总承包，禁止将建筑工程肢解发包。建筑工程的发包单位可以将建筑工程的勘察、设计、施工、设备采购一并发包给一个工程总承包单位，也可以将建筑工程勘察、设计、施工、设备采购的一项或者多项发包给一个工程总承包单位。但是，不得将应当由一个承包单位完成的建筑工程肢解成若干部分发包给几个承包单位。

按照合同约定，建筑材料、建筑构配件和设备由工程承包单位采购的，发包单位不得指定承包单位购入用于工程的建筑材料、建筑构配件和设备或者指定生产厂、供应商。

（2）建筑工程承包。承包建筑工程的单位应当持有依法取得的资质证书，并在其资质等级许可的业务范围内承揽工程。禁止建筑施工企业超越本企业资质等级许可的业务范围或者以任何形式用其他建筑施工企业的名义承揽工程。禁止建筑施工企业以任何形式允许其他单位或者个人使用本企业的资质证书、营业执照，以本企业的名义承揽工程。

1）联合体承包。大型建筑工程或者结构复杂的建筑工程，可以由两个以上的承包单位联合共同承包。两个以上不同资质等级的单位实行联合共同承包的，应当按照资质等级低的单位的业务许可范围承揽工程。共同承包的各方对承包合同的履行承担连带责任。

2）禁止转包。禁止承包单位将其承包的全部建筑工程转包给他人，禁止承包单位将其承包的全部建筑工程肢解以后以分包的名义分别转包给他人。

3）分包。建筑工程总承包单位可以将承包工程中的部分工程发包给具有相应资质条件的分包单位；但是，除总承包合同中约定的分包外，必须经建设单位认可。施工总承包的，建筑工程主体结构的施工必须由总承包单位自行完成。建筑工程总承包单位按照总承包合同的约定对建设单位负责；分包单位按照分包合同的约定对总承包单位负责。总承包单位和分包单位就分包工程对建设单位承担连带责任。禁止总承包单位将工程分包给不具备相应资质条件的单位。禁止分包单位将其承包的工程再分包。

3. 建筑安全生产管理

建筑工程安全生产管理必须坚持安全第一、预防为主的方针，建立健全安全生产的责任制度和群防群治制度。

（1）建设单位的安全生产管理。建设单位应当向建筑施工企业提供与施工现场相关的地下管线资料，建筑施工企业应当采取措施加以保护。

有下列情形之一的，建设单位应当按照国有关规定办理申请批准手续：

1）需要临时占用规划批准范围以外场地的。

2）可能损坏道路、管线、电力、邮电通讯等公共设施的。

3）需要临时停水、停电、中断道路交通的。

4）需要进行爆破作业的。

5）法律、法规规定需要办理报批手续的其他情形。

（2）建筑施工企业的安全生产管理。建筑施工企业必须依法加强对建筑安全生产的管理，执行安全生产责任制度，采取有效措施，防止伤亡和其他安全生产事故的发生。

1）施工现场安全管理。施工现场安全由建筑施工企业负责。实行施工总承包的，由总承包单位负责。分包单位向总承包单位负责，服从总承包单位对施工现场的安全生产管理。

2) 安全生产教育培训。建筑施工企业应当建立健全劳动安全生产教育培训制度，加强对职工安全生产的教育培训，未经安全生产教育培训的人员，不得上岗作业。

3) 安全生产防护。建筑施工企业和作业人员在施工过程中，应当遵守有关安全生产的法律、法规和建筑行业安全规章、规程，不得违章指挥或者违章作业。作业人员有权对影响人身健康的作业程序和作业条件提出改进意见，有权获得安全生产所需的防护用品。作业人员对危及生命安全和人身健康的行为有权提出批评、检举和控告。

4) 工伤保险和意外伤害保险。建筑施工企业应当依法为职工参加工伤保险缴纳工伤保险费。鼓励企业为从事危险作业的职工办理意外伤害保险，支付保险费。

5) 装修工程施工安全。涉及建筑主体和承重结构变动的装修工程，建设单位应当在施工前委托原设计单位或者具有相应资质条件的设计单位提出设计方案；没有设计方案的，不得施工。

6) 房屋拆除安全。房屋拆除应当由具备保证安全条件的建筑施工单位承担，由建筑施工单位负责人对安全负责。

7) 施工安全事故处理。施工中发生事故时，建筑施工企业应当采取紧急措施减少人员伤亡和事故损失，并按照国家有关规定及时向有关部门报告。

4. 建筑工程质量管理

国家对从事建筑活动的单位推行质量体系认证制度。从事建筑活动的单位根据自愿原则可以向国务院产品质量监督管理部门或者国务院产品质量监督管理部门授权的部门认可的认证机构申请质量体系认证。经认证合格的，由认证机构颁发质量体系认证证书。

建筑工程实行总承包的，工程质量由工程总承包单位负责，总承包单位将建筑工程分包给其他单位的，应当对分包工程的质量与分包单位承担连带责任。分包单位应当接受总承包单位的质量管理。

（1）建设单位的工程质量管理。建设单位不得以任何理由，要求建筑设计单位或者建筑施工企业在工程设计或者施工作业中，违反法律、行政法规和建筑工程质量、安全标准，降低工程质量。

（2）勘察、设计单位的工程质量管理。建筑工程的勘察、设计单位必须对其勘察、设计的质量负责。勘察、设计文件应当符合有关法律、行政法规的规定和建筑工程质量、安全标准、建筑工程勘察、设计技术规范以及合同的约定。设计文件选用的建筑材料、建筑构配件和设备，应当注明其规格、型号、性能等技术指标，其质量要求必须符合国家规定的标准。

建筑设计单位对设计文件选用的建筑材料、建筑构配件和设备，不得指定生产厂、供应商。

（3）施工单位的工程质量管理。建筑施工企业对工程的施工质量负责。建筑施工企业必须按照工程设计图纸和施工技术标准施工，不得偷工减料。工程设计的修改由原设计单位负责，建筑施工企业不得擅自修改工程设计。

建筑施工企业必须按照工程设计要求、施工技术标准和合同的约定，对建筑材料、建筑构配件和设备进行检验，不合格的不得使用。

建筑工程竣工时，屋顶、墙面不得留有渗漏、开裂等质量缺陷；对已发现的质量缺陷，建筑施工企业应当修复。

1. 3. 1. 1. 2 《招标投标法》的主要内容

《招标投标法》围绕招标和投标活动的各个环节，明确了招标方式、招标投标程序及有关各方的职责和义务，主要包括：招标、投标、开标、评标和中标等方面的内容。

任何单位和个人不得将依法必须进行招标的项目化整为零或者以其他任何方式规避招标。依法必须进行招标的项目，其招标投标活动不受地区或者部门的限制。任何单位和个人不得违法限制或者排斥本地区、本系统以外的法人或者其他组织参加投标，不得以任何方式非法干涉招标投标活动。

1. 招标

（1）招标方式。招标分为公开招标和邀请招标两种方式。公开招标是指招标人以招标公告的方式邀请不特定的法人或者其他组织投标。邀请招标，是指招标人以投标邀请书的方式邀请特定的法人或者其他组织投标。

1）招标人采用公开招标方式的，应当发布招标公告。依法必须进行招标的项目，应当通过国家指定的报刊、信息网络或者媒介发布招标公告。

2）招标人采用邀请招标方式的，应当向 3 个以上具备承担招标项目的能力、资信良好的特定法人或者其他组织发出投标邀请书。

招标公告或投标邀请书应当载明招标人的名称和地址、招标项目的性质、数量、实施地点和时间以及获取招标文件的办法等事项。招标人不得以不合理的条件限制或者排斥潜在投标人，不得对潜在投标人实行歧视待遇。

（2）招标文件。招标人应当根据招标项目的特点和需要编制招标文件。招标文件应当包括招标项目的技术要求、对招标人资格审查的标准、投标报价要求和评标标准等所有实质性要求和条件以及拟签订合同的主要条款。招标项目需要划分标段、确定工期的，招标人应当合理划分标段、确定工期，并在招标文件中载明。

招标文件不得要求或者标明特定的生产供应者以及含有倾向或者排斥潜在投标人的其他内容。招标人不得向他人透露已获取招标文件的潜在投标人的名称、数量及可能影响公平竞争的有关招标投标的其他情况。

招标人对已发出的招标文件进行必要的澄清或者修改的，应当在招标文件要求提交投标文件截止时间至少 15 日前，以书面形式通知所有招标文件收受人。该澄清或者修改的内容为招标文件的组成部分。

（3）其他规定。招标人根据招标项目的具体情况，可以组织潜在投标人踏勘项目现场。招标人设有标底的，标底必须保密。招标人应当确定投标人编制投标文件所需要的合理时间。依法必须进行招标的项目，自招标文件开始发出之日起至投标人提交投标文件截止之日止，最短不得少于 20 日。

2. 投标

投标人应当具备承担招标项目的能力。国家有关规定对投标人资格条件或者招标文件对投标人资格条件有规定的，投标人应当具备规定的资格条件。

（1）投标文件。

1）投标文件的内容。投标人应当按照招标文件的要求编制投标文件。投标文件应当对招标文件提出的实质性要求和条件作出响应。建设施工项目的投标文件应当包括拟派出的项目负责人与主要技术人员的简历、业绩和拟用于完成招标项目的机械设备等内容。

根据招标文件载明的项目实际情况，投标人拟在中标后将中标项目的部分非主体、非关键工程进行分包的，应当在投标文件中载明。投标人在招标文件要求提交投标文件的截止时间前，可以补充、修改或者撤回已提交的投标文件，并书面通知招标人。补充、修改的内容为投标文件的组成部分。

2）投标文件的送达。投标人应当在招标文件要求提交投标文件的截止时间前，将投标文件送达投标地点。招标人收到投标文件后，应当签收保存，不得开启。投标人少于 3 个的，招标人应当依照《招标投标法》的规定重新招标。

在招标文件要求提交投标文件的截止时间后送达的投标文件，招标人应当拒收。

（2）联合投标。两个以上法人或者其他组织可以组成一个联合体，以一个投标人的身份共同投标。联合体各方均应具备承担招标项目的相应能力。国家有关规定或者招标文件对投标人资格条件有规定的，联合体各方均应当具备规定的相应资格条件。由同一专业的单位组成的联合体，按照资质等级较低的单位确定资质等级。

联合体各方应当签订共同投标协议，明确约定各方拟承担的工作和责任，并将共同投标协议连同投标文件一并提交给招标人。联合体中标的，联合体各方应当共同与招标人签订合同，就中标项目向招标人承担连带责任。

招标人不得强制投标人组成联合体共同投标，不得限制投标人之间的竞争。

（3）其他规定。投标人不得相互串通投标报价，不得排挤其他投标人的公平竞争、损害招标人或其他投标人的合法权益。投标人不得与招标人串通投标，损害国家利益、社会公共利益或者他人的合法权益。投标人不得以低于成本的报价竞标，也不得以他人名义投标或者以其他方式弄虚作假，骗取中标。禁止投标人以向招标人或评标委员会成员行贿的手段谋取中标。

3. 开标、评标和中标

（1）开标。开标应当在招标人的主持下，在招标文件确定的提交投标文件截止时间的同一时间公开进行。开标地点应当为招标文件中预先确定的地点。开标应邀请所有投标人参加。开标时，由投标人或者其推选的代表检查投标文件的密封情况，也可以由招标人委托的公证机构检查并公证。经确认无误后，由工作人员当众拆封，宣读投标人名称、投标价格和投标文件的其他主要内容。

招标人在招标文件要求提交投标文件的截止时间前收到的所有投标文件，开标时都应当当众予以拆封、宣读。开标过程应当记录，并存档备查。

（2）评标。评标由招标人依法组建的评标委员会负责。

1）评标委员会的组成。依法必须进行招标的项目，其评标委员会由招标人的代表和有关技术、经济等方面的专家组成，成员人数为 5 人以上单数。其中，技术、经济等方面的专家不得少于成员总数的 2/3，招标人代表不得超过 1/3。评标委员会的专家成员应当从国务院有关部门或者省、自治区、直辖市人民政府有关部门提供的专家名册或者招标代理机构的专家库内的相关专业的专家名单中确定。一般招标项目可以采取随机抽取方式，特殊招标项目可以由招标人直接确定。

与投标人有利害关系的人不得进入相关项目的评标委员会，已经进入的应当进行更换。评标委员会成员的名单在中标结果确定前应当保密。

2）投标文件的澄清或者说明。评标委员会可以要求投标人对投标文件中含义不明确的内容作必要的澄清或者说明，但澄清或者说明不得超出投标文件的范围或改变投标文件的实质性内容。

3）评标保密与中标条件。招标人应当采取必要的措施，保证评标在严格保密的情况下进行。评标委员会应当按照招标文件确定的评标标准和方法，对投标文件进行评审和比较。设有标底的，应当参考标底。中标人的投标应当符合下列条件之一：

①能够最大限度地满足招标文件中规定的各项综合评价标准；

②能够满足招标文件的实质性要求，并且经评审的投标价格最低。但是，投标价格低于成本的除外。

评标委员会经评审，认为所有投标都不符合招标文件要求的，可以否决所有投标。

评标委员会完成评标后，应当向招标人提出书面评标报告，并推荐合格的中标候选人，招标人据此确定中标人。招标人也可以授权评标委员会直接确定中标人。在确定中标人前，招标人不得与投标人就投标价格、投标方案等实质性内容进行谈判。

（3）中标。中标人确定后，招标人应当向中标人发出中标通知书，并同时将中标结果通知所有未中标的投标人。中标通知书对招标人和中标人具有法律效力，中标通知书发出后，招标人改变中标结果或者中标人放弃中标项目的，应当依法承担法律责任。

招标人和中标人应当自中标通知书发出之日起 30 日内，按照招标文件和中标人的投标文件订立书面合同。招标人和中标人不得再订立背离合同实质性内容的其他协议。

招标文件要求中标人提交履约保证金的，中标人应当提交。依法必须进行招标的项目，招标人应当自确定中标人之日起 15 日内，向有关行政监督部门提交招标投标情况的书面报告。

1.3.1.1.3 《合同法》主要内容

《合同法》中的合同是指平等主体的自然人、法人、其他组织之间设立、变更、终止民事权利义务关系的协议。《合同法》中的合同分为 15 类，即买卖合同，供用电、水、气、热力合同，赠与合同，借款合同，租赁合同，融资租赁合同，承揽合同，建设工程合同，运输合同，技术合同，保管合同，仓储合同，委托合同，行纪合同，居间合同。其中，建设工程合同包括工程勘察、设计、施工合同；建设工程监理合同、项目管理服务合同则属于委托合同。

1. 《合同法》总则的主要内容

（1）合同订立。当事人订立合同，应当具有相应的民事权利能力和民事行为能力。当事人依法可以委托代理人订立合同。

1）合同形式。当事人订立合同，有书面形式、口头形式和其他形式。法律法规规定采用书面形式的，或当事人约定采用书面形式的，应当采用书面形式。书面形式是指合同书、信件和数据电文（包括电报、电传、传真、电子数据交换和电子邮件）等可以有形地表现所载内容的形式。建设工程合同、建设工程监理合同、项目管理服务合同应当采用书面形式。

2）合同内容。合同内容由当事人约定，一般包括：①当事人的名称或姓名和住所；②标的；③数量；④质量；⑤价款或者报酬；⑥履行期限、地点和方式；⑦违约责任；⑧解决争议的方法。当事人可以参照各类合同的示范文本订立合同。

3）合同订立程序。当事人订立合同，需要经过要约和承诺两个阶段。

a. 要约。要约是希望与他人订立合同的意思表示。要约应当符合如下规定：内容具体确定；表明经受要约人承诺，要约人即受该意思表示约束。也就是说，要约必须是特定人的意思表示，必须是以缔结合同为目的，必须具备合同的主要条款。

有些合同在要约之前还会有要约邀请。所谓要约邀请，是希望他人向自己发出要约的意思表示。要约邀请并不是合同成立过程中的必经过程，它是当事人订立合同的预备行为，这种意思表示的内容往往不确定，不含有合同得以成立的主要内容和相对人同意后受其约束的表示，在法律上无需承担责任。如：寄送的价目表、拍卖公告、招标公告、招股说明书、商业广告等都属于要约邀请。商业广告的内容符合要约规定的，视为要约。

a）要约生效。要约到达受要约人时生效。采用数据电文形式订立合同，收件人指定特定系统接收数据电文的，该数据电文进入该特定系统的时间，视为到达时间；未指定特定系统的，该数据电文进入收件人的任何系统的首次时间，视为到达时间。

b）要约撤回与撤销。要约可以撤回，撤回要约的通知应当在要约到达受要约人之前或者与要约同时到达受要约人。

要约可以撤销，撤销要约的通知应当在受要约人发出承诺通知之前到达受要约人。

有以下情形之一的，要约不得撤销：①要约人确定了承诺期限或者以其他形式明示要约不可撤销；②受要约人有理由认为要约是不可撤销的，并已经为履行合同作了准备工作。

c）要约失效。有下列情形之一的，要约失效：①拒绝要约的通知到达要约人；②要约人依法撤销要约；③承诺期限届满，受要约人未作出承诺；④受要约人对要约的内容作出实质性变更。

b. 承诺。承诺是受要约人同意要约的意思表示。除根据交易习惯或者要约表明可以通过行为作出承诺的之外，承诺应当以通知的方式作出。

a）承诺期限。承诺应当在要约确定的期限内到达要约人。要约没有确定承诺期限的，承诺应当依照下列规定到达：①除非当事人另有约定，以对话方式作出的要约，应当即时作出承诺；②以非对话方式作出的要约，承诺应当在合理期限内到达。

要约以信件或者电报作出的，承诺期限自信件载明的日期或者电报交发之日开始计算。信件未载明日期的，自投寄该信件的邮戳日期开始计算。要约以电话、传真等快速通信方式作出的，承诺期限自要约到达受要约人时开始计算。

b）承诺生效。承诺通知到达要约人时生效。承诺不需要通知的，根据交易习惯或者要约的要求作出承诺的行为时生效。采用数据电文形式订立合同的，承诺到达的时间适用于要约到达受要约人时间的规定。

受要约人在承诺期限内发出承诺，按照通常情形能够及时到达要约人，但因其他原因承诺到达要约人时超过承诺期限的，除要约人及时通知受要约人因承诺超过期限不接受该承诺的以外，该承诺有效。

c）承诺撤回。承诺可以撤回，撤回承诺的通知应当在承诺通知到达要约人之前或者与承诺通知同时到达要约人。

d）逾期承诺。受要约人超过承诺期限发出承诺的，除要约人及时通知受要约人该承诺有效的以外，为新要约。

e）要约内容变更。承诺的内容应当与要约的内容一致。有关合同标的、数量、质量、价款或者报酬、履行期限、履行地点和方式、违约责任和解决争议方法等的变更，是对要约内容的实质性变更。受要约人对要约的内容作出实质性变更的，为新要约。

承诺对要约的内容作出非实质性变更的，除要约人及时表示反对或者要约表明承诺不得对要约的内容作出任何变更的以外，该承诺有效，合同的内容以承诺的内容为准。

4）合同成立。承诺生效时合同成立。

a. 合同成立时间。当事人采用合同书形式订立合同的，自双方当事人签字或者盖章时合同成立。当事人采用信件、数据电文等形式订立合同的，可以在合同成立之前要求签订确认书。签订确认书时合同成立。

b. 合同成立地点。承诺生效的地点为合同成立的地点。采用数据电文形式订立合同的，收件人的主营业地为合同成立的地点；没有主营业地的，其经常居住地为合同成立的地点。当事人另有约定的，按照其约定。当事人采用合同书形式订立合同的，双方当事人签字或者盖章的地点为合同成立的地点。

c. 合同成立的其他情形。合同成立的情形还包括以下两种：

a）法律、行政法规规定或者当事人约定采用书面形式订立合同，当事人未采用书面形式但一方已经履行主要义务，对方接受的。

b）采用合同书形式订立合同，在签字或者盖章之前，当事人一方已经履行主要义务，对方接受的。

5）格式条款。格式条款是当事人为了重复使用而预先拟定，并在订立合同时未与对方协商的条款。

a. 格式条款提供者的义务。采用格式条款订立合同的，提供格式条款的一方应当遵循公平原则确定当事人之间的权利和义务，并采取合理的方式提请对方注意免除或限制其责任的条款，按照对方的要求，对该条款予以说明。

b. 格式条款无效。提供格式条款一方免除自己责任、加重对方责任、排除对方主要权利的，该条款无效。此外，《合同法》规定的合同无效的情形，同样适用于格式合同条款。

c. 格式条款的解释。对格式条款的理解发生争议的，应当按照通常理解予以解释。对格式条款有两种以上解释的，应当作出不利于提供格式条款一方的解释。格式条款和非格式条款不一致的，应当采用非格式条款。

6）缔约过失责任。当事人在订立合同过程中有下列情形之一，给对方造成损失的，应当承担损害赔偿责任：①假借订立合同，恶意进行磋商；②故意隐瞒与订立合同有关的重要事实或者提供虚假情况；③有其他违背诚实信用原则的行为。

当事人在订立合同过程中知悉的商业秘密，无论合同是否成立，不得泄露或者不正当地使用。泄露或者不正当地使用该商业秘密给对方造成损失的，应当承担损害赔偿责任。

（2）合同效力：

1）合同生效。依法成立的合同，自成立时生效。依照法律、行政法规规定应当办理批准、登记等手续的，待手续完成时合同生效。

当事人对合同的效力可以约定附条件。附生效条件的合同，自条件成就时生效。附解除条件的合同，自条件成就时失效。当事人为自己的利益不正当地阻止条件成就的，视为条件已成就；不正当地促成条件成就的，视为条件不成就。

当事人对合同的效力可以约定附期限。附生效期限的合同，自期限届至时生效。附终止期限的合同，自期限届满时失效。

2）效力待定合同。效力待定合同是指合同已经成立，但合同效力能否产生尚不能确定的合同。效力待定合同主要是由于当事人缺乏缔约能力、财产处分能力或代理人的代理资格和代理权限存在缺陷所造成的。效力待定合同包括：限制民事行为能力人订立的合同和无权代理人代订的合同。

　　a. 限制民事行为能力人订立的合同。限制民事行为能力人订立的合同，经法定代理人追认后，该合同有效，但纯获利益的合同或者与其年龄、智力、精神健康状况相适应而订立的合同，不必经法定代理人追认。

　　与限制民事行为能力人订立合同的相对人可以催告法定代理人在1个月内予以追认。法定代理人未作表示的，视为拒绝追认。合同被追认之前，善意相对人有撤销的权利。撤销应当以通知的方式作出。

　　b. 无权代理人代订的合同。

　　a) 行为人没有代理权、超越代理权或者代理权终止后以被代理人名义订立的合同，未经被代理人追认，对被代理人不发生效力，由行为人承担责任。与无权代理人签订合同的相对人可以催告被代理人在1个月内予以追认。被代理人未作表示的，视为拒绝追认。合同被追认之前，善意相对人有撤销的权利。撤销应当以通知的方式作出。

　　b) 行为人没有代理权、超越代理权或者代理权终止后以被代理人名义订立合同，相对人有理由相信行为人有代理权的，该代理行为有效。这是《合同法》针对表见代理情形所作出的规定。所谓表见代理，是善意相对人通过被代理人的行为足以相信无权代理人具有代理权的情形。

　　c) 法人或者其他组织的法定代表人、负责人超越权限订立的合同，除相对人知道或者应当知道其超越权限的以外，该代表行为有效。

　　d) 无处分权的人处分他人财产，经权利人追认或者无处分权的人订立合同后取得处分权的，该合同有效。

　　3) 无效合同。无效合同自始没有法律约束力。无效合同通常有两种情形，即：整个合同无效（无效合同）和合同的部分条款无效。

　　a. 无效合同的情形。有下列情形之一的，合同无效：

　　a) 一方以欺诈、胁迫的手段订立合同，损害国家利益。

　　b) 恶意串通，损害国家、集体或第三人利益。

　　c) 以合法形式掩盖非法目的。

　　d) 损害社会公共利益。

　　e) 违反法律、行政法规的强制性规定。

　　b. 合同部分条款无效的情形。合同中的下列免责条款无效：

　　a) 造成对方人身伤害的。

　　b) 因故意或者重大过失造成对方财产损失的。

　　4) 可变更或可撤销合同。可变更、可撤销合同是指欠缺一定的合同生效条件，但当事人一方可依照自己的意思使合同内容得以变更或者使合同效力归于消灭的合同。当事人根据其意思，主张合同有效，则合同有效；主张合同无效，则合同无效；主张合同变更，则合同可以变更。

a. 可变更或者撤销合同的情形。下列合同，当事人一方有权请求人民法院或者仲裁机构变更或者撤销：

a）因重大误解订立的。

b）在订立合同时显失公平的。

一方以欺诈、胁迫的手段或者乘人之危，使对方在违背真实意思的情况下订立的合同，受损害方有权请求人民法院或者仲裁机构变更或者撤销。

当事人请求变更的，人民法院或者仲裁机构不得撤销。

b. 撤销权消灭。撤销权是指受损害的一方当事人对可撤销的合同依法享有的、可请求人民法院或仲裁机构撤销该合同的权利。有下列情形之一的，撤销权消灭：

a）具有撤销权的当事人自知道或者应当知道撤销事由之日起1年内没有行使撤销权。

b）具有撤销权的当事人知道撤销事由后明确表示或者以自己的行为放弃撤销权。

c. 无效合同或者被撤销合同的法律后果。无效合同或者被撤销的合同自始没有法律约束力。合同部分无效，不影响其他部分效力的，其他部分仍然有效。合同无效、被撤销或者终止的，不影响合同中独立存在的有关解决争议方法的条款的效力。

合同无效或被撤销后，履行中的合同应当终止履行，尚未履行的，不得履行。对当事人依据无效合同或者被撤销的合同而取得的财产应当依法进行如下处理：

a）返还财产或折价补偿。当事人因无效合同或者被撤销的合同所取得的财产，应当予以返还；不能返还或者没有必要返还的，应当折价补偿。

b）赔偿损失。合同被确认无效或者被撤销后，有过错的一方应当赔偿对方因此所受到的损失。双方都有过错的，应当各自承担相应的责任。

c）收归国家所有或者返还集体、第三人。当事人恶意串通，损害国家、集体或者第三人利益的，因此取得的财产收归国家所有或者返还集体、第三人。

（3）合同履行。当事人应当按照约定全面履行自己的义务。当事人应当遵循诚实信用原则，根据合同的性质、目的和交易习惯履行通知、协助、保密等义务。

1）合同履行的一般规则。合同生效后，当事人就质量、价款或者报酬、履行地点等内容没有约定或者约定不明确的，可以协议补充；不能达成补充协议的，按照合同有关条款或者交易习惯确定。依照上述规定仍不能确定的，适用下列规定：

a. 质量要求不明确的，按照国家标准、行业标准履行；没有国家标准、行业标准的，按照通常标准或者符合合同目的的特定标准履行。

b. 价款或者报酬不明确的，按照订立合同时履行地的市场价格履行；依法应当执行政府定价或者政府指导价的，按照规定履行。

c. 履行地点不明确，给付货币的，在接受货币一方所在地履行；交付不动产的，在不动产所在地履行；其他标的，在履行义务一方所在地履行。

d. 履行期限不明确的，债务人可以随时履行，债权人也可以随时要求履行，但应当给对方必要的准备时间。

e. 履行方式不明确的，按照有利于实现合同目的的方式履行。

f. 履行费用的负担不明确的，由履行义务一方负担。

2）合同履行的特殊规则。

a. 价格调整。执行政府定价或政府指导价的，在合同约定的交付期限内政府价格调整时，按照交付时的价格计价。逾期交付标的物的，遇价格上涨时，按照原价格执行；价格下降时，按照新价格执行。逾期提取标的物或者逾期付款的，遇价格上涨时，按照新价格执行；价格下降时，按照原价格执行。

b. 代为履行。当事人约定由债务人向第三人履行债务的，债务人未向第三人履行债务或者履行债务不符合约定，应当向债权人承担违约责任。当事人约定由第三人向债权人履行债务，第三人不履行债务或者履行债务不符合约定，债务人应当向债权人承担违约责任。

c. 提前履行。债权人可以拒绝债务人提前履行债务，但提前履行不损害债权人利益的除外。债务人提前履行债务给债权人增加的费用，由债务人负担。

d. 部分履行。债权人可以拒绝债务人部分履行债务，但部分履行不损害债权人利益的除外。债务人部分履行债务给债权人增加的费用，由债务人负担。

3）抗辩权。当事人互负债务，没有先后履行顺序的，应当同时履行。一方在对方履行之前有权拒绝其履行要求。一方在对方履行债务不符合约定时，有权拒绝其相应的履行要求。

当事人互负债务，有先后履行顺序，先履行一方未履行的，后履行工方有权拒绝其履行要求。先履行一方履行债务不符合约定的，后履行一方有权拒绝其相应的履行要求。

应当先履行债务的当事人，有确切证据证明对方有下列情形之一的，可以中止履行：

a. 经营状况严重恶化。

b. 转移财产、抽逃资金，以逃避债务。

c. 丧失商业信誉。

d. 有丧失或者可能丧失履行债务能力的其他情形。

当事人没有确切证据中止履行的，应当承担违约责任。当事人依照上述规定中止履行的，应当及时通知对方。当对方提供适当担保时，应当恢复履行。中止履行后，对方在合理期限内未恢复履行能力并且未提供适当担保的，中止履行的一方可以解除合同。

4）债权人的代位权和撤销权。

a. 代位权。因债务人怠于行使其到期债权，对债权人造成损害的，债权人可以向人民法院请求以自己的名义代位行使债务人的债权，但该债权专属于债务人自身的除外。代位权的行使范围以债权人的债权为限。债权人行使代位权的必要费用，由债务人负担。

b. 撤销权。因债务人放弃其到期债权或者无偿转让财产，对债权人造成损害的，债权人可以请求人民法院撤销债务人的行为。债务人以明显不合理的低价转让财产，对债权人造成损害，并且受让人知道该情形，债权人也可以请求人民法院撤销债务人的行为。

撤销权的行使范围以债权人的债权为限。债权人行使撤销权的必要费用，由债务人负担。撤销权自债权人知道或者应当知道撤销事由之日起 1 年内行使，自债务人的行为发生之日起 5 年内没有行使撤销权的，该撤销权消失。

（4）合同变更和转让。

1）合同变更。当事人协商一致，可以变更合同。当事人对合同变更的内容约定不明确的，推定为未变更。

2）合同转让。合同转让是合同变更的一种特殊形式，合同转让不是变更合同中规定的权利义务内容，而是变更合同主体。

a. 债权转让。债权人可以将合同的权利全部或者部分转让给第三人。但下列情形除外：①根据合同性质不得转让；②按照当事人约定不得转让；③依照法律规定不得转让。

债权人转让权利的，应当通知债务人。未经通知，该转让对债务人不发生效力。除非经受让人同意，债权人转让权利的通知不得撤销。

b. 债务转让。债务人将合同的义务全部或者部分转移给第三人的，应当经债权人同意。债务人转移义务的，原债务人享有的对债权人的抗辩权也随债务转移而由新债务人享有，新债务人可以主张原债务人对债权人的抗辩权。债务人转移义务的，新债务人应当承担与主债务有关的从债务，但该从债务专属于原债务人自身的除外。

c. 债权债务一并转让。当事人一方经对方同意，可以将自己在合同中的权利和义务一并转让给第三人。权利和义务一并转让的处理，适用上述有关债权人和债务人转让的有关规定。

当事人订立合同后合并的，由合并后的法人或其他组织行使合同权利，履行合同义务。当事人订立合同后分立的，除债权人和债务人另有约定外，由分立的法人或其他组织对合同的权利和义务享有连带债权，承担连带债务。

（5）合同终止。

1）合同终止的条件。合同终止的情形包括：①债务已经按照约定履行；②合同解除；③债务相互抵消；④债务人依法将标的物提存；⑤债权人免除债务；⑥债权债务同归于一人；⑦法律规定或者当事人约定终止的其他情形。

债权人免除债务人部分或者全部债务的，合同的权利义务部分或者全部终止；债权和债务同归于一人的，合同的权利义务终止，但涉及第三人利益的除外。

合同权利义务的终止，不影响合同中结算和清理条款的效力以及通知、协助、保密等义务的履行。

2）合同解除。当事人协商一致，可以解除合同。当事人可以约定一方解除合同的条件。解除合同的条件成立时，解除权人可以解除合同。

a. 合同解除的法定条件。有下列情形之一的，当事人可以解除合同：①因不可抗力致使不能实现合同目的；②在履行期限届满之前，当事人一方明确表示或者以自己的行为表明不履行主要债务；③当事人一方迟延履行主要债务，经催告后在合理期限内仍未履行；④当事人一方迟延履行债务或者有其他违约行为致使不能实现合同目的；⑤法律规定的其他情形。

b. 合同解除权的行使。法律规定或者当事人约定解除权行使期限，期限届满当事人不行使的，该权利消灭。法律没有规定或者当事人没有约定解除权行使期限，经对方催告后在合理期限内不行使的，该权利消灭。

当事人依法主张解除合同的，应当通知对方。合同自通知到达对方时合同解除。对方有异议的，可以请求人民法院或者仲裁机构确认解除合同的效力。

3）合同债务抵消。除依照法律规定或者按照合同性质不得抵消的外，当事人互负到期债务，该债务的标的物种类、品质相同的，任何一方可以将自己的债务与对方的债务抵消。当事人主张抵消的，应当通知对方，通知自到达对方时生效。抵消不得附条件或者附期限。

当事人互负债务，标的物种类、品质不相同的，经双方协商一致，也可以抵消。

4）标的物提存。有下列情形之一，难以履行债务的，债务人可以将标的物提存：①债权人无正当理由拒绝受领；②债权人下落不明；③债权人死亡未确定继承人或者丧失民事行为能力未确定监护人；④法律规定的其他情形。标的物不适于提存或者提存费用过高的，债务人可以依法拍卖或者变卖标的物，提存所得的价款。

标的物提存后，除债权人下落不明的以外，债务人应当及时通知债权人或债权人的继承人、监护人。标的物提存后，毁损、灭失的风险由债权人承担。提存期间，标的物的孳息归债权人所有，提存费用由债权人负担。

债权人可以随时领取提存物，但债权人对债务人负有到期债务的，在债权人未履行债务或提供担保之前，提存部门根据债务人的要求应当拒绝其领取提存物。债权人领取提存物的权利，自提存之日起 5 年内不行使而消灭，提存物扣除提存费用后归国家所有。

（6）违约责任。当事人一方不履行合同义务或者履行合同义务不符合约定的，应当承担继续履行、采取补救措施或者赔偿损失等违约责任。

1）继续履行。当事人一方未支付价款或者报酬的，对方可以要求其支付价款或者报酬。当事人一方不履行非金钱债务或者履行非金钱债务不符合约定的，对方可以要求履行，但有下列情形之一的除外：①法律上或者事实上不能履行；②债务的标的不适于强制履行或者履行费用过高；③债权人在合理期限内未要求履行。

2）采取补救措施。质量不符合约定的，应当按照当事人的约定承担违约责任。对违约责任没有约定或者约定不明确，依照《合同法》关于合同履行的规定仍不能确定的，受损害方根据标的的性质以及损失的大小，可以合理选择要求对方承担修理、更换、重作、退货、减少价款或者报酬等违约责任。

3）赔偿损失。当事人一方不履行合同义务或者履行合同义务不符合约定的，在履行义务或者采取补救措施后，对方还有其他损失的，应当赔偿损失。损失赔偿额应当相当于因违约所造成的损失，包括合同履行后可以获得的利益，但不得超过违反合同一方订立合同时预见到或者应当预见到的因违反合同可能造成的损失。

当事人一方违约后，对方应当采取适当措施防止损失的扩大，没有采取适当措施致使损失扩大的，不得就扩大的损失要求赔偿。当事人因防止损失扩大而支出的合理费用，由违约方承担。

4）支付违约金。当事人可以约定一方违约时应当根据违约情况向对方支付一定数额的违约金，也可以约定因违约产生的损失赔偿额的计算方法。约定的违约金低于造成的损失的，当事人可以请求人民法院或者仲裁机构予以增加；约定的违约金过分高于造成的损失的，当事人可以请求人民法院或者仲裁机构予以适当减少。

当事人就迟延履行约定违约金的，违约方支付违约金后，还应当履行债务。

5）定金。当事人可以依照《担保法》约定一方向对方给付定金作为债权的担保。债务人履行债务后，定金应当抵作价款或者收回。给付定金的一方不履行约定的债务的，无权要求返还定金；收受定金的一方不履行约定的债务的，应当双倍返还定金。

当事人既约定违约金，又约定定金的，一方违约时，对方可以选择使用违约金或者定金条款。

（7）合同争议解决。当事人可以通过和解或者调解解决合同争议。当事人不愿和解、调解或者和解、调解不成的，可以根据仲裁协议向仲裁机构申请仲裁。涉外合同的当事人可以根据仲裁协议向中国仲裁机构或者其他仲裁机构申请仲裁。当事人没有订立仲裁协议或者仲裁协议无效的，可以向人民法院起诉。当事人应当履行发生法律效力的判决、仲裁裁决、调解书；拒不履行的，对方可以请求人民法院执行。

2. 建设工程合同的有关规定

建设工程合同是指承包人进行工程建设，发包人支付价款的合同。建设工程合同属于一种特殊的承揽合同，《合同法》关于建设工程合同的主要规定如下：

（1）建设工程承发包。发包人可以与总承包人订立建设工程合同，也可以分别与勘察人、设计人、施工人订立勘察、设计、施工承包合同。发包人不得将应当由一个承包人完成的建设工程肢解成若干部分发包给几个承包人。

总承包人或者勘察、设计、施工承包人经发包人同意，可以将自己承包的部分工作交由第三人完成。第三人就其完成的工作成果与总承包人或者勘察、设计、施工承包人向发包人承担连带责任。承包人不得将其承包的全部建设工程转包给第三人或者将其承包的全部建设工程肢解以后以分包的名义分别转包给第三人。

禁止承包人将工程分包给不具备相应资质条件的单位。禁止分包单位将其承包的工程再分包。建设工程主体结构的施工必须由承包人自行完成。

（2）建设工程合同的主要内容。勘察、设计合同的内容包括提交有关基础资料和文件（包括概预算）的期限、质量要求、费用以及其他协作条件等条款。施工合同的内容包括工程范围、建设工期、中间交工工程的开工和竣工时间、工程质量、工程造价、技术资料交付时间、材料和设备供应责任、拨款和结算、竣工验收、质量保修范围和质量保证期、双方相互协作等条款。

（3）建设工程合同履行。

1）发包人权利和义务。

a. 发包人在不妨碍承包人正常作业的情况下，可以随时对作业进度、质量进行检查。

b. 因发包人变更计划，提供的资料不准确，或者未按照期限提供必需的勘察、设计工作条件而造成勘察、设计的返工、停工或者修改设计，发包人应当按照勘察人、设计人实际消耗的工作量增付费用。

c. 因施工人的原因致使建设工程质量不符合约定的，发包人有权要求施工人在合理期限内无偿修理或者返工、改建。经过修理或者返工、改建后，造成逾期交付的，施工人应当承担违约责任。

d. 建设工程竣工后，发包人应当根据施工图纸及说明书、国家颁发的施工验收规范和质量检验标准及时进行验收。验收合格的，发包人应当按照约定支付价款，并接收该建设工程。建设工程竣工经验收合格后，方可交付使用；未经验收或者验收不合格的，不得交付使用。

2）承包人权利和义务。

a. 勘察、设计的质量不符合要求或者未按照期限提交勘察、设计文件拖延工期，造成发包人损失的，勘察人、设计人应当继续完善勘察、设计，减收或者免收勘察、设计费并赔偿损失。

b. 发包人未按照约定的时间和要求提供原材料、设备、场地、资金、技术资料的，承包人可以顺延工程日期，并有权要求赔偿停工、窝工等损失。

c. 因发包人的原因致使工程中途停建、缓建的，发包人应当采取措施弥补或者减少损失，赔偿承包人因此造成的停工、窝工、倒运、机械设备调迁、材料和构件积压等损失和实际费用。

d. 隐蔽工程在隐蔽以前，承包人应当通知发包人检查。发包人没有及时检查的，承包人可以顺延工程日期，并有权要求赔偿停工、窝工等损失。

e. 因承包人的原因致使建设工程在合理使用期限内造成人身和财产损害的，承包人应当承担损害赔偿责任。

f. 发包人未按照约定支付价款的，承包人可以催告发包人在合理期限内支付价款。发包人逾期不支付的，除按照建设工程的性质不宜折价、拍卖的以外，承包人可以与发包人协议将该工程折价，也可以申请人民法院将该工程依法拍卖。建设工程的价款就该工程折价或者拍卖的价款优先受偿。

3. 委托合同的有关规定

委托合同是指委托人和受托人约定，由受托人处理委托人事务的合同。委托人可以特别委托受托人处理一项或者数项事务，也可以概括委托受托人处理一切事务。《合同法》关于委托合同的主要规定如下。

（1）委托人的主要权利和义务：

1）委托人应当预付处理委托事务的费用。受托人为处理委托事务垫付的必要费用，委托人应当偿还该费用及其利息。

2）有偿的委托合同，因受托人的过错给委托人造成损失的，委托人可以要求赔偿损失。无偿的委托合同，因受托人的故意或者重大过失给委托人造成损失的，委托人可以要求赔偿损失。受托人超越权限给委托人造成损失的，应当赔偿损失。

3）受托人完成委托事务的，委托人应当向其支付报酬。因不可归责于受托人的事由，委托合同解除或者委托事务不能完成的，委托人应当向受托人支付相应的报酬。当事人另有约定的，按照其约定。

（2）受托人的主要权利和义务：

1）受托人应当按照委托人的指示处理委托事务。需要变更委托人指示的，应当经委托人同意；因情况紧急，难以和委托人取得联系的，受托人应当妥善处理委托事务，但事后应当将该情况及时报告委托人。

2）受托人应当亲自处理委托事务。经委托人同意，受托人可以转委托。转委托经同意的，委托人可以就委托事务直接指示转委托的第三人，受托人仅就第三人的选任及其对第三人的指示承担责任。转委托未经同意的，受托人应当对转委托的第三人的行为承担责任，但在紧急情况下受托人为维护委托人的利益需要转委托的除外。

3）受托人应当按照委托人的要求，报告委托事务的处理情况。委托合同终止时，受托人应当报告委托事务的结果。

4）受托人处理委托事务时，因不可归责于自己的事由受到损失的，可以向委托人要求赔偿损失。

5）委托人经受托人同意，可以在受托人之外委托第三人处理委托事务。因此给受托人造成损失的，受托人可以向委托人要求赔偿损失。

6）两个以上的受托人共同处理委托事务的，对委托人承担连带责任。

1.3.1.2 行政法规

建设工程行政法规是指由国务院通过的规范工程建设活动的法律规范，以国务院令的形式予以公布。与建设工程监理密切相关的行政法规有：《建设工程质量管理条例》、《建设工程安全生产管理条例》、《生产安全事故报告和调查处理条例》和《招标投标法实施条例》。

1.3.1.2.1　《建设工程质量管理条例》相关内容

为了加强对建设工程质量的管理，保证建设工程质量，《建设工程质量管理条例》明确了建设单位、勘察单位、设计单位、施工单位、工程监理单位的质量责任和义务，以及工程质量保修期限。

1. 建设单位的质量责任和义务

（1）工程发包。建设单位应当将工程发包给具有相应资质等级的单位。建设单位不得将建设工程肢解发包。

建设单位应当依法对工程建设项目的勘察、设计、施工、监理以及与工程建设有关的重要设备、材料等的采购进行招标。不得迫使承包方以低于成本的价格竞标，不得任意压缩合理工期；不得明示或者暗示设计单位或者施工单位违反工程建设强制性标准，降低建设工程质量。

建设单位必须向有关的勘察、设计、施工、工程监理等单位提供与建设工程有关的原始资料。原始资料必须真实、准确、齐全。

（2）报审施工图设计文件。建设单位应当将施工图设计文件报县级以上人民政府建设主管部门或者其他有关部门审查。施工图设计文件未经审查批准的，不得使用。

（3）委托建设工程监理。实行监理的建设工程，建设单位应当委托监理。

（4）工程施工阶段责任和义务：

1）建设单位在领取施工许可证或者开工报告前，应当按照国家有关规定办理工程质量监督手续。

2）按照合同约定，由建设单位采购建筑材料、建筑构配件和设备的，建设单位应当保证建筑材料、建筑构配件和设备符合设计文件和合同要求。建设单位不得明示或者暗示施工单位使用不合格的建筑材料、建筑构配件和设备。

3）涉及建筑主体和承重结构变动的装修工程，建设单位应当在施工前委托原设计单位或者具有相应资质等级的设计单位提出设计方案；没有设计方案的，不得施工。房屋建筑使用者在装修过程中，不得擅自变动房屋建筑主体和承重结构。

（5）组织工程竣工验收。建设单位收到建设工程竣工报告后，应当组织设计、施工、工程监理等有关单位进行竣工验收。建设工程经验收合格的，方可交付使用。

建设工程竣工验收应当具备下列条件：

1）完成建设工程设计和合同约定的各项内容。

2）有完整的技术档案和施工管理资料。

3）有工程使用的主要建筑材料、建筑构配件和设备的进场试验报告。

4）有勘察、设计、施工、工程监理等单位分别签署的质量合格文件。

5）有施工单位签署的工程保修书。

建设单位应当严格按照国家有关档案管理的规定，及时收集、整理建设项目各环节的文件资料，建立、健全建设项目档案，并在建设工程竣工验收后，及时向建设行政主管部门或者其他有关部门移交建设项目档案。

2. 勘察、设计单位的质量责任和义务

（1）工程承揽。从事建设工程勘察、设计的单位应当依法取得相应等级的资质证书，并在其资质等级许可的范围内承揽工程。禁止勘察、设计单位超越其资质等级许可的范围或者以其他勘察、设计单位的名义承揽工程。禁止勘察、设计单位允许其他单位或者个人以本单位的名义承揽工程。勘察、设计单位不得转包或者违法分包所承揽的工程。

（2）勘察设计过程中的质量责任和义务。勘察、设计单位必须按照工程建设强制性标准进行勘察、设计，并对其勘察、设计的质量负责。勘察单位提供的地质、测量、水文等勘察成果必须真实、准确。设计单位应当根据勘察成果文件进行建设工程设计。设计文件应当符合国家规定的设计深度要求，注明工程合理使用年限。注册建筑师、注册结构工程师等注册执业人员应当在设计文件上签字，对设计文件负责。设计单位还应当就审查合格的施工图设计文件向施工单位作出详细说明。

设计单位在设计文件中选用的建筑材料、建筑构配件和设备，应当注明规格、型号、性能等技术指标，其质量要求必须符合国家规定的标准。除有特殊要求的建筑材料、专用设备、工艺生产线等外，设计单位不得指定生产厂、供应商。

设计单位还应当参与建设工程质量事故分析，并对因设计造成的质量事故，提出相应的技术处理方案。

3. 施工单位的质量责任和义务

（1）工程承揽。施工单位应当依法取得相应等级的资质证书，并在其资质等级许可的范围内承揽工程。禁止施工单位超越本单位资质等级许可的业务范围或者以其他施工单位的名义承揽工程，禁止施工单位允许其他单位或者个人以本单位的名义承揽工程。施工单位不得转包或者违法分包工程。

（2）工程施工质量责任和义务。施工单位对建设工程的施工质量负责。施工单位应当建立质量责任制，确定工程项目的项目经理、技术负责人和施工管理负责人。施工单位还应当建立、健全教育培训制度，加强对职工的教育培训，未经教育培训或者考核不合格的人员，不得上岗作业。建设工程实行总承包的，总承包单位应当对全部建设工程质量负责；建设工程勘察、设计、施工、设备采购的一项或者多项实行总承包的，总承包单位应当对其承包的建设工程或者采购的设备的质量负责。

总承包单位依法将建设工程分包给其他单位的，分包单位应当按照分包合同的约定对其分包工程的质量向总承包单位负责，总承包单位与分包单位对分包工程的质量承担连带责任。

施工单位必须按照工程设计图纸和施工技术标准施工，不得擅自修改工程设计，不得偷工减料。施工单位在施工过程中发现设计文件和图纸有差错的，应当及时提出意见和建议。

（3）质量检验。施工单位必须按照工程设计要求、施工技术标准和合同约定，对建筑材料、建筑构配件、设备和商品混凝土进行检验，检验应当有书面记录和专人签字，未经检验或者检验不合格的，不得使用。

施工人员对涉及结构安全的试块、试件以及有关材料，应当在建设单位或者工程监理单位见证下现场取样，并送具有相应资质等级的质量检测单位进行检测。

施工单位必须建立、健全施工质量的检验制度，严格工序管理，做好隐蔽工程的质量检查和记录。隐蔽工程在隐蔽前，施工单位应当通知建设单位和建设工程质量监督机构。施工单位对施工中出现质量问题的建设工程或者竣工验收不合格的建设工程，应当负责返修。

4. 工程监理单位的质量责任和义务

（1）建设工程监理业务承揽。工程监理单位应当依法取得相应等级的资质证书，并在其资质等级许可的范围内承担工程监理业务。禁止工程监理单位超越本单位资质等级许可的范围或者以其他工程监理单位的名义承担建设工程监理业务，禁止工程监理单位允许其他单位或者个人以本单位的名义承担建设工程监理业务。工程监理单位不得转让建设工程监理业务。

工程监理单位与被监理工程的施工承包单位以及建筑材料、建筑构配件和设备供应单位有隶属关系或者其他利害关系的，不得承担该项建设工程的监理业务。

（2）建设工程监理实施。工程监理单位应当依照法律、法规以及有关技术标准、设计文件和建设工程承包合同，代表建设单位对施工质量实施监理，并对施工质量承担监理责任。

监理工程师应当按照建设工程监理规范的要求，采取旁站、巡视和平行检验等形式，对建设工程实施监理。

5. 工程质量保修

（1）建设工程质量保修制度。建设工程实行质量保修制度。建设工程承包单位在向建设单位提交工程竣工验收报告时，应当向建设单位出具质量保修书。质量保修书中应当明确建设工程的保修范围、保修期限和保修责任等。建设工程的保修期，自竣工验收合格之日起计算。

建设工程在保修范围和保修期限内发生质量问题的，施工单位应当履行保修义务，并对造成的损失承担赔偿责任。建设工程在超过合理使用年限后需要继续使用的，产权所有人应当委托具有相应资质等级的勘察、设计单位进行鉴定，并根据鉴定结果采取加固、维修等措施，重新界定使用期。

（2）建设工程最低保修期限。在正常使用条件下，建设工程最低保修期限如下：

1）基础设施工程、房屋建筑的地基基础工程和主体结构工程，为设计文件规定的该工程合理使用年限。

2）屋面防水工程、有防水要求的卫生间、房间和外墙面的防渗漏，为5年。

3）供热与供冷系统，为2个采暖期、供冷期。

4）电气管道、给排水管道、设备安装和装修工程，为2年。

其他工程的保修期限由发包方与承包方约定。

6. 工程竣工验收备案和质量事故报告

（1）工程竣工验收备案。建设单位应当自建设工程竣工验收合格之日起 15 日内，将建设工程竣工验收报告和规划、公安消防、环保等部门出具的认可文件或者准许使用文件报建设行政主管部门或者其他有关部门备案。

（2）工程质量事故报告。建设工程发生质量事故，有关单位应当在 24 小时内向当地建设行政主管部门和其他有关部门报告。对重大质量事故，事故发生地的建设行政主管部门和其他有关部门应当按照事故类别和等级向当地人民政府和上级建设行政主管部门和其他有关部门报告。特别重大质量事故的调查程序按照国务院有关规定办理。任何单位和个人对建设工程的质量事故、质量缺陷都有权检举、控告、投诉。

1.3.1.2.2 《建设工程安全生产管理条例》相关内容

为了加强建设工程安全生产监督管理，《建设工程安全生产管理条例》明确了建设单位、勘察单位、设计单位、施工单位、工程监理单位及其他与建设工程安全生产有关单位的安全生产责任，以及生产安全事故应急救援和调查处理的相关事宜。

1. 建设单位的安全责任

（1）提供资料。建设单位应当向施工单位提供施工现场及毗邻区域内供水、排水、供电、供气、供热、通信、广播电视等地下管线资料，气象和水文观测资料，相邻建筑物和构筑物、地下工程的有关资料，并保证资料的真实、准确、完整。

（2）禁止行为。建设单位不得对勘察、设计、施工、工程监理等单位提出不符合建设工程安全生产法律、法规和强制性标准规定的要求，不得压缩合同约定的工期；不得明示或者暗示施工单位购买、租赁、使用不符合安全施工要求的安全防护用具、机械设备、施工机具及配件、消防设施和器材。

（3）安全施工措施及其费用。建设单位在编制工程概算时，应当确定建设工程安全作业环境及安全施工措施所需费用；在申请领取施工许可证时，应当提供建设工程有关安全施工措施的资料。

依法批准开工报告的建设工程，建设单位应当自开工报告批准之日起 15 日内，将保证安全施工的措施报送建设工程所在地的县级以上地方人民政府建设行政主管部门或者其他有关部门备案。

（4）拆除工程发包与备案。建设单位应当将拆除工程发包给具有相应资质等级的施工单位，并在拆除工程施工 15 日前，将下列资料报送建设工程所在地的县级以上地方人民政府建设行政主管部门或者其他有关部门备案。

1）施工单位资质等级证明。

2）拟拆除建筑物、构筑物及可能危及毗邻建筑的说明。

3）拆除施工组织方案。

4）堆放、清除废弃物的措施。

实施爆破作业的，应当遵守国家有关民用爆炸物品管理的规定。

2. 勘察、设计、工程监理及其他有关单位的安全责任

（1）勘察单位的安全责任。勘察单位应当按照法律、法规和工程建设强制性标准进行勘察，提供的勘察文件应当真实、准确，满足建设工程安全生产的需要。

勘察单位在勘察作业时，应当严格执行操作规程，采取措施保证各类管线、设施和周边建筑物、构筑物的安全。

（2）设计单位的安全责任。设计单位应当按照法律、法规和工程建设强制性标准进行设计，防止因设计不合理导致生产安全事故的发生。

设计单位应当考虑施工安全操作和防护的需要，对涉及施工安全的重点部位和环节在设计文件中注明，并对防范生产安全事故提出指导意见。采用新结构、新材料、新工艺的建设工程和特殊结构的建设工程，设计单位应当在设计中提出保障施工作业人员安全和预防生产安全事故的措施建议。设计单位和注册建筑师等注册执业人员应当对其设计负责。

（3）工程监理单位的安全责任。工程监理单位和监理工程师应当按照法律、法规和工程建设强制性标准实施监理，并对建设工程安全生产承担监理责任。

（4）机械设备配件供应单位的安全责任。为建设工程提供机械设备和配件的单位，应当按照安全施工的要求配备齐全有效的保险、限位等安全设施和装置。出租的机械设备和施工机具及配件，应当具有生产（制造）许可证、产品合格证。出租单位应当对出租的机械设备和施工机具及配件的安全性能进行检测，在签订租赁协议时，应当出具检测合格证明。禁止出租检测不合格的机械设备和施工机具及配件。

（5）施工机械设施安装单位的安全责任。在施工现场安装、拆卸施工起重机械和整体提升脚手架、模板等自升式架设设施，必须由具有相应资质的单位承担。安装、拆卸上述机械和设施，应当编制拆装方案、制定安全施工措施，并由专业技术人员现场监督。安装完毕后，安装单位应当自检，出具自检合格证明，并向施工单位进行安全使用说明，办理验收手续并签字。上述机械和设施的使用达到国家规定的检验检测期限的，必须经具有专业资质的检验检测机构检测。检验检测机构应当出具安全合格证明文件，并对检测结果负责。经检测不合格的，不得继续使用。

3. 施工单位的安全责任

（1）工程承揽。施工单位从事建设工程的新建、扩建、改建和拆除等活动，应当具备国家规定的注册资本、专业技术人员、技术装备和安全生产等条件，依法取得相应等级的资质证书，并在其资质等级许可的范围内承揽工程。

（2）安全生产责任制度。施工单位主要负责人依法对本单位的安全生产工作全面负责。施工单位应当建立健全安全生产责任制度，制定安全生产规章制度和操作规程，保证本单位安全生产条件所需资金的投入，对所承担的建设工程进行定期和专项安全检查，并做好安全检查记录。

施工单位的项目负责人应当由取得相应执业资格的人员担任，对建设工程项目的安全施工负责，落实安全生产责任制度、安全生产规章制度和操作规程，确保安全生产费用的有效使用，并根据工程的特点组织制定安全施工措施，消除安全事故隐患，及时、如实报告生产安全事故。

建设工程实行施工总承包的，由总承包单位对施工现场的安全生产负总责。总承包单位依法将建设工程分包给其他单位的，分包合同中应当明确各自的安全生产方面的权利、义务。总承包单位和分包单位对分包工程的安全生产承担连带责任。分包单位应当服从总承包单位的安全生产管理，如分包单位不服从管理导致生产安全事故，由分包单位承担主要责任。

（3）安全生产管理费用。施工单位对列入建设工程概算的安全作业环境及安全施工措施所需费用，应当用于施工安全防护用具及设施的采购和更新、安全施工措施的落实、安全生产条件的改善，不得挪作他用。

（4）施工现场安全生产管理。施工单位应当设立安全生产管理机构，配备专职安全生产管理人员。建设工程施工前，施工单位负责项目管理的技术人员应当对有关安全施工的技术要求向施工作业班组、作业人员作出详细说明，并由双方签字确认。

专职安全生产管理人员负责对安全生产进行现场监督检查。发现安全事故隐患，应当及时向项目负责人和安全生产管理机构报告；对违章指挥、违章操作应当立即制止。

（5）安全生产教育培训。施工单位的主要负责人、项目负责人、专职安全生产管理人员应当经建设行政主管部门或者其他有关部门考核合格后方可任职。施工单位应当建立健全安全生产教育培训制度，应当对管理人员和作业人员每年至少进行一次安全生产教育培训，其教育培训情况记入个人工作档案。安全生产教育培训考核不合格的人员，不得上岗。

作业人员进入新的岗位或者新的施工现场前，应当接受安全生产教育培训。未经教育培训或者教育培训考核不合格的人员，不得上岗作业。施工单位在采用新技术、新工艺、新设备、新材料时，应当对作业人员进行相应的安全生产教育培训。

垂直运输机械作业人员、安装拆卸工、爆破作业人员、起重信号工、登高架设作业人员等特种作业人员，必须按照国家有关规定经过专门的安全作业培训，并取得特种作业操作资格证书后，方可上岗作业。

（6）安全技术措施和专项施工方案。施工单位应当在施工组织设计中编制安全技术措施和施工现场临时用电方案，对下列达到一定规模的危险性较大的分部分项工程编制专项施工方案，并附具安全验算结果，经施工单位技术负责人、总监理工程师签字后实施，由专职安全生产管理人员进行现场监督：①基坑支护与降水工程；②土方开挖工程；③模板工程；④起重吊装工程；⑤脚手架工程；⑥拆除、爆破工程；⑦国务院建设行政主管部门或者其他有关部门规定的其他危险性较大的工程。上述工程中涉及深基坑、地下暗挖工程、高大模板工程的专项施工方案，施工单位还应当组织专家进行论证、审查。

（7）施工现场安全防护。施工单位应当在施工现场入口处、施工起重机械、临时用电设施、脚手架、出入通道口、楼梯口、电梯井口、孔洞口、桥梁口、隧道口、基坑边沿、爆破物及有害危险气体和液体存放处等危险部位，设置明显的符合国家标准的安全警示标志。施工单位应当根据不同施工阶段和周围环境及季节、气候的变化，在施工现场采取相应的安全施工措施。施工现场暂时停止施工的，施工单位应当做好现场防护，所需费用由责任方承担，或者按照合同约定执行。

施工单位应当向作业人员提供安全防护用具和安全防护服装，并书面告知危险岗位的操作规程和违章操作的危害。作业人员应当遵守安全施工的强制性标准、规章制度和操作规程，正确使用安全防护用具、机械设备等。

（8）施工现场卫生、环境与消防安全管理。施工单位应当将施工现场的办公、生活区与作业区分开设置，并保持安全距离；办公、生活区的选址应当符合安全性要求。职工的膳食、饮水、休息场所等应当符合卫生标准。施工单位不得在尚未竣工的建筑物内设置员工集体宿舍。施工现场临时搭建的建筑物应当符合安全使用要求。施工现场使用的装配式活动房屋应当具有产品合格证。

施工单位对因建设工程施工可能造成损害的毗邻建筑物、构筑物和地下管线等，应当采取专项防护措施。施工单位应当遵守有关环境保护法律、法规的规定，在施工现场采取措施，防止或者减少粉尘、废气、废水、固体废物、噪声、振动和施工照明对人和环境的危害和污染。在城市市区内的建设工程，施工单位应当对施工现场实行封闭围挡。

施工单位应当在施工现场建立消防安全责任制度，确定消防安全责任人，制定用火、用电、使用易燃易爆材料等各项消防安全管理制度和操作规程，设置消防通道、消防水源，配备消防设施和灭火器材，并在施工现场入口处设置明显标志。

（9）施工机具设备安全管理。施工单位采购、租赁的安全防护用具、机械设备、施工机具及配件，应当具有生产（制造）许可证、产品合格证，并在进入施工现场前进行查验。

施工现场的安全防护用具、机械设备、施工机具及配件必须由专人管理，定期进行检查、维修和保养，建立相应的资料档案，并按照国家有关规定及时报废。

施工单位在使用施工起重机械和整体提升脚手架、模板等自升式架设设施前，应当组织有关单位进行验收，也可以委托具有相应资质的检验检测机构进行验收；使用承租的机械设备和施工机具及配件的，应由施工总承包单位、分包单位、出租单位和安装单位共同进行验收。验收合格的方可使用。《特种设备安全监察条例》规定的施工起重机械，在验收前应当经有相应资质的检验检测机构监督检验合格。

施工单位应当自施工起重机械和整体提升脚手架、模板等自升式架设设施验收合格之日起 30 日内，向建设行政主管部门或者其他有关部门登记。登记标志应当置于或者附着于该设备的显著位置。

（10）意外伤害保险。施工单位应当为施工现场从事危险作业的人员办理意外伤害保险。意外伤害保险费由施工单位支付。实行施工总承包的，由总承包单位支付意外伤害保险费。意外伤害保险期限自建设工程开工之日起至竣工验收合格止。

4. 生产安全事故的应急救援和调查处理

（1）生产安全事故应急救援。县级以上地方人民政府建设行政主管部门应当根据本级人民政府的要求，制定本行政区域内建设工程特大生产安全事故应急救援预案。

施工单位应当制定本单位生产安全事故应急救援预案，建立应急救援组织或者配备应急救援人员，配备必要的应急救援器材、设备，并定期组织演练。施工单位应当根据建设工程施工的特点、范围，对施工现场易发生重大事故的部位、环节进行监控，制定施工现场生产安全事故应急救援预案。实行施工总承包的，由总承包单位统一组织编制建设工程生产安全事故应急救援预案，工程总承包单位和分包单位按照应急救援预案，各自建立应急救援组织或者配备应急救援人员，配备救援器材、设备，并定期组织演练。

（2）生产安全事故调查处理。施工单位发生生产安全事故，应当按照国家有关伤亡事故报告和调查处理的规定，及时、如实地向负责安全生产监督管理的部门、建设行政主管部门或者其他有关部门报告；特种设备发生事故的，还应当同时向特种设备安全监督管理部门报告。接到报告的部门应当按照国家有关规定，如实上报。实行施工总承包的建设工程，由总承包单位负责上报事故。

发生生产安全事故后，施工单位应当采取措施防止事故扩大，保护事故现场。需要移动现场物品时，应当做出标记和书面记录，妥善保管有关证物。

1.3.1.2.3 《生产安全事故报告和调查处理条例》相关内容

为了规范生产安全事故的报告和调查处理，落实生产安全事故责任追究制度，防止和减少生产安全事故，《生产安全事故报告和调查处理条例》明确规定了生产安全事故的等级划分标准，事故报告的程序和内容及调查处理相关事宜。

1. 生产安全事故等级

根据生产安全事故造成的人员伤亡或者直接经济损失，生产安全事故分为以下等级。

（1）特别重大生产安全事故。是指造成30人及以上死亡，或者100人及以上重伤（包括急性工业中毒，下同），或者1亿元及以上直接经济损失的事故。

（2）重大生产安全事故。是指造成10人及以上30人以下死亡，或者50人及以上100人以下重伤，或者5000万元及以上1亿元以下直接经济损失的事故。

（3）较大生产安全事故。是指造成3人及以上10人以下死亡，或者10人及以上50人以下重伤，或者1000万元及以上5000万元以下直接经济损失的事故。

（4）一般生产安全事故。是指造成3人以下死亡，或者10人以下重伤，或者1000万元以下直接经济损失的事故。

2. 事故报告

事故报告应当及时、准确、完整，任何单位和个人对事故不得迟报、漏报、谎报或者瞒报。

（1）事故报告程序。事故发生后，事故现场有关人员应当立即向本单位负责人报告；单位负责人接到报告后，应当于1小时内向事故发生地县级以上人民政府安全生产监督管理部门和负有安全生产监督管理职责的有关部门报告。

情况紧急时，事故现场有关人员可以直接向事故发生地县级以上人民政府安全生产监督管理部门和负有安全生产监督管理职责的有关部门报告。

安全生产监督管理部门和负有安全生产监督管理职责的有关部门逐级上报事故情况，每级上报的时间不得超过2小时。

（2）事故报告内容。事故报告应当包括下列内容：

1）事故发生单位概况。

2）事故发生的时间、地点以及事故现场情况。

3）事故的简要经过。

4）事故已经造成或者可能造成的伤亡人数（包括下落不明的人数）和初步估计的直接经济损失。

5）已经采取的措施。

6）其他应当报告的情况。

事故报告后出现新情况的，应当及时补报。自事故发生之日起30日内，事故造成的伤亡人数发生变化的，应当及时补报。道路交通事故、火灾事故自发生之日起7日内，事故造成的伤亡人数发生变化的，应当及时补报。

（3）事故报告后的处置。事故发生单位负责人接到事故报告后，应当立即启动事故相应应急预案，或者采取有效措施，组织抢救，防止事故扩大，减少人员伤亡和财产损失。

事故发生地有关地方人民政府、安全生产监督管理部门和负有安全生产监督管理职责的有关部门接到事故报告后，其负责人应当立即赶赴事故现场，组织事故救援。

事故发生后，有关单位和人员应当妥善保护事故现场以及相关证据，任何单位和个人不得破坏事故现场、毁灭相关证据。

因抢救人员、防止事故扩大以及疏通交通等原因，需要移动事故现场物件的，应当做出标志，绘制现场简图并做出书面记录，妥善保存现场重要痕迹、物证。

3. 事故调查处理

（1）事故调查组及其职责。特别重大生产安全事故由国务院或者国务院授权有关部门组织事故调查组进行调查。重大事故、较大事故、一般事故分别由事故发生地省级人民政府、设区的市级人民政府、县级人民政府负责调查。省级人民政府、设区的市级人民政府、县级人民政府可以直接组织事故调查组进行调查，也可以授权或者委托有关部门组织事故调查组进行调查。未造成人员伤亡的一般事故，县级人民政府也可以委托事故发生单位组织事故调查组进行调查。

事故调查处理应当坚持实事求是、尊重科学的原则，及时、准确地查清事故经过、事故原因和事故损失，查明事故性质，认定事故责任，总结事故教训，提出整改措施，并对事故责任者依法追究责任。

事故调查组应履行下列职责：

1）查明事故发生的经过、原因、人员伤亡情况及直接经济损失。

2）认定事故的性质和事故责任。

3）提出对事故责任者的处理建议。

4）总结事故教训，提出防范和整改措施。

5）提交事故调查报告。

（2）事故调查的有关要求。事故调查组有权向有关单位和个人了解与事故有关的情况，并要求其提供相关文件、资料，有关单位和个人不得拒绝。

事故发生单位的负责人和有关人员在事故调查期间不得擅离职守，并应当随时接受事故调查组的询问，如实提供有关情况。

事故调查中需要进行技术鉴定的，事故调查组应当委托具有国家规定资质的单位进行技术鉴定。必要时，事故调查组可以直接组织专家进行技术鉴定。技术鉴定所需时间不计入事故调查期限。

（3）事故调查报告。事故调查组应当自事故发生之日起 60 日内提交事故调查报告；特殊情况下，经负责事故调查的人民政府批准，提交事故调查报告的期限可以适当延长，但延长的期限最长不超过 60 日。

事故调查报告应当包括下列内容：

1）事故发生单位概况。

2）事故发生经过和事故救援情况。

3）事故造成的人员伤亡和直接经济损失。

4）事故发生的原因和事故性质。

5）事故责任的认定以及对事故责任者的处理建议。

6）事故防范和整改措施。

事故调查报告应当附具有关证据材料。事故调查组成员应当在事故调查报告上签名。

（4）事故处理。重大事故、较大事故、一般事故，负责事故调查的人民政府应当自收到事故调查报告之日起 15 日内做出批复；特别重大事故，30 日内做出批复，特殊情况下，批复时间可以适当延长，但延长的时间最长不超过 30 日。

有关机关应当按照人民政府的批复，依照法律、行政法规规定的权限和程序，对事故发生单位和有关人员进行行政处罚，对负有事故责任的国家工作人员进行处分。事故发生单位应当按照负责事故调查的人民政府的批复，对本单位负有事故责任的人员进行处理。负有事故责任的人员涉嫌犯罪的，依法追究刑事责任。

1.3.1.2.4 《招标投标法实施条例》相关内容

为了规范招标投标活动，《招标投标法实施条例》进一步明确了招标、投标、开标、评标和中标以及投诉与处理等方面的内容，并鼓励利用信息网络进行电子招标投标。

1. 招标

（1）招标范围和方式。按照国家有关规定需要履行项目审批、核准手续的依法必须进行招标的项目，其招标范围、招标方式、招标组织形式应当报项目审批、核准部门审批、核准。

1）可以邀请招标的项目。国有资金占控股或者主导地位的依法必须进行招标的项目，应当公开招标；但有下列情形之一的，可以邀请招标：

a. 技术复杂、有特殊要求或者受自然环境限制，只有少量潜在投标人可供选择。

b. 采用公开招标方式的费用占项目合同金额的比例过大。

2）可以不招标的项目。除《招标投标法》规定的可以不进行招标的特殊情况外，有下列情形之一的，可以不进行招标：

a. 需要采用不可替代的专利或者专有技术。

b. 采购人依法能够自行建设、生产或者提供。

c. 已通过招标方式选定的特许经营项目投资人依法能够自行建设、生产或者提供。

d. 需要向原中标人采购工程、货物或者服务，否则将影响施工或者功能配套要求。

e. 国家规定的其他特殊情形。

（2）招标文件与资格审查。

1）资格预审公告和招标公告。公开招标的项目，应当依照法律法规的规定发布招标公告、编制招标文件。招标人采用资格预审办法对潜在投标人进行资格审查的，应当发布资格预审公告、编制资格预审文件。

依法必须进行招标的项目的资格预审公告和招标公告，应当在国家发展与改革委员会依法指定的媒介上发布。在不同媒介发布的同一招标项目的资格预审公告或者招标公告的内容应当一致。指定媒介发布依法必须进行招标的项目的境内资格预审公告、招标公告，不得收取费用。编制依法必须进行招标的项目的资格预审文件和招标文件，应当使用国务院发展改革部门会同有关行政监督部门制定的标准文本。

2）资格预审文件和招标文件的发售。招标人应当按照资格预审公告、招标公告或者投标邀请书规定的时间、地点发售资格预审文件或者招标文件。资格预审文件或者招标文件的发售期不得少于5日。招标人发售资格预审文件、招标文件收取的费用应当限于补偿印刷、邮寄的成本支出，不得以盈利为目的。

3）资格预审文件、招标文件的澄清或修改。招标人可以对已发出的资格预审文件或者招标文件进行必要的澄清或者修改。澄清或者修改的内容可能影响资格预审申请文件或者投标文件编制的，招标人应当在提交资格预审申请文件截止时间至少3日前，或者投标截止时间至少15日前，以书面形式通知所有获取资格预审文件或者招标文件的潜在投标人；不足3日或者15日的，招标人应当顺延提交资格预审申请文件或者投标文件的截止时间。

4）资格预审文件、招标文件的质疑。潜在投标人或者其他利害关系人对资格预审文件有异议的，应当在提交资格预审申请文件截止时间 2 日前提出；对招标文件有异议的，应当在投标截止时间 10 日前提出。招标人应当自收到异议之日起 3 日内作出答复；作出答复前，应当暂停招标投标活动。

5）资格预审文件的提交。招标人应当合理确定提交资格预审申请文件的时间。依法必须进行招标的项目提交资格预审申请文件的时间，自资格预审文件停止发售之日起不得少于 5 日。

6）资格预审的实施。资格预审应当按照资格预审文件载明的标准和方法进行。国有资金占控股或者主导地位的依法必须进行招标的项目，招标人应当组建资格审查委员会审查资格预审申请文件。

资格预审结束后，招标人应当及时向资格预审申请人发出资格预审结果通知书。未通过资格预审的申请人不具有投标资格。通过资格预审的申请人少于 3 个的，应当重新招标。

招标人采用资格后审办法对投标人进行资格审查的，应当在开标后由评标委员会按照招标文件规定的标准和方法对投标人的资格进行审查。

（3）招标工作的实施：

1）禁止不合理地限制投标。招标人对招标项目划分标段的，应当遵守《招标投标法》的有关规定，不得利用划分标段限制或者排斥潜在投标人。依法必须进行招标的项目的招标人不得利用划分标段规避招标。

招标人不得以不合理的条件限制、排斥潜在投标人或者投标人。招标人有下列行为之一的，属于以不合理条件限制、排斥潜在投标人或者投标人：

a. 就同一招标项目向潜在投标人或者投标人提供有差别的项目信息。

b. 设定的资格、技术、商务条件与招标项目的具体特点和实际需要不相适应或者与合同履行无关。

c. 依法必须进行招标的项目以特定行政区域或者特定行业的业绩、奖项作为加分条件或者中标条件。

d. 对潜在投标人或者投标人采取不同的资格审查或者评标标准。

e. 限定或者指定特定的专利、商标、品牌、原产地或者供应商。

f. 依法必须进行招标的项目非法限定潜在投标人或者投标人的所有制形式或者组织形式。

g. 以其他不合理条件限制、排斥潜在投标人或者投标人。

2）总承包招标。招标人可以依法对工程以及与工程建设有关的货物、服务全部或者部分实行总承包招标。以暂估价（指总承包招标时不能确定价格而由招标人在招标文件中暂时估定的工程、货物、服务的金额）形式包括在总承包范围内的工程、货物、服务属于依法必须进行招标的项目范围且达到国家规定规模标准的，应当依法进行招标。

3）两阶段招标。对技术复杂或者无法精确拟定技术规格的项目，招标人可以分两阶段进行招标：

第一阶段，投标人按照招标公告或者投标邀请书的要求提交不带报价的技术建议，招标人根据投标人提交的技术建议确定技术标准和要求，编制招标文件。

第二阶段，招标人向在第一阶段提交技术建议的投标人提供招标文件，投标人按照招标文件的要求提交包括最终技术方案和投标报价的投标文件。

招标人要求投标人提交投标保证金的，应当在第二阶段提出。

4）投标有效期。招标人应当在招标文件中载明投标有效期。投标有效期从提交投标文件的截止之日起算。

5）投标保证金。招标人在招标文件中要求投标人提交投标保证金的，投标保证金不得超过招标项目估算价的 2%。投标保证金有效期应当与投标有效期一致。依法必须进行招标的项目的境内投标单位，以现金或者支票形式提交的投标保证金应当从其基本账户转出。招标人不得挪用投标保证金。

6）标底及投标限价。招标人可以自行决定是否编制标底。一个招标项目只能有一个标底，标底必须保密。接受委托编制标底的中介机构不得参加受托编制标底项目的投标，也不得为该项目的投标人编制投标文件或者提供咨询。招标人设有最高投标限价的，应当在招标文件中明确最高投标限价或者最高投标限价的计算方法。招标人不得规定最低投标限价。

7）终止招标。招标人终止招标的，应当及时发布公告，或者以书面形式通知被邀请的或者已经获取资格预审文件、招标文件的潜在投标人。已经发售资格预审文件、招标文件或者已经收取投标保证金的，招标人应当及时退还所收取的资格预审文件、招标文件的费用，以及所收取的投标保证金及银行同期存款利息。

2. 投标

（1）禁止性行为。投标人参加依法必须进行招标的项目的投标，不受地区或者部门的限制，任何单位和个人不得非法干涉。与招标人存在利害关系可能影响招标公正性的法人、其他组织或者个人，不得参加投标。单位负责人为同一人或者存在控股、管理关系的不同单位，不得参加同一标段投标或者未划分标段的同一招标项目投标。

（2）投标文件的撤回。投标人撤回已提交的投标文件，应当在投标截止时间前书面通知招标人。招标人已收取投标保证金的，应当自收到投标人书面撤回通知之日起5日内退还。投标截止后投标人撤销投标文件的，招标人可以不退还投标保证金。

（3）投标文件的拒收。未通过资格预审的申请人提交的投标文件，以及逾期送达或者不按照招标文件要求密封的投标文件，招标人应当拒收。招标人应当如实记载投标文件的送达时间和密封情况，并存档备查。

（4）联合体投标。招标人应当在资格预审公告、招标公告或者投标邀请书中载明是否接受联合体投标。招标人接受联合体投标并进行资格预审的，联合体应当在提交资格预审申请文件前组成。资格预审后联合体增减、更换成员的，其投标无效。

联合体各方在同一招标项目中以自己名义单独投标或者参加其他联合体投标，相关投标均无效。

投标人发生合并、分立、破产等重大变化，应当及时书面告知招标人。投标人不再具备资格预审文件、招标文件规定的资格条件或者其投标影响招标公正性的，其投标无效。

（5）属于串通投标和弄虚作假的情形：

1）投标人相互串通投标。禁止投标人相互串通投标。有下列情形之一的，属于投标人相互串通投标：①投标人之间协商投标报价等投标文件的实质性内容；②投标人之间约定中标人；③投标人之间约定部分投标人放弃投标或者中标；④属于同一集团、协会、商会等组织成员的投标人按照该组织要求协同投标；⑤投标人之间为谋取中标或者排斥特定投标人而采取的其他联合行动。

有下列情形之一的，视为投标人相互串通投标：①不同投标人的投标文件由同一单位或者个人编制；②不同投标人委托同一单位或者个人办理投标事宜；③不同投标人的投标文件载明的项目管理成员为同一人；④不同投标人的投标文件异常一致或者投标报价呈规律性差异；⑤不同投标人的投标文件相互混装；⑥不同投标人的投标保证金从同一单位或者个人的账户转出。

2）招标人与投标人串通投标。禁止招标人与投标人串通投标。有下列情形之一的，属于招标人与投标人串通投标：

a. 招标人在开标前开启投标文件并将有关信息泄露给其他投标人。

b. 招标人直接或者间接向投标人泄露标底、评标委员会成员等信息。

c. 招标人明示或者暗示投标人压低或者抬高投标报价。

d. 招标人授意投标人撤换、修改投标文件。

e. 招标人明示或者暗示投标人为特定投标人中标提供方便。

f. 招标人与投标人为谋求特定投标人中标而采取的其他串通行为。

3）弄虚作假。投标人不得以他人名义投标，如使用通过受让或者租借等方式获取的资格、资质证书投标。投标人也不得以其他方式弄虚作假，骗取中标，包括：①使用伪造、变造的许可证件；②提供虚假的财务状况或者业绩；③提供虚假的项目负责人或者主要技术人员简历、劳动关系证明；④提供虚假的信用状况；⑤其他弄虚作假的行为。

3. 开标、评标和中标

（1）开标。招标人应当按照招标文件规定的时间、地点开标。投标人少于3个的，不得开标；招标人应当重新招标。投标人对开标有异议的，应当在开标现场提出，招标人应当当场作出答复，并制作记录。

（2）评标：

1) 评标委员会组成。除《招标投标法》规定的特殊招标项目外，依法必须进行招标的项目，其评标委员会的专家成员应当从评标专家库内相关专业的专家名单中以随机抽取方式确定。任何单位和个人不得以明示、暗示等任何方式指定或者变相指定参加评标委员会的专家成员。

对技术复杂、专业性强或者国家有特殊要求，采取随机抽取方式确定的专家难以保证胜任评标工作的招标项目，可以由招标人直接确定技术、经济等方面的评标专家。

有关行政监督部门应当按照规定的职责分工，对评标委员会成员的确定方式、评标专家的抽取和评标活动进行监督。行政监督部门的工作人员不得担任本部门负责监督项目的评标委员会成员。

2) 评标要求。招标人应当根据项目规模和技术复杂程度等因素合理确定评标时间。超过1/3的评标委员会成员认为评标时间不够的，招标人应当适当延长。

招标人应当向评标委员会提供评标所必需的信息，但不得明示或者暗示其倾向或者排斥特定投标人。

评标委员会成员应当按照招标文件规定的评标标准和方法，客观、公正地对投标文件提出评审意见。招标文件没有规定的评标标准和方法不得作为评标的依据。招标项目设有标底的，招标人应当在开标时公布。标底只能作为评标的参考，不得以投标报价是否接近标底作为中标条件，也不得以投标报价超过标底上下浮动范围作为否决投标的条件。

评标委员会成员不得私下接触投标人，不得收受投标人给予的财物或者其他好处，不得向招标人征询确定中标人的意向，不得接受任何单位或者个人明示或者暗示提出的倾向或者排斥特定投标人的要求，不得有其他不客观、不公正履行职务的行为。

3) 投标的否决。有下列情形之一的，评标委员会应当否决其投标：

a. 投标文件未经投标单位盖章和单位负责人签字。

b. 投标联合体没有提交共同投标协议。

c. 投标人不符合国家或者招标文件规定的资格条件。

d. 同一投标人提交两个以上不同的投标文件或者投标报价，但招标文件要求提交备选投标的除外。

e. 投标报价低于成本或者高于招标文件设定的最高投标限价。

f. 投标文件没有对招标文件的实质性要求和条件作出响应。

g. 投标人有串通投标、弄虚作假、行贿等违法行为。

4) 投标文件的澄清。投标文件中有含义不明确的内容、明显文字或者计算错误，评标委员会认为需要投标人作出必要澄清、说明的，应当书面通知该投标人。投标人的澄清、说明应当采用书面形式，并不得超出投标文件的范围或者改变投标文件的实质性内容。

评标委员会不得暗示或者诱导投标人作出澄清、说明，不得接受投标人主动提出的澄清、说明。

（3）中标。评标完成后，评标委员会应当向招标人提交书面评标报告和中标候选人名单。中标候选人应当不超过 3 个，并标明排序。

1）评标报告。评标报告应当由评标委员会全体成员签字。对评标结果有不同意见的评标委员会成员应当以书面形式说明其不同意见和理由，评标报告应当注明该不同意见。评标委员会成员拒绝在评标报告上签字又不书面说明其不同意见和理由的，视为同意评标结果。

2）中标候选人公示。依法必须进行招标的项目，招标人应当自收到评标报告之日起 3 日内公示中标候选人，公示期不得少于 3 日。投标人或者其他利害关系人对依法必须进行招标的项目的评标结果有异议的，应当在中标候选人公示期间提出。招标人应当自收到异议之日起 3 日内作出答复。作出答复前，应当暂停招标投标活动。

3）中标人的确定。国有资金占控股或者主导地位的依法必须进行招标的项目，招标人应当确定排名第一的中标候选人为中标人。排名第一的中标候选人放弃中标、因不可抗力不能履行合同、不按照招标文件要求提交履约保证金，或者被查实存在影响中标结果的违法行为等情形，不符合中标条件的，招标人可以按照评标委员会提出的中标候选人名单排序依次确定其他中标候选人为中标人，也可以重新招标。

中标候选人的经营、财务状况发生较大变化或者存在违法行为，招标人认为可能影响其履约能力的，应当在发出中标通知书前由原评标委员会按照招标文件规定的标准和方法审查确认。

4）签订合同。招标人和中标人应当依照法律法规的规定签订书面合同，合同的标的、价款、质量、履行期限等主要条款应当与招标文件和中标人的投标文件的内容一致。招标人和中标人不得再行订立背离合同实质性内容的其他协议。

5）投标保证金的退还。招标人最迟应当在书面合同签订后 5 日内向中标人和未中标的投标人退还投标保证金及银行同期存款利息。

6）履约保证金的提交。招标文件要求中标人提交履约保证金的，中标人应当按照招标文件的要求提交。履约保证金不得超过中标合同金额的 10%。

4. 投诉与处理

（1）投诉。投标人或者其他利害关系人认为招标投标活动不符合法律、行政法规规定的，可以自知道或者应当知道之日起 10 日内向有关行政监督部门投诉。投诉应当有明确的请求和必要的证明材料。

（2）处理。行政监督部门应当自收到投诉之日起 3 个工作日内决定是否受理投诉，并自受理投诉之日起 30 个工作日内作出书面处理决定；需要检验、检测、鉴定、专家评审的，所需时间不计算在内。

行政监督部门处理投诉，有权查阅、复制有关文件、资料，调查有关情况，相关单位和人员应当予以配合。必要时，行政监督部门可以责令暂停招标投标活动。

1.3.2　建设工程监理规范

1.3.2.1　《建设工程监理规范》(GB/T 50319—2013) 的主要内容

为了规范建设工程监理与相关服务行为,提高建设工程监理与相关服务水平,2013年5月修订后发布的《建设工程监理规范》(GB/T 50319—2013) 共分9章和3个附录,主要内容包括:总则,术语,项目监理机构及其设施,监理规划及监理实施细则,工程质量、造价、进度控制及安全生产管理的监理工作,工程变更、索赔及施工合同争议的处理,监理文件资料管理,设备采购与设备监造,相关服务等。

1. 总则

(1) 制定目的:为规范建设工程监理与相关服务行为,提高建设工程监理与相关服务水平。

(2) 适用范围:适用于新建、扩建、改建建设工程监理与相关服务活动。

(3) 关于建设工程监理合同形式和内容的规定。

(4) 建设单位向施工单位书面通知工程监理的范围、内容和权限及总监理工程师姓名的规定。

(5) 建设单位、施工单位及工程监理单位之间涉及施工合同联系活动的工作关系。

(6) 实施建设工程监理的主要依据:①法律法规及工程建设标准;②建设工程勘察设计文件;③建设工程监理合同及其他合同文件。

(7) 建设工程监理应实行总监理工程师负责制的规定。

(8) 建设工程监理宜实施信息化管理的规定。

(9) 工程监理单位应公平、独立、诚信、科学地开展建设工程监理与相关服务活动。

(10) 建设工程监理与相关服务活动应符合《建设工程监理规范》(GB/T 50319—2013) 和国家现行有关标准的规定。

2. 术语

《建设工程监理规范》(GB/T 50319—2013) 解释了工程监理单位、建设工程监理、相关服务、项目监理机构、注册监理工程师、总监理工程师、总监理工程师代表、专业监理工程师、监理员、监理规划、监理实施细则、工程计量、旁站、巡视、平行检验、见证取样、工程延期、工期延误、工程临时延期批准、工程最终延期批准、监理日志、监理月报、设备监造、监理文件资料等24个建设工程监理常用术语。

3. 项目监理机构及其设施

《建设工程监理规范》(GB/T 50319—2013) 明确了项目监理机构的人员构成和职责,规定了监理设施的提供和管理。

(1) 项目监理机构人员。项目监理机构的监理人员应由总监理工程师、专业监理工程师和监理员组成，且专业配套、数量应满足建设工程监理工作需要，必要时可设总监理工程师代表。

1）总监理工程师。总监理工程师是指由工程监理单位法定代表人书面任命，负责履行建设工程监理合同、主持项目监理机构工作的注册监理工程师。总监理工程师应由注册监理工程师担任。

一名注册监理工程师可担任一项建设工程监理合同的总监理工程师。当需要同时担任多项建设工程监理合同的总监理工程师时，应经建设单位书面同意，且最多不得超过三项。

2）总监理工程师代表。总监理工程师代表是指经工程监理单位法定代表人同意，由总监理工程师书面授权，代表总监理工程师行使其部分职责和权力，具有工程类注册执业资格或具有中级及以上专业技术职称、3 年及以上工程实践经验并经监理业务培训的人员。

总监理工程师代表可以由具有工程类执业资格的人员（如：注册监理工程师、注册造价工程师、注册建造师、注册工程师、注册建筑师等）担任，也可由具有中级及以上专业技术职称、3 年及以上工程实践经验并经监理业务培训的人员担任。

3）专业监理工程师。专业监理工程师是指由总监理工程师授权，负责实施某一专业或某一岗位的监理工作，有相应监理文件签发权，具有工程类注册执业资格或具有中级及以上专业技术职称、2 年及以上工程实践经验并经监理业务培训的人员。

专业监理工程师可以由具有工程类注册执业资格的人员（如：注册监理工程师、注册造价工程师、注册建造师、注册工程师、注册建筑师等）担任，也可由具有中级及以上专业技术职称、2 年及以上工程实践经验并经监理业务培训的人员担任。

4）监理员。监理员是指从事具体监理工作，具有中专及以上学历并经过监理业务培训的人员。监理员需要有中专及以上学历，并经过监理业务培训。

（2）监理设施。

1）建设单位应按建设工程监理合同约定，提供监理工作需要的办公、交通、通信、生活等设施。

2）项目监理机构宜妥善使用和保管建设单位提供的设施，并应按建设工程监理合同约定的时间移交建设单位。

3）工程监理单位宜按建设工程监理合同约定，配备满足监理工作需要的检测设备和工器具。

4. 监理规划及监理实施细则

（1）监理规划。明确了监理规划的编制要求、编审程序和主要内容。

（2）监理实施细则。明确了监理实施细则的编制要求、编审程序、编制依据和主要内容。

5. 工程质量、造价、进度控制及安全生产管理的监理工作

《建设工程监理规范》（GB/T 50319—2013）规定："项目监理机构应根据建设工

程监理合同约定，遵循动态控制原理，坚持预防为主的原则，制定和实施相应的监理措施，采用旁站、巡视和平行检验等方式对建设工程实施监理。"

（1）一般规定。

1）项目监理机构监理人员应熟悉工程设计文件，并参加建设单位主持的图纸会审和设计交底会议。

2）工程开工前，项目监理机构监理人员应参加由建设单位主持召开的第一次工地会议。

3）项目监理机构应定期召开监理例会，并组织有关单位研究解决与监理相关的问题。项目监理机构可根据工程需要，主持或参加专题会议，解决监理工作范围内工程专项问题。

4）项目监理机构应协调工程建设相关方的关系。

5）项目监理机构应审查施工单位报审的施工组织设计，并要求施工单位按已批准的施工组织设计组织施工。

6）总监理工程师应组织专业监理工程师审查施工单位报送的开工报审表及相关资料，报建设单位批准后，总监理工程师签发工程开工令。

7）分包工程开工前，项目监理机构应审核施工单位报送的分包单位资格报审表。

8）项目监理机构宜根据工程特点、施工合同、工程设计文件及经过批准的施工组织设计对工程风险进行分析，并提出工程质量、造价、进度目标控制及安全生产管理的防范性对策。

（2）工程质量控制。包括：审查施工单位现场的质量管理组织机构、管理制度及专职管理人员和特种作业人员的资格；审查施工单位报审的施工方案；审查施工单位报送的新材料、新工艺、新技术、新设备的质量认证材料和相关验收标准的适用性；检查、复核施工单位报送的施工控制测量成果及保护措施；查验施工单位在施工过程中报送的施工测量放线成果；检查施工单位为工程提供服务的试验室；审查施工单位报送的用于工程的材料、构配件、设备的质量证明文件；对用于工程的材料进行见证取样、平行检验；审查施工单位定期提交影响工程质量的计量设备的检查和检定报告；对关键部位、关键工序进行旁站；对工程施工质量进行巡视；对施工质量进行平行检验；验收施工单位报验的隐蔽工程、检验批、分项工程和分部工程；处置施工质量问题、质量缺陷、质量事故；审查施工单位提交的单位工程竣工验收报审表及竣工资料，组织工程竣工预验收；编写工程质量评估报告；参加工程竣工验收等。

（3）工程造价控制。包括：进行工程计量和付款签证；对实际完成量与计划完成量进行比较分析；审核竣工结算款，签发竣工结算款支付证书等。

（4）工程进度控制。包括：审查施工单位报审的施工总进度计划和阶段性施工进度计划；检查施工进度计划的实施情况；比较分析工程施工实际进度与计划进度，预测实际进度对工程总工期的影响等。

（5）安全生产管理的监理工作。包括：审查施工单位现场安全生产规章制度的建立和实施情况；审查施工单位安全生产许可证及施工单位项目经理、专职安全生产管理人员和特种作业人员的资格；核查施工机械和设施的安全许可验收手续；审查施工单位报审的专项施工方案；处置安全事故隐患等。

6. 工程变更、索赔及施工合同争议的处理

《建设工程监理规范》（GB/T 50319—2013）规定，项目监理机构应依据建设工程监理合同约定进行施工合同管理，处理工程暂停及复工、工程变更、索赔及施工合同争议、解除等事宜。施工合同终止时，项目监理机构应协助建设单位按施工合同约定处理施工合同终止的有关事宜。

（1）工程暂停及复工。包括：总监理工程师签发工程暂停令的权力和情形；暂停施工事件发生时的监理职责；工程复工申请的批准或指令。

（2）工程变更。包括：施工单位提出的工程变更处理程序、工程变更价款处理原则；建设单位要求的工程变更的监理职责。

（3）费用索赔。包括：处理费用索赔的依据和程序；批准施工单位费用索赔应满足的条件；施工单位的费用索赔与工程延期要求相关联时的监理职责；建设单位向施工单位提出索赔时的监理职责。

（4）工程延期及工期延误。包括：处理工程延期要求的程序；批准施工单位工程延期要求应满足的条件；施工单位因工程延期提出费用索赔时的监理职责；发生工期延误时的监理职责。

（5）施工合同争议。处理施工合同争议时的监理工作程序、内容和职责。

（6）施工合同解除。

1）因建设单位原因导致施工合同解除时的监理职责。

2）因施工单位原因导致施工合同解除时的监理职责。

3）因非建设单位、施工单位原因导致施工合同解除时的监理职责。

7. 监理文件资料管理

《建设工程监理规范》（GB/T 50319—2013）规定，项目监理机构应建立完善监理文件资料管理制度，宜设专人管理监理文件资料。项目监理机构应及时、准确、完整地收集、整理、编制、传递监理文件资料，并宜采用信息技术进行监理文件资料管理。

（1）监理文件资料内容。《建设工程监理规范》（GB/T 50319—2013）明确了18项监理文件资料，并规定监理日志、监理月报、监理工作总结应包括的内容。

（2）监理文件资料归档。

1）项目监理机构应及时整理、分类汇总监理文件资料，并应按规定组卷，形成监理档案。

2）工程监理单位应根据工程特点和有关规定，保存监理档案，并应向有关单位、部门移交需要存档的监理文件资料。

8. 设备采购与设备监造

《建设工程监理规范》（GB/T 50319—2013）规定，项目监理机构应根据建设工程监理合同约定的设备采购与设备监造工作内容配备监理人员，明确岗位职责，编制设备采购与设备监造工作计划，并应协助建设单位编制设备采购与设备监造方案。

（1）设备采购。包括：设备采购招标和合同谈判时的监理职责；设备采购文件资料应包括的内容。

（2）设备监造。

1）项目监理机构应检查设备制造单位的质量管理体系；审查设备制造单位报送的设备制造生产计划和工艺方案，设备制造的检验计划和检验要求，设备制造的原材料、外购配套件、元器件、标准件，以及坯料的质量证明文件及检验报告等。

2）项目监理机构应对设备制造过程进行监督和检查，对主要及关键零部件的制造工序应进行抽检。

3）项目监理机构应审核设备制造过程的检验结果，并检查和监督设备的装配过程。

4）项目监理机构应参加设备整机性能检测、调试和出厂验收。

5）专业监理工程师应审查设备制造单位报送的设备制造结算文件。

6）规定了设备监造文件资料应包括的主要内容。

9. 相关服务

《建设工程监理规范》（GB/T 50319—2013）规定，工程监理单位应根据建设工程监理合同约定的相关服务范围，开展相关服务工作，并编制相关服务工作计划。

（1）工程勘察设计阶段服务。包括：协助建设单位选择勘察设计单位并签订工程勘察设计合同；审查勘察单位提交的勘察方案；检查勘察现场及室内试验主要岗位操作人员的资格、所使用设备、仪器计量的检定情况；检查勘察进度计划执行情况；审核勘察单位提交的勘察费用支付申请；审查勘察单位提交的勘察成果报告，参与勘察成果验收；审查各专业、各阶段设计进度计划；检查设计进度计划执行情况；审核设计单位提交的设计费用支付申请；审查设计单位提交的设计成果；审查设计单位提出的新材料、新工艺、新技术、新设备在相关部门的备案情况；审查设计单位提出的设计概算、施工图预算；协助建设单位组织专家评审设计成果；协助建设单位报审有关工程设计文件；协调处理勘察设计延期、费用索赔等事宜。

（2）工程保修阶段服务。

1）承担工程保修阶段的服务工作时，工程监理单位应定期回访。

2）对建设单位或使用单位提出的工程质量缺陷，工程监理单位应安排监理人员进行检查和记录，并应要求施工单位予以修复，同时应监督实施，合格后应予以签认。

3）工程监理单位应对工程质量缺陷原因进行调查，并应与建设单位、施工单位协商确定责任归属。对非施工单位原因造成的工程质量缺陷，应核实施工单位申报的修复工程费用，并应签认工程款支付证书，同时应报建设单位。

10. 附录

附录包括以下三类表（见附录三）。

（1）A类表：工程监理单位用表。由工程监理单位或项目监理机构签发。

（2）B类表：施工单位报审、报验用表。由施工单位或施工项目经理部填写后报送工程建设相关方。

（3）C类表：通用表。是工程建设相关方工作联系的通用表。

1.3.2.2 实行建设工程监理与相关服务市场调节价

早在2014年7月，国家发改委已经发文放开了非政府投资项目的建设项目服务价格，2015年2月11日国家发展与改革委员会又发布了《关于进一步放开建设项目专业服务价格的通知》（发改价格〔2015〕299号），放开现行实行政府指定价管理的5项建设项目服务价格，实行市场调节。意味着《建设工程监理与相关服务收费管理规定》（〔2007〕670号）的废止，通知发布后建设工程监理与相关服务的收费将实行市场调节价。

在《建设工程监理与相关服务收费管理规定》废止后，为给建设单位和监理单位在施工阶段监理服务费概算编制和监理合同洽谈时提供参考依据，各地监理协会都在探索制定地方性的参考依据，比如上海市建设工程咨询行业协会、江苏省建设监理协会、浙江省建设工程监理协会于2015年6月2日联合印发的《建设工程施工监理服务费计费规则》等，详见《建设工程施工监理服务费计费规则》。

思 考 题

1.1　何谓建设工程监理？建设工程监理的涵义可从哪些方面理解？

1.2　建设工程监理具有哪些性质？

1.3　建设工程监理的法律地位从哪些方面体现？

1.4　强制实行工程监理的范围是什么？

1.5　《建筑法》《建设工程质量管理条例》和《建设工程安全生产管理条例》中规定的工程监理单位和监理人员的职责有哪些？

1.6　工程监理单位和监理工程师的法律责任有哪些？

1.7　何谓工程建设程序？工程建设程序包括哪些工作内容？

1.8　目前我国投资项目决策管理制度的主要内容有哪些？

1.9　施工图设计文件的审查内容有哪些？

1.10　建设项目法人责任制的基本内容是什么？项目法人的职权有哪些？建设项目法人责任制与工程监理制的关系是什么？

1.11　工程招标的范围和规模标准是什么？工程招标投标制与工程监理制的关系

是什么？

1.12 工程项目合同体系的主要内容有哪些？合同管理制与工程监理制的关系是什么？

1.13 建设工程监理相关法律、行政法规有哪些？

1.14 建设单位申请领取施工许可证需要具备哪些条件？施工许可证的有效期限是多少？

1.15 《建筑法》对工程发包与承包有哪些规定？

1.16 《招标投标法》规定有哪些招标方式？对投标文件有哪些规定？

1.17 《招标投标法》对开标、评标和招标有哪些规定？

1.18 《合同法》总则有哪些规定？何谓要约和承诺？什么是无效合同？什么是可变更、可撤销合同？合同解除有哪些规定？

1.19 《合同法》对建设工程合同有哪些规定？对委托合同有哪些规定？

1.20 《建设工程质量管理条例》规定的各方主体分别有哪些质量责任和义务？各类工程的最低保修期限分别是多少？

1.21 《建设工程安全生产管理条例》规定的各方主体分别有哪些安全责任？生产安全事故的应急救援和调查处理有哪些规定？

1.22 《生产安全事故报告和调查处理条例》规定的生产安全事故等级划分标准是什么？对事故报告和事故调查处理分别有什么规定？

1.23 《招标投标法实施条例》对招标、投标、开标、评标和中标分别有什么规定？关于投诉与处理有何规定？

1.24 《建设工程监理规范》（GB/T 50319—2013）包括哪些内容？项目监理机构人员的任职条件是什么？工程项目目标控制及安全生产管理的监理工作内容有哪些？

1.25 相关服务的内容包括哪些？

第 2 章

工程监理企业与注册监理工程师

教学目标：

- 掌握监理企业的资质管理内容，监理企业经营活动准则。
- 熟悉监理工程师考试、注册、执业和继续教育制度。
- 熟悉注册监理工程师职业道德。
- 了解外资监理企业的设置与审批。

工程监理企业作为建设工程监理实施主体，需要具有相应的资质条件和综合实力。注册监理工程师是建设工程监理的骨干力量，只有通过资格考试和注册，才能以注册监理工程师名义执业。为了保持注册监理工程师称号并不断提高业务能力，注册监理工程师还需要参加继续教育。

2.1 工程监理企业

工程监理企业是指依法成立并取得建设主管部门颁发的工程监理企业资质证书，从事建设工程监理与相关服务活动的机构。

2.1.1 工程监理企业资质管理

《工程监理企业资质管理规定》（建设部令第 158 号）明确了工程监理企业的资质等级和业务范围、资质申请和审批、监督管理等内容。

2.1.1.1 工程监理企业资质等级和业务范围

1. 资质等级标准

工程监理企业资质分为综合资质、专业资质和事务所资质 3 个等级。其中，专业资质按照工程性质和技术特点又划分为 14 个工程类别。

综合资质、事务所资质不分级别。专业资质分为甲级、乙级，其中房屋建筑、水利水电、公路和市政公用专业资质可设立丙级。

（1）综合资质标准。工程监理企业综合资质标准如下。

1）具有独立法人资格且注册资本不少于 600 万元。

2）企业技术负责人应为注册监理工程师，并具有 15 年以上从事工程建设工作的经历或者具有工程类高级职称。

3）具有 5 个以上工程类别的专业甲级工程监理资质。

4）注册监理工程师不少于 60 人，注册造价工程师不少于 5 人，一级注册建造师、一级注册建筑师、一级注册结构工程师或者其他勘察设计注册工程师合计不少于 15 人次。

5）企业具有完善的组织结构和质量管理体系，有健全的技术、档案等管理制度。

6）企业具有必要的工程试验检测设备。

7）申请工程监理资质之日前一年内没有规定禁止的行为。

8）申请工程监理资质之日前一年内没有因本企业监理责任造成重大质量事故。

9）申请工程监理资质之日前一年内没有因本企业监理责任发生生产安全事故。

（2）专业资质标准。工程监理企业专业资质分甲级、乙级和丙级 3 个等级。

1）甲级企业资质标准：

a. 具有独立法人资格且注册资本不少于 300 万元。

b. 企业技术负责人应为注册监理工程师，并具有 15 年以上从事工程建设工作的经历或者具有工程类高级职称。

c. 注册监理工程师、注册造价工程师、一级注册建造师、一级注册建筑师、一级注册结构工程师或者其他勘察设计注册工程师合计不少于 25 人次；其中，相应专业注册监理工程师不少于表 2.1 中要求配备的人数，注册造价工程师不少于 2 人。

表 2.1　　　　　　　　专业资质注册监理工程师人数配备表　　　　　　　单位：人

序号	工程类别	甲级	乙级	丙级
1	房屋建筑工程	15	10	5
2	冶炼工程	15	10	—
3	矿山工程	20	12	—
4	化工石油工程	15	10	—
5	水利水电工程	20	12	5
6	电力工程	15	10	—
7	农林工程	15	10	—
8	铁路工程	23	14	—
9	公路工程	20	12	5
10	港口与航道工程	20	12	—
11	航天航空工程	20	12	—
12	通信工程	20	12	—
13	市政工程	15	10	5
14	机电安装工程	15	10	—

注　表中各专业资质注册监理工程师人数配备是指企业取得本专业工程类别注册的注册监理工程师人数。

d. 企业近 2 年内独立监理过 3 个以上相应专业的二级工程项目，但是，具有甲级设计资质或一级及以上施工总承包资质的企业申请本专业工程类别甲级资质的除外。

e. 企业具有完善的组织结构和质量管理体系，有健全的技术、档案等管理制度。

f. 企业具有必要的工程试验检测设备。

g. 申请工程监理资质之日前一年内没有规定禁止的行为。

h. 申请工程监理资质之日前一年内没有因本企业监理责任造成重大质量事故。

i. 申请工程监理资质之日前一年内没有因本企业监理责任发生生产安全事故。

2）乙级企业资质标准：

a. 具有独立法人资格且注册资本不少于 100 万元。

b. 企业技术负责人应为注册监理工程师，并具有 10 年以上从事工程建设工作的经历。

c. 注册监理工程师、注册造价工程师、一级注册建造师、一级注册建筑师、一级注册结构工程师或者其他勘察设计注册工程师合计不少于 15 人次。其中，相应专业注册监理工程师不少于表 2.1 中要求配备的人数，注册造价工程师不少于 1 人。

d. 有较完善的组织结构和质量管理体系，有技术、档案等管理制度。

e. 有必要的工程试验检测设备。

f. 申请工程监理资质之日前一年内没有规定禁止的行为。

g. 申请工程监理资质之日前一年内没有因本企业监理责任造成重大质量事故。

h. 申请工程监理资质之日前一年内没有因本企业监理责任发生生产安全事故。

3）丙级企业资质标准：

a. 具有独立法人资格且注册资本不少于 50 万元。

b. 企业技术负责人应为注册监理工程师，并具有 8 年以上从事工程建设工作的经历。

c. 相应专业的注册监理工程师不少于表 2.1 中要求配备的人数。

d. 有必要的质量管理体系和规章制度。

e. 有必要的工程试验检测设备。

（3）事务所资质标准：

1）取得合伙企业营业执照，具有书面合作协议书。

2）合伙人中有 3 名以上注册监理工程师，合伙人均有 5 年以上从事建设工程监理的工作经历。

3）有固定的工作场所。

4）有必要的质量管理体系和规章制度。

5）有必要的工程试验检测设备。

2. 业务范围

工程监理企业资质相应许可的业务范围如下。

（1）综合资质企业。可承担所有专业工程类别建设工程项目的工程监理业务。

（2）专业资质企业。

1）专业甲级资质企业。可承担相应专业工程类别建设工程项目的工程监理业务。

2）专业乙级资质企业。可承担相应专业工程类别二级以下（含二级）建设工程项目的工程监理业务。

3）专业丙级资质企业。可承担相应专业工程类别三级建设工程项目的工程监理业务。

（3）事务所资质企业。可承担三级建设工程项目的工程监理业务，但国家规定必须实行强制监理的工程除外。

此外，工程监理企业可以开展相应类别建设工程的项目管理、技术咨询等业务。

2.1.1.2　工程监理企业资质申请与审批

1. 资质申请

新设立的工程监理企业申请资质，应当先到工商行政管理部门登记注册并取得企业法人营业执照后，才能向企业工商注册所在地的省、自治区、直辖市人民政府建设主管部门提出资质申请。

申请工程监理企业资质，应当提交以下材料。

（1）工程监理企业资质申请表（一式三份）及相应电子文档。

（2）企业法人、合伙企业营业执照。

（3）企业章程或合伙人协议。

（4）企业法定代表人、企业负责人和技术负责人的身份证明、工作简历及任命（聘用）文件。

（5）工程监理企业资质申请表中所列注册监理工程师及其他注册执业人员的注册执业证书。

（6）有关企业质量管理体系、技术和档案等管理制度的证明材料。

（7）有关工程试验检测设备的证明材料。取得专业资质的企业申请晋升专业资质等级或者取得专业甲级资质的企业申请综合资质的，除上述材料外，还应当提交企业原工程监理企业资质证书正、副本复印件，企业《监理业务手册》及近两年已完成代表工程的监理合同、监理规划、工程竣工验收报告及监理工作总结。

2. 资质审批

2016 年 2 月 3 日《国务院关于第二批取消 152 项中央指定地方实施的行政审批事项的决定》（国发〔2016〕9 号）取消了对申请综合资质、专业甲级资质的省级初审，申报后直接由国务院建设主管部门审批。其中，涉及铁路、交通、水利、通信、民航等专业工程监理资质的，由国务院建设主管部门送国务院有关部门审核。国务院有关部门应当在 90 日内审核完毕，并将审核意见报国务院建设主管部门。国务院建设主管部门根据初审意见审批。

专业乙级、丙级资质和事务所资质由企业所在地省、自治区、直辖市人民政府建设主管部门审批。

工程监理企业资质证书的有效期为 5 年。资质有效期届满，工程监理企业需要继续从事工程监理活动的，应当在资质证书有效期届满 60 日前，向企业所在地省级资质许可机关申请办理延续手续。对在资质有效期内遵守有关法律、法规、规章、技术标准，信用档案中无不良记录，且专业技术人员满足资质标准要求的企业，经资质许可机关同意，有效期延续 5 年。

3. 外商投资建设工程监理企业资质

根据《外商投资建设工程服务企业管理规定》（建设部、商务部令第 155 号），外国投资者在中华人民共和国境内设立外商投资建设工程监理企业（包括中外合资经营、中外合作经营及外资企业），从事建设工程监理活动，应当依法取得商务主管部门颁发的外商投资企业批准证书，经工商行政管理部门注册登记，并取得建设主管部门颁发的建设工程监理企业资质证书。

申请外商投资建设工程监理企业甲级资质的，由国务院建设主管部门审批；申请外商投资建设工程监理企业乙级及其以下资质的，由省、自治区、直辖市人民政府建设主管部门审批。

（1）申请设立外商投资建设工程监理企业应当向省、自治区、直辖市人民政府商务主管部门提交以下资料。

1）外商投资建设工程监理企业设立申请书。

2）外商投资建设工程监理企业合同和章程（其中，设立外资建设工程服务企业的只提供章程）。

3）企业名称预先核准通知书。

4）投资方注册（登记）证明、投资方银行资信证明。

5）投资方拟派出的董事长、董事会成员、经理、工程技术负责人等任职文件及证明文件。

6）经注册会计师审计或者会计事务所审计的投资方最近 3 年的资产负债表和损益表，投资方成立不满 3 年的，按照其实际成立年份提供相应的资产负债表和损益表。

（2）申请外商投资建设工程监理企业资质，应当向建设主管部门提交以下资料。

1）外商投资建设工程服务企业资质申请表。

2）外商投资企业批准证书。

3）企业法人营业执照。

4）投资方在其所在国或者地区的注册（登记）证明、相关业绩证明、银行资信证明。

5）经注册会计师或者会计师事务所审计的投资方最近 3 年的资产负债表和损益表，投资方成立不满 3 年的，按照其成立年限提供相应的资产负债表和损益表。

6）建设工程监理企业资质管理规定要求提交的其他资料。

申请者提交的主要资料应当使用中文，证明文件原件是外文的，应当提供中文译本。

申请设立外商投资建设工程服务企业的外方投资者，应当是在其所在国从事相应工程服务的企业、其他经济组织或者注册专业技术人员。

2.1.1.3 工程监理企业监督管理

县级以上人民政府建设主管部门和其他有关部门应当依照有关法律、法规和规定，加强对工程监理企业资质的监督管理。

1. 监督检查措施和职责

建设主管部门履行监督检查职责时，有权采取下列措施。

（1）要求被检查单位提供工程监理企业资质证书、注册监理工程师注册执业证书，有关工程监理业务的文档，有关质量管理、安全生产管理、档案管理等企业内部管理制度的文件。

（2）进入被检查单位进行检查，查阅相关资料。

（3）纠正违反有关法律、法规、规定及有关规范和标准的行为。

建设主管部门进行监督检查时，应当有两名以上监督检查人员参加，并出示执法证件，不得妨碍被检查单位的正常经营活动，不得索取或者收受财物、谋取其他利益。有关单位和个人对依法进行的监督检查应当协助与配合，不得拒绝或者阻挠。监督检查机关应当将监督检查的处理结果向社会公布。

2. 撤销工程监理企业资质的情形

工程监理企业有下列情形之一的，资质许可机关或者其上级机关，根据利害关系人的请求或者依据职权，可以撤销工程监理企业资质。

（1）资质许可机关工作人员滥用职权、玩忽职守作出准予工程监理企业资质许可的。

（2）超越法定职权作出准予工程监理企业资质许可的。

（3）违反资质审批程序作出准予工程监理企业资质许可的。

（4）对不符合许可条件的申请人作出准予工程监理企业资质许可的。

（5）依法可以撤销资质证书的其他情形。

以欺骗、贿赂等不正当手段取得工程监理企业资质证书的，应当予以撤销。

3. 注销工程监理企业资质的情形

有下列情形之一的，工程监理企业应当及时向资质许可机关提出注销资质的申请，交回资质证书，国务院建设主管部门应当办理注销手续，公告其资质证书作废。

（1）资质证书有效期届满，未依法申请延续的。

（2）工程监理企业依法终止的。

（3）工程监理企业资质依法被撤销、撤回或吊销的。

（4）法律、法规规定的应当注销资质的其他情形。

4. 信用管理

工程监理企业应当按照有关规定，向资质许可机关提供真实、准确、完整的工程监理企业的信用档案信息。工程监理企业的信用档案应当包括基本情况、业绩、工程质量和安全、合同违约等情况。被投诉举报和处理、行政处罚等情况应当作为不良行为记入其信用档案。

工程监理企业的信用档案信息按照有关规定向社会公示，公众有权查阅。

2.1.2 工程监理企业组织形式

根据《中华人民共和国公司法》，对于公司制工程监理企业，主要有两种形式，即有限责任公司和股份有限公司。

2.1.2.1 有限责任公司

1. 公司设立条件

有限责任公司由 50 个以下股东出资设立。设立有限责任公司，应当具各下列条件。

（1）股东符合法定人数。

（2）股东出资达到法定资本最低限额。

（3）股东共同制定公司章程。

（4）有公司名称，建立符合有限责任公司要求的组织机构。

（5）有公司住所。

2. 公司注册资本

有限责任公司的注册资本为在公司登记机关登记的全体股东认缴的出资额。公司全体股东的首次出资额不得低于注册资本的 20％，也不得低于法定的注册资本最低限额，其余部分由股东自公司成立之日起 2 年内缴足；其中，投资公司可以在 5 年内缴足。

有限责任公司注册资本的最低限额为人民币 3 万元，但一个自然人或法人有限责任公司的注册资本最低限额为人民币 10 万元。

3. 公司组织机构

（1）股东会。有限责任公司股东会由全体股东组成。股东会是公司的权力机构，依照《公司法》行使职权。

（2）董事会。有限责任公司设董事会，其成员为 3~13 人。股东人数较少或者规模较小的有限责任公司，可以设一名执行董事，不设董事会。执行董事可以兼任公司经理。

（3）经理。有限责任公司可以设经理，由董事会决定聘任或者解聘。经理对董事会负责，行使公司管理职权。

（4）监事会。有限责任公司设监事会，其成员不得少于 3 人。股东人数较少或者规模较小的有限责任公司，可以设 1~2 名监事，不设监事会。

2.1.2.2　股份有限公司

股份有限公司的设立，可以采取发起设立或者募集设立的方式。发起设立是指由发起人认购公司应发行的全部股份而设立公司。募集设立是指由发起人认购公司应发行股份的一部分，其余股份向社会公开募集或者向特定对象募集而设立公司。

1. 公司设立条件

设立股份有限公司，应当有 2 人以上、200 人以下为发起人，其中须有半数以上的发起人在中国境内有住所。设立股份有限公司，应当具备下列条件。

（1）发起人符合法定人数。

（2）发起人认购和募集的股本达到法定资本最低限额。

（3）股份发行、筹办事项符合法律规定。

（4）发起人制订公司章程，采用募集方式设立的经创立大会通过。

（5）有公司名称，建立符合股份有限公司要求的组织机构。

（6）有公司住所。

2. 公司注册资本

股份有限公司采取发起设立方式设立的，注册资本为在公司登记机关登记的全体发起人认购的股本总额。公司全体发起人的首次出资额不得低于注册资本的 20%，其余部分由发起人自公司成立之日起 2 年内缴足；其中，投资公司可以在 5 年内缴足。在缴足前，不得向他人募集股份。

股份有限公司采取募集方式设立的，注册资本为在公司登记机关登记的实收股本总额。

股份有限公司注册资本的最低限额为人民币 500 万元。

3. 公司组织机构

（1）股东大会。股份有限公司股东大会由全体股东组成。股东大会是公司的权力机构，依照《公司法》行使职权。

（2）董事会。股份有限公司设董事会，其成员为 5~19 人。上市公司需要设立独立董事和董事会秘书。

（3）经理。股份有限公司设经理，由董事会决定聘任或者解聘。公司董事会可以决定由董事会成员兼任经理。

（4）监事会。股份有限公司设监事会，其成员不得少于 3 人。

2.1.3　工程监理企业经营活动准则

工程监理企业从事建设工程监理活动，应当遵循"守法、诚信、公平、科学"的准则。

1. 守法

守法，即遵守法律法规。对于工程监理企业而言，守法就是要依法经营，主要体现在以下几个方面。

（1）工程监理企业只能在核定的业务范围内开展经营活动。工程监理企业的业务范围，是指在资质证书中、经工程监理资质管理部门审查确认的主项资质和增项资质。核定的业务范围包括两方面：一是监理业务的工程类别；二是承接监理工程的等级。

（2）工程监理企业不得伪造、涂改、出租、出借、转让、出卖《资质等级证书》。

（3）工程监理企业应按照建设工程监理合同约定严格履行义务，不得无故或故意违背自己的承诺。

（4）工程监理企业在异地承接监理业务，要自觉遵守工程所在地有关规定，主动向工程所在地建设主管部门备案登记，接受其指导和监督管理。

（5）遵守有关法律法规规定。

2. 诚信

诚信，即诚实守信。这是道德规范在市场经济中的体现。诚信原则要求市场主体在不损害他人利益和社会公共利益的前提下，追求自身利益，目的是在当事人之间的利益关系和当事人与社会之间的利益关系中实现平衡，并维护市场道德秩序。诚信原则的主要作用在于指导当事人以善意的心态、诚信的态度行使民事权利，承担民事义务，正确地从事民事活动。

加强信用管理，提高信用水平，是完善我国建设工程监理制度的重要保证。诚信的实质是解决经济活动中经济主体之间的利益关系。诚信是企业经营理念、经营责任和经营文化的集中体现。信用是企业的一种无形资产，良好的信用能为企业带来巨大效益。信用不仅是企业参与市场公平竞争的基本条件，而且是我国企业"走出去"进入国际市场的身份证。工程监理企业应当树立良好的信用意识，使企业成为讲道德、讲信用的市场主体。

工程监理企业应当建立健全企业信用管理制度。包括：①建立健全合同管理制度；②建立健全与建设单位的合作制度，及时进行信息沟通，增强相互间信任；③建立健全建设工程监理服务需求调查制度，这也是企业进行有效竞争和防范经营风险的重要手段之一；④建立企业内部信用管理责任制度，及时检查和评估企业信用实施情况，不断提高企业信用管理水平。

3. 公平

公平，是指工程监理企业在监理活动中既要维护建设单位利益，又不能损害施工单位合法权益，并依据合同公平合理地处理建设单位与施工单位之间的争议。

工程监理企业要做到公平，必须做到以下几点。

（1）要具有良好的职业道德。

（2）要坚持实事求是。

（3）要熟悉建设工程合同有关条款。

（4）要提高专业技术能力。

（5）要提高综合分析判断问题的能力。

4. 科学

科学，是指工程监理企业要依据科学的方案，运用科学的手段，采取科学的方法开展监理工作。建设工程监理工作结束后，还要进行科学的总结。实施科学化管理主要体现在以下几方面。

（1）科学的方案。建设工程监理方案主要是指监理规划和监理实施细则。在建设实施工程监理前，要尽可能准确地预测出各种可能的问题，有针对性地拟定解决办法，制订出切实可行、行之有效的监理规划和监理实施细则，使各项监理活动都纳入计划管理轨道。

（2）科学的手段。实施建设工程监理，必须借助于先进的科学仪器才能做好监理工作，如各种检测、试验、化验仪器、摄录像设备及计算机等。

（3）科学的方法。监理工作的科学方法主要体现在监理人员在掌握大量、确凿的有关监理对象及其外部环境实际情况的基础上，适时、妥帖、高效地处理有关问题，解决问题要用事实说话、用书面文字说话、用数据说话；要开发、利用计算机信息平台和软件辅助建设工程监理。

2.1.4　工程监理企业资质标准的修订

为落实国家行政审批制度改革的总体要求，促进工程监理行业健康发展，住房与城乡建设部建筑市场监管司起草了《工程监理企业资质标准（征求意见稿）》，并于2014 年 9 月 5 日印发向全国征求意见。建筑市场监管司在深入调研并充分吸纳各方意见的基础上，对征求意见稿进行了修订和完善，2016 年 5 月 6 日再次印发征求意见。新的征求意见稿比第一次征求意见稿有了比较大的变化，比如监理由现行的 14个专业调整为 9 个专业等等，同时各个资质等级的条件都有所变化。相信主管部门在征求意见的基础上，新的工程监理企业资质标准将很快出台，上述介绍依据的仍是现行监理企业资质标准的要求。

2.2　注 册 监 理 工 程 师

2.2.1　监理工程师资格考试和注册

注册监理工程师是指通过执业资格考试取得中华人民共和国注册监理工程师注册执业证书，并经注册后从事建设工程监理与相关服务等活动的专业技术人员。

2.2.1.1　监理工程师资格考试

1. 监理工程师资格制度的建立和发展

注册监理工程师是实施工程监理制的核心和基础。1990 年，原建设部和人事部按照有利于国家经济发展、得到社会公认、具有国际可比性、事关社会公共利益等 4 项原则，率先在工程建设领域建立了监理工程师执业资格制度，以考核形式确认了首批监理工程师执业资格 100 名。随后，又相继认定了两批监理工程师执业资格，前后共认定了 1059 名监理工程师。实行监理工程师执业资格制度的意义在于：①与工程监理制度紧密衔接；②统一监理工程师执业能力标准；③强化工程监理人员执业责任；④促进工程监理人员努力钻研业务知识，提高业务水平；⑤合理建立工程监理人才库，优化调整市场资源结构；⑥便于开拓国际工程监理市场。1992 年 6 月，原建设部发布《监理工程师资格考试和注册试行办法》（建设部第 18 号令），明确了监理工程师考试、注册的实施方式和管理程序，我国从此开始实施监理工程师执业资格考试制度。

1993 年，原建设部与人事部印发《关于〈监理工程师资格考试和注册试行办法〉实施意见的通知》（建监〔1993〕415 号），提出加强对监理工程师资格考试和注册工作的统一领导与管理，并提出了实施意见。1994 年，原建设部与人事部在北京、天津、上海、山东、广东五省市组织了监理工程师执业资格试点考试。1996 年 8 月，原建设部与人事部发布《建设部、人事部关于全国监理工程师执业资格考试工作的通知》（建监〔1996〕462 号），从 1997 年开始，监理工程师执业资格考试实行全国统一管理、统一考纲、统一命题、统一时间、统一标准的办法，考试工作由建设部、人事部共同负责。监理工程师执业资格考试合格者，由各省、自治区、直辖市人事（职改）部门颁发人事部统一印制的原建设部与人事部共同用印的《中华人民共和国监理工程师执业资格证书》，该证书在全国范围内有效。

2020 年，住房和城乡建设部、交通运输部、水利部、人力资源社会保障部联合印发《监理工程师职业资格制度规定》及《监理工程师职业资格考试实施办法》，明确规定：国家设置监理工程师准入类职业资格，纳入国家职业资格目录。住房和城乡建设部、交通运输部、水利部、人力资源社会保障部共同制定监理工程师职业资格制度，并按照职责分工分别负责监理工程师职业资格制度的实施与监管。

监理工程师职业资格考试全国统一大纲、统一命题、统一组织。监理工程师职业资格考试合格者，由各省、自治区、直辖市人力资源社会保障行政主管部门颁发中华人民共和国监理工程师执业资格证书（或电子证书）。该证书由人力资源社会保障部统一印制，住房和城乡建设部、交通运输部、水利部按专业类别分别与人力资源社会保障部用印，在全国范围内有效。

2. 监理工程师资格考试科目及报考条件

（1）监理工程师资格考试科目。监理工程师职业资格考试原则上每年举行一次，考试设 4 个科目，即"建设工程监理基本理论与相关法规""建设工程合同管理""建设工程目标控制""建设工程监理案例分析"。其中，"建设工程监理基本理论与相关法规""建设工程合同管理"为基础科目，"建设工程目标控制""建设工程监理案例分析"为专业科目。"建设工程监理案例分析"为主观题，在试卷上作答；其余 3 个科目均为客观题，在答题卡上作答。考试分 3 个专业类别，分别为：土木建筑工程、交通运输工程、水利工程。考生在报名时可根据实际工作需要选择。土木建筑工程专业由住房和城乡建设部负责，交通运输工程专业由交通运输部负责，水利工程专业由水利部负责。

监理工程师职业资格考试成绩实行4年为一个周期的滚动管理办法，在连续的4个考试年度内通过全部科目，方可取得监理工程师职业资格证书。

已取得监理工程师一种专业职业资格证书的人员，报名参加其他专业科目考试的，可免考基础科目。考试合格后，核发人力资源社会保障部门统一印制的相应专业考试合格证明。该证明作为注册时增加执业专业类别的依据。免考基础科目和增加专业类别的人员，专业科目成绩按照2年为一个周期滚动管理。

（2）监理工程师执业资格报考条件。凡遵守中华人民共和国宪法、法律、法规，具有良好的业务素质和道德品行，具备下列条件之一者，可申请参加监理工程师职业资格考试：①具有各工程大类专业大学专科学历（或高等职业教育），从事工程施工、监理、设计等业务工作满6年；②具有工学、管理科学与工程类专业大学本科学历或学位，从事工程施工、监理、设计等业务工作满4年；③具有工学、管理科学与工程一级学科硕士学位或专业学位，从事工程施工、监理、设计等业务工作满2年；④具有工学、管理科学与工程一级学科博士学位。

（3）免试基础科目的条件。具备下列条件之一的，参加监理工程师职业资格考试可免考基础科目：①已取得公路水运工程监理工程师资格证书；②已取得水利工程建设监理工程师资格证书。申请免考部分科目的人员在报名时应提供相应资料。

3. 内地监理工程师与香港建筑测量师的资格互认

根据《关于建立更紧密经贸关系的安排》（CEPA协议），为加强内地监理工程师和香港建筑测量师的交流与合作，促进两地共同发展，2006年，中国建设监理协会与香港测量师学会就内地监理工程师和香港建筑测量师资格互认工作进行了考察评估，双方对资格互认工作的必要性及可行性取得了共识，同意在互惠互利、对等、总量与户籍控制等原则下，实施内地监理工程师与香港建筑测量师资格互认，签署《内地监理工程师和香港建筑测量师资格互认协议》，内地255名监理工程师及香港228名建筑测量师取得了对方互认资格。

2.2.1.2   监理工程师注册

国家对监理工程师职业资格实行执业注册管理制度，监理工程师注册是政府对工程监理执业人员实行市场准入控制的有效手段。取得监理工程师资格证书且从事工程监理及相关业务人员，经过注册方可以注册监理工程师的名义执业。住房和城乡建设部、交通运输部、水利部按专业类别分别负责监理工程师注册及相关工作。

1. 注册形式

根据《注册监理工程师管理规定》（建设部令第147号），监理工程师注册分为3种形式，即：初始注册、延续注册和变更注册。

（1）初始注册。取得资格证书并受聘于一个建设工程勘察、设计、施工、监理、招标代理、造价咨询等单位的人员，应当通过聘用单位向单位工商注册所在地的省、自治区、直辖市人民政府建设主管部门提出注册申请；省、自治区、直辖市人民政府建设主管部门受理后提出初审意见，并将初审意见和全部申报材料报国务院建设主管部门审批（国发〔2016〕9号已取消省级初审）；符合条件的，由国务院建设主管部门核发注册证书和执业印章。注册证书和执业印章是注册监理工程师的执业凭证，由注册监理工程师本人保管、使用。注册证书和执业印章的有效期为3年。

初始注册者，可自资格证书签发之日起3年内提出申请。逾期未申请者，须符合继续教育的要求后方可申请初始注册。

初始注册需要提交下列材料。

1）申请人的注册申请表。

2）申请人的资格证书和身份证复印件。

3）申请人与聘用单位签订的聘用劳动合同复印件。

4）所学专业、工作经历、工程业绩、工程类中级及中级以上职称证书等有关证明材料。

5）逾期初始注册的，应当提供达到继续教育要求的证明材料。

（2）延续注册。注册监理工程师每一注册有效期为3年，注册有效期满需继续执业的，应当在注册有效期满30日前，按照规定的程序申请延续注册。延续注册有效期3年。

延续注册需要提交下列材料。

1）申请人延续注册申请表。

2）申请人与聘用单位签订的聘用劳动合同复印件。

3）申请人注册有效期内达到继续教育要求的证明材料。

（3）变更注册。在注册有效期内，注册监理工程师变更执业单位，应当与原聘用单位解除劳动关系，并按照规定的程序办理变更注册手续，变更注册后仍延续原注册有效期。

变更注册需要提交下列材料。

1）申请人变更注册申请表。

2）申请人与新聘用单位签订的聘用劳动合同复印件。

3）申请人的工作调动证明（与原聘用单位解除聘用劳动合同或者聘用劳动合同到期的证明文件、退休人员的退休证明）。

2. 不予注册的情形

申请人有下列情形之一的，不予初始注册、延续注册或者变更注册。

（1）不具有完全民事行为能力的。

（2）刑事处罚尚未执行完毕或者因从事建设工程监理或者相关业务受到刑事处罚，自刑事处罚执行完毕之日起至申请注册之日止不满2年的。

（3）未达到监理工程师继续教育要求的。

（4）在两个或者两个以上单位申请注册的。

（5）以虚假的职称证书参加考试并取得资格证书的。

（6）年龄超过 65 周岁的。

（7）法律、法规规定不予注册的其他情形。

3. 注册证书和执业印章失效的情形

注册监理工程师有下列情形之一的，其注册证书和执业印章失效。

（1）聘用单位破产的。

（2）聘用单位被吊销营业执照的。

（3）聘用单位被吊销相应资质证书的。

（4）已与聘用单位解除劳动关系的。

（5）注册有效期满且未延续注册的。

（6）年龄超过 65 周岁的。

（7）死亡或者丧失行为能力的。

（8）其他导致注册失效的情形。

2.2.2　监理工程师执业和继续教育

2.2.2.1　监理工程师执业

住房和城乡建设部、交通运输部、水利部按照职责分工建立健全监理工程师诚信体系，制定相关规章制度或从业标准规范，并指导监督信用评价工作。

监理工程师不得同时受聘于两个或两个以上单位执业，不得允许他人以本人名义执业，严禁"证书挂靠"。出租出借注册证书的，依据相关法律法规进行处罚；构成犯罪的，依法追究刑事责任。

监理工程师可以从事建设工程监理、全过程工程咨询及工程建设某一阶段或某一专项工程咨询，及国务院有关部门规定的其他业务。

监理工程师依据职责开展工作，在本人执业活动中形成的工程监理文件上签章，并承担相应责任。

监理工程师未执行法律、法规和工程建设强制性标准实施监理，造成质量安全事故的，依据相关法律法规进行处罚；构成犯罪的，依法追究刑事责任。

2.2.2.2　注册监理工程师继续教育

随着现代科学技术日新月异的发展，注册监理工程师不能一劳永逸地停留在原有知识水平上，要随着时代的进步不断更新知识、扩大知识面，学习新的理论知识、法规政策及标准，了解新技术、新工艺、新材料、新设备，这样才能不断提高执业能力和工作水平，以适应工程建设事业发展及监理实务的需要。

取得监理工程师注册证书的人员，应当按照国家专业技术人员继续教育的有关规定接受继续教育，更新专业知识，提高业务水平。

2.2.3 监理工程师职业道德

国际咨询工程师联合会（FIDIC）等组织都规定有职业道德准则。FIDIC 的道德准则要求咨询工程师具有正直、公平、诚信、服务等工作态度和敬业精神，充分体现了 FIDIC 对咨询工程师要求的精髓。

监理工程师在执业过程中也要公平，不能损害工程建设任何一方的利益，为此，监理工程师应严格遵守如下职业道德守则：

（1）遵法守规，诚实守信。维护国家的荣誉和利益，遵守法规和行业自律公约，讲信誉，守承诺，坚持实事求是，"公平、独立、诚信、科学"地开展工作。

（2）严格监理，优质服务。执行有关建设法律、法规、标准和制度，履行工程监理合同规定的义务，提供专业化服务，保障工程质量和投资效益，改进服务措施，维护业主权益和公共利益。

（3）恪尽职守，爱岗敬业。遵守建设工程监理人员道德行为准则，履行岗位职责，做好本职工作，热爱监理事业，维护行业信誉。

（4）团结协作，尊重他人。树立团队意识，加强沟通交流，团结互助，不损害各方的名誉。

（5）加强学习，提升能力。积极参加专业培训，努力学习专业技术和工程监理知识，不断提高业务能力和监理水平。

（6）维护形象，保守秘密。抵制不正之风，廉洁从业，不谋取不正当利益。不为所监理工程指定承包商、建筑构配件、设备、材料生产厂家；不收受施工单位的任何礼金、有价证券等；不转借、出租、伪造监理证书及其他资信证明，不以个人名义承揽监理业务；不同时在两个或两个以上工程监理单位注册和从事监理活动；不在政府部门和施工、材料设备生产供应等单位兼职。树立良好的职业形象。保守商业秘密，不泄露所监理工程各方认为需要保密的事项。

思 考 题

2.1 工程监理企业有哪些资质等级？各等级资质标准的规定是什么？

2.2 工程监理企业资质相应许可的业务范围包括哪些内容？

2.3 工程监理企业资质申请和审批有什么规定？

2.4 外商投资建设工程监理企业资质有什么规定？

2.5 公司制工程监理企业有哪些形式？公司设立条件、注册资本和组织机构分别有什么规定？

2.6 工程监理企业经营活动准则是什么？

2.7 监理工程师资格考试科目及报考条件的规定是什么？

2.8 监理工程师初始注册、延续注册和变更注册有何规定？

2.9 注册监理工程师的权利和义务的内容是什么？

2.10 注册监理工程师职业道德守则包括哪些内容？

2.11 《建设监理人员职业道德行为准则（试行）》的内容有哪些？

第3章

建设工程监理招投标与合同管理

教学目标：

- 熟悉监理招标程序、评标方法。
- 熟悉监理投标工作内容和策略。
- 掌握监理合同的特点和结构。
- 了解施工合同的内容和特点。

建设工程监理与相关服务可以由建设单位直接委托，也可以通过招标方式委托。但是，法律法规规定招标的，建设单位必须通过招标方式委托。因此，建设工程监理招投标是建设单位委托监理与相关服务工作和工程监理单位承揽监理与相关服务工作的主要方式。

建设工程监理合同管理是工程监理单位明确监理和相关服务义务、履行监理与相关服务职责的重要保证。

3.1 建设工程监理招标程序和评标方法

3.1.1 建设工程监理招标方式和程序

3.1.1.1 建设工程监理招标方式

建设工程监理招标可分为公开招标和邀请招标两种方式。建设单位应根据法律法规、工程项目特点、工程监理单位的选择空间及工程实施的急迫程度等因素合理、合规选择招标方式，并按规定程序向招投标监督管理部门办理相关招投标手续，接受相应的监督管理。

1. 公开招标

公开招标是指建设单位以招标公告的方式邀请不特定工程监理单位参加投标，向其发售监理招标文件，按照招标文件规定的评标方法、标准，从符合投标资格要求的投标人中优选中标人，并与中标人签订建设工程监理合同的过程。

国有资金占控股或者主导地位等依法必须进行监理招标的项目，应当采用公开招标方式委托监理任务。公开招标属于非限制性竞争招标，其优点是能够充分体现招标信息公开性、招标程序规范性、投标竞争公平性，有助于打破垄断，实现公平竞争。公开招标可使建设单位有较大的选择范围，可在众多投标人中选择经验丰富、信誉良好、价格合理的工程监理单位，能够大大降低串标、围标、抬标和其他不正当交易的可能性。公开招标的缺点是，准备招标、资格预审和评标的工作量大，因此招标时间长，招标费用较高。

2. 邀请招标

邀请招标是指建设单位以投标邀请书方式邀请特定工程监理单位参加投标，向其发售招标文件，按照招标文件规定的评标方法、标准，从符合投标资格要求的投标人中优选中标人，并与中标人签订建设工程监理合同的过程。

邀请招标属于有限竞争性招标，也称为选择性招标。采用邀请招标方式，建设单位不需要发布招标公告，也不进行资格预审（但可组织必要的资格审查），使招标程序得到简化。这样，既可节约招标费用，又可缩短招标时间。邀请招标虽然能够邀请到有经验和资信可靠的工程监理单位投标，但由于限制了竞争范围，选择投标人的范围和投标人竞争的空间有限，可能会失去技术和报价方面有竞争力的投标者，失去理想中标人，达不到预期竞争效果。

3.1.1.2 建设工程监理招标程序

建设工程监理招标一般包括：招标准备；发出招标公告或投标邀请书；组织资格审查；编制和发售招标文件；组织现场踏勘；召开投标预备会；编制和递交投标文件；开标、评标和定标；签订建设工程监理合同等程序。

1. 招标准备

建设工程监理招标准备工作包括：确定招标组织，明确招标范围和内容，编制招标方案等内容。

（1）确定招标组织。建设单位自身具有组织招标的能力时，可自行组织监理招标，否则，应委托招标代理机构组织招标。建设单位委托招标代理进行监理招标时，应与招标代理机构签订招标代理书面合同，明确委托招标代理的内容、范围及双方义务和责任。

（2）明确招标范围和内容。综合考虑工程特点、建设规模、复杂程度、建设单位自身管理水平等因素，明确建设工程监理招标范围和内容。

（3）编制招标方案包括：划分监理标段、选择招标方式、选定合同类型及计价方式、确定投标人资格条件、安排招标工作进度等。

2. 发出招标公告或投标邀请书

建设单位采用公开招标方式的，应当发布招标公告。招标公告必须通过一定的媒介进行发布。投标邀请书是指采用邀请招标方式的建设单位，向3个以上具备承担招标项目能力、资信良好的特定工程监理单位发出的参加投标的邀请。

招标公告与投标邀请书应当载明：建设单位的名称和地址；招标项目的性质；招标项目的数量；招标项目的实施地点；招标项目的实施时间；获取招标文件的办法等内容。

3. 组织资格审查

为了保证潜在投标人能够公平地获取投标竞争的机会，确保投标人满足招标项目的资格条件，同时避免招标人和投标人不必要的资源浪费，招标人应组织审查监理投标人资格。资格审查分为资格预审和资格后审两种。

（1）资格预审。资格预审是指在投标前，对申请参加投标的潜在投标人进行资质条件、业绩、信誉、技术、资金等多方面情况的审查。只有资格预审中被认定为合格的潜在投标人（或投标人）才可以参加投标。资格预审的目的是为了排除不合格的投标人，进而降低招标人的招标成本，提高招标工作效率。

（2）资格后审。资格后审是指在开标后，由评标委员会根据招标文件中规定的资格审查因素、方法和标准，对投标人资格进行的审查。

建设工程监理资格审查大多采用资格预审的方式进行。

4. 编制和发售招标文件

（1）编制建设工程监理招标文件。招标文件既是投标人编制投标文件的依据，也是招标人与中标人签订建设工程监理合同的基础。招标文件一般应由以下内容组成。

1）投标邀请函。

2）投标人须知。

3）评标办法。

4）拟签订监理合同主要条款及格式以及履约担保格式等。

5）投标报价。

6）设计资料。

7）技术标准和要求。

8）投标文件格式。

9）要求投标人提交的其他材料。

（2）发售监理招标文件。按照招标公告或投标邀请书规定的时间、地点发售招标文件。投标人对招标文件内容有异议，可在规定时间内要求招标人澄清、说明或纠正。

5. 组织现场踏勘

组织投标人进行现场踏勘的目的在于了解工程场地和周围环境情况，以获取认为有必要的信息。招标人可根据工程特点和招标文件规定，组织潜在投标人对工程实施现场的地形地质条件、周边和内部环境进行实地踏勘，并介绍有关情况。潜在投标人自行负责据此做出的判断和投标决策。

6. 召开投标预备会

招标人按照招标文件规定的时间组织投标预备会，澄清、解答潜在投标人在阅读招标文件和现场踏勘后提出的疑问。所有的澄清、解答都应当以书面形式予以确认，并发给所有购买招标文件的潜在投标人。招标文件的书面澄清、解答属于招标文件的组成部分。招标人同时可以利用投标预备会对招标文件中有关重点、难点内容主动做出说明。

7. 编制和递交投标文件

投标人应按照招标文件要求编制投标文件，对招标文件提出的实质性要求和条件做出实质性响应，按照招标文件规定的时间、地点、方式递交投标文件，并根据要求提交投标保证金。投标人在提交投标截止日期之前，可以撤回、补充或者修改已提交的投标文件，并书面通知招标人。补充、修改的内容为投标文件的组成部分。

8. 开标、评标和定标

（1）开标。招标人应按招标文件规定的时间、地点主持开标，邀请所有投标人派代表参加。开标时间、开标过程应符合招标文件规定的开标要求和程序。

（2）评标。评标由招标人依法组建的评标委员会负责。评标委员会应当熟悉、掌握招标项目的主要特点和需求，认真阅读、研究招标文件及其评标办法，按招标文件规定的评标办法进行评标，编写评标报告，并向招标人推荐中标候选人，或经招标人授权直接确定中标人。

（3）定标。招标人应按有关规定在招标投标监督部门指定的媒体或场所公示推荐的中标候选人，并根据相关法律法规和招标文件规定的定标原则和程序确定中标人，向中标人发出中标通知书。同时，将中标结果通知所有未中标的投标人，并在 15 日内按有关规定将监理招标投标情况书面报告提交招标投标行政监督部门。

9. 签订建设工程监理合同

招标人与中标人应当自发出中标通知书之日起 30 日内，依据中标通知书、招标文件中的合同构成文件签订工程监理合同。

3.1.2   建设工程监理评标内容和方法

工程监理单位不承担建筑产品生产任务，只是受建设单位委托提供技术和管理咨询服务。建设工程监理招标属于服务类招标，其标的是无形的"监理服务"，因此，建设单位在选择工程监理单位最重要的原则是"基于能力的选择"，而不应将服务报价作为主要考虑因素。有时甚至不考虑建设工程监理服务报价，只考虑工程监理单位的服务能力。根据国际通用模式，以技术为主的服务应以提供者的技术水平和资信作为选择的条件。

3.1.2.1   建设工程监理评标内容

建设工程监理评标办法中，通常会将下列要素作为评标内容。

（1）工程监理单位的基本素质。包括：工程监理单位资质、技术及服务能力、社会信誉和企业诚信度，以及类似工程监理业绩和经验。

（2）工程监理人员配备。工程监理人员的素质与能力直接影响建设工程监理工作的优劣，进而影响整个工程监理目标的实现。项目监理机构监理人员的数量和素质，特别是总监理工程师的综合能力和业绩是建设工程监理评标需要考虑的重要内容。对工程监理人员配备的评价内容具体包括：项目监理机构的组织形式是否合理；总监理工程师人选是否符合招标文件规定的资格及能力要求；监理人员的数量、专业配置是否符合工程专业特点要求；工程监理整体力量投入是否能满足工程需要；工程监理人员年龄结构是否合理；现场监理人员进退场计划是否与工程进展相协调等。

（3）建设工程监理大纲。建设工程监理大纲是反映投标人技术、管理和服务综合水平的文件，反映了投标人对工程的分析和理解程度。评标时应重点评审建设工程监理大纲的全面性、针对性和科学性。

1）建设工程监理大纲内容是否全面，工作目标是否明确，组织机构是否健全，工作计划是否可行，质量、造价、进度控制措施是否全面、得当，安全生产管理、合同管理、信息管理等方法是否科学，以及项目监理机构的制度建设规划是否到位，监督机制是否健全等。

2）建设工程监理大纲中应对工程特点、监理重点与难点进行识别。在对招标工程进行透彻分析的基础上，结合自身工程经验，从工程质量、造价、进度控制及安全生产管理等方面确定监理工作的重点和难点，提出针对性措施和对策。

3）除常规监理措施外，建设工程监理大纲中应对招标工程的关键工序及分部分项工程制定有针对性的监理措施；制定针对关键点、常见问题的预防措施；合理设置旁站清单和保障措施等。

（4）试验检测仪器设备及其应用能力。重点评审投标人在投标文件中所列的设备、仪器、工具等能否满足建设工程监理要求。对于建设单位在现场另建试验、检测等中心的工程项目，应重点考查投标人评价分析、检验测量数据的能力。

（5）建设工程监理费用报价。建设工程监理费用报价所对应的服务范围、服务内容、服务期限应与招标文件中的要求相一致。要重点评审监理费用报价水平和构成是否合理、完整，分析说明是否明确，监理服务费用的调整条件和办法是否符合招标文件要求等。

3.1.2.2 建设工程监理评标方法

建设工程监理评标通常采用"综合评标法"，即：通过衡量投标文件是否最大限度地满足招标文件中规定的各项评价标准，对技术、企业资信、服务报价等因素进行综合评价从而确定中标人。

根据具体分析方式不同，综合评标法可分为定性综合评估法和定量综合评估法两种。

1. 定性综合评估法

定性综合评估法是对投标人的资质条件、人员配备、监理方案、投标价格等评审指标分项进行定性比较分析、全面评审，综合评议较优者作为中标人，也可采取举手表决或无记名投票方式决定中标人。

定性综合评估法的特点是不量化各项评审指标，简单易行，能在广泛深入地开展讨论分析的基础上集中各方面观点，有利于评标委员会成员之间的直接对话和深入交流，集中体现各方意见，能使综合实力强、方案先进的投标单位处于优势地位。缺点是评估标准弹性较大，衡量尺度不具体，透明度不高，受评标专家人为因素影响较大，可能会出现评标意见相差悬殊，使定标决策左右为难。

2. 定量综合评估法

定量综合评估法又称打分法、百分制计分评价法。通常是在招标文件中明确规定需量化的评价因素及其权重，评标委员会根据投标文件内容和评分标准逐项进行分析记分、加权汇总，计算出各投标单位的综合评分，然后按照综合评分由高到低的顺序确定中标候选人或直接选定得分最高者为中标人。

定量综合评估法是目前我国各地广泛采用的评标方法，其特点是量化所有评标指标，由评标委员会专家分别打分，减少了评标过程中的相互干扰，增强了评标的科学性和公正性。需要注意的是，评标因素指标的设置和评分标准分值或权重的分配，应能充分评价工程监理单位的整体素质和综合实力，体现评标的科学性、合理性。

3.1.2.3 建设工程监理评标示例

某房屋建筑工程监理评标办法中规定，采用定量综合评估法进行评标，以得分最高者为中标单位。评价内容包括：总监理工程师素质、资源配置、监理大纲、类似工程业绩及诚信行为、监理服务报价等进行综合评分，并按综合评分顺序推荐3名合格中标候选人。

1. 初步评审

评标委员会对投标文件进行初步评审，并填写符合性检查表。只有通过初步评审的投标文件才能参加详细评审。不能通过初步评审的主要条件包括：

（1）投标人以他人名义投标、串通投标、以行贿手段谋取中标或以其他方式弄虚作假。

（2）投标文件未按招标文件规定加盖本单位公章及法定代表人印章或签字。

（3）总监理工程师资格条件不符合招标文件要求，或担任在建工程项目总监工程师超出规定。

（4）投标文件未对招标文件的实质性要求和条件作出响应。

（5）投标人递交两份或多份内容不同的投标文件，或在一份投标文件中对同一项目的报价有两个或多个报价，且未声明哪一个为最终报价。

（6）有两个或两个以上招标人的投标文件内容基本一致。

（7）投标文件未按招标文件要求提交投标保证金。

（8）投标文件有其他重大偏差。

（9）招标文件明确规定可以废标的其他情形。

投标文件存在以上条件之一的，经评标委员会讨论，应认为其存在重大偏差，应否决该投标文件，并记录在评标报告中。

2. 详细评审

评标委员会按评标办法中规定的量化因素和分值进行打分，并计算出综合评估得分。

（1）详细评审内容及分值构成，见表3.1。

表3.1 监理评标详细评审内容及分值构成

序号	评审内容	分值分配
1	总监理工程师	24
2	资源配置	36
3	监理大纲	20
4	类似工程业绩	8
5	监理服务报价	12
总　计		100

（2）具体评分标准。

1）总监理工程师素质（24分）评分标准，见表3.2。

表3.2 总监理工程师素质评分标准

序号	评分内容	分值分配	评分办法
1.1	总体素质	12	有房屋建筑工程注册监理工程师证书得10分，此外，每有一个工程类注册证书（注册监理工程师除外）得1分。最高得12分。以注册执业证书原件为评分依据
1.2	书面答辩情况	12	由总监理工程师在现场书面回答评标委员会提出的问题，评标委员会根据总监理工程师的书面答辩资料，视其对工程熟悉情况、阐述问题准确程度酌情予以打分，最高可得12分 （注：总监理工程师未参加答辩的，不得推荐为中标候选人）

2）资源配置（36分）评分标准，见表3.3。

表3.3 资源配置评分标准

序号	评分内容	分值分配	评分办法
2.1	专业配置	14	（1）满足专业要求，进场计划合理，在工地时间满足监理工作需要，得6~8分；进场计划基本合理，得4~6分；进场计划不合理，得0~4分。 （2）监理人员（总监理工程师除外）中具有高级职称，每位得1分，中级职称每位得0.5分，最高得6分
2.2	注册及上岗证	11	（1）监理人员（总监理工程师除外）中有监理工程师注册执业资格证书的，每位得2分，最高得6分。 （2）监理人员（总监理工程师除外）中有工程类执业资格证书的每一个得1分；有造价员资格的，每个得0.5分，最高得2分。 （3）监理员有监理员资格证书的，每人得0.5分，最高3分

续表

序号	评分内容	分值分配	评分办法
2.3	年龄结构	2	25 岁以下和 65 岁以上的监理人员不得超过 2 人，每超过 1 人扣 1 分，最多扣 2 分
2.4	仪器设备	6	(1) 配备混凝土钢筋检测仪得 1 分。 (2) 配备全站仪得 1 分。 (3) 配备经纬仪得 1 分。 (4) 配备回弹仪得 1 分。 (5) 配备水准仪得 1 分。 (6) 配备工程检测组合工具得 1 分 （混凝土钢筋检测仪、全站仪、经纬仪、水准仪、回弹仪须提供鉴定证书及投入承诺书，否则本项不得分）
2.5	试验检测	3	试验检测安排合理、满足工程需要的，得 3 分，其他酌情扣分

3）监理大纲（20 分）评分标准，见表 3.4。

表 3.4　　　　　　　　　　　　监 理 大 纲 评 分 标 准

序号	评分内容	分值分配	评分办法
3.1	监理大纲	20	(1) 质量控制内容齐全得 0～1 分；有针对性的质量控制措施及手段得 0～2 分。 (2) 制定了详细的旁站方案得 0～1 分；方案措施得力、切实可行处得 0～1 分。 (3) 有进度控制工作内容得 0～1 分；制定了进度控制措施得 0～1 分。 (4) 有造价控制工作内容得 0～1 分；制定了造价控制措施得 0～2 分。 (5) 有详细的工程信息管理措施得 0～1 分；有详细的合同管理措施得 0～1 分。 (6) 有详细的现场组织协调方案，方案得力、切实可行得 0～2 分。 (7) 制定了安全生产管理措施得 0～1 分；管理措施得力、切实可行得 0～1 分。 (8) 针对工程特点、难点、重点分析准确得 0～1 分；制定相应措施得 0～1 分。 (9) 对本工程提出好的技术建议得 0～2 分

4）类似工程业绩及诚信行为（8 分）评分标准，见表 3.5。

表 3.5　　　　　　　　　　　类似工程业绩及诚信行为评分标准

序号	评分内容	分值分配	评分办法
4.1	类似工程业绩及诚信行为	8	(1) 企业自某年某月某日以来，每获得省级"优秀监理企业"称号一次，得 1 分，本项最高得 2 分（以证书或文件原件为准）。 (2) 企业监理过的类似工程获得"鲁班奖"（含国家工程建设质量奖审定委员会评审的"国家优质工程"）得 1.5 分，有效期 3 年；获得省优质工程的（有效期 2 年），得 1 分（同一工程获奖奖项不累计得分，按最高奖项计分），最高得 2 分

续表

序号	评分内容	分值分配	评分办法
4.1	类似工程业绩及诚信行为	8	（3）总监理工程师某年以来监理过工程造价在 3000 万～5000 万元的，得 2 分；5000 万元以上的，得 4 分。最高得 4 分。 （4）总监理工程师在 1 年内（从投标截止日及行政处罚之日起算）有受到市级及以上建设行政部门行政处罚的，扣 2 分。 （5）投标人在 1 年内（从投标截止日及行政处罚之日起算）在本市建设工程投标中有串标、弄虚作假等违法、违规行为受到市级及以上建设行政管理部门行政处罚的，扣 2 分

5）监理服务报价（12 分）评分标准，见表 3.6。

表 3.6 监理服务报价评分标准

序号	评分内容	分值分配	评分办法
5.1	监理服务报价	12	报价得分计算办法采用评标基准价，评标基准价＝各投标人有效报价（不高于招标人限价）的算术平均值。各投标人的报价与评标基准价比，高于评标限价的，每高于 1%（不足 1% 的，按 1% 计）扣 1 分，低于评标限价的，每低于 1%（不足 1% 的，按 1% 计）扣 0.5 分

3. 投标文件的澄清

除评标办法中规定的重大偏差外，投标文件存在的其他问题应视为细微偏差。为了有助于投标文件的审查、评价和比较，评标委员会可书面通知投标人澄清或说明其投标文件中不明确的内容，或要求补充相应资料或对细微偏差进行补正。投标人对此不得拒绝，否则作废标处理。

有关澄清、说明和补正的要求和回答均以书面形式进行，但招标人和投标人均不得因此而提出改变招标文件或投标文件实质内容的要求。投标人的书面澄清、说明或补正属于投标文件的组成部分。

评标委员会不接受投标人对投标文件的主动澄清、说明和补正。

4. 评标结果

评标委员会汇总每位评标专家的评分后，去掉一个最高分和一个最低分，取其他评标专家评分的算术平均值计算每个投标人的最终得分，并以投标人的最终得分高低顺序推荐 3 名中标候选人。投标人综合评分相等时，以投标报价低的优先，投标报价也相等的，由招标人自行确定。

评标委员会完成评标后，应当向招标人提交书面评标报告。

3.2 建设工程监理投标工作内容和策略

3.2.1 建设工程监理投标工作内容

建设工程监理投标是一项复杂的系统性工作，工程监理单位的投标工作内容包括：投标决策、投标策划、投标文件编制、参加开标及答辩、投标后评估等内容。

3.2.1.1   建设工程监理投标决策

工程监理单位要想中标获得建设工程监理任务并获得预期利润，就需要认真进行投标决策。所谓投标决策，主要包括两方面内容：①决定是否参与竞标；②如果参加投标，应采取什么样的投标策略。投标决策的正确与否，关系到工程监理单位能否中标及中标后的经济效益。

1. 投标决策原则

投标决策活动要从工程特点与工程监理企业自身需求之间选择最佳结合点。为实现最优赢利目标，可以参考如下基本原则进行投标决策。

（1）充分衡量自身人员和技术实力能否满足工程项目要求，且要根据工程监理单位自身实力、经验和外部资源等因素来确定是否参与竞标。

（2）充分考虑国家政策、建设单位信誉、招标条件、资金落实情况等，保证中标后工程项目能顺利实施。

（3）由于目前工程监理单位普遍存在注册监理工程师稀缺、监理人员数量不足的情况，因此在一般情况下，工程监理单位与其将有限人力资源分散到几个小工程投标中，不如集中优势力量参与一个较大建设工程的监理投标。

（4）对于竞争激烈、风险特别大或把握不大的工程项目，应主动放弃投标。

2. 投标决策定量分析方法

常用的投标决策定量分析方法有综合评价法和决策树法。

（1）综合评价法。综合评价法是指决策者决定是否参加某建设工程监理投标时，将影响其投标决策的主客观因素用某些具体指标表示出来，并定量地进行综合评价，以此作为投标决策依据。

1）确定影响投标的评价指标。不同工程监理单位在决定是否参加某建设工程监理投标时所应考虑的因素是不同的，但一般都要考虑到企业人力资源、技术力量、投标成本、经验业绩、竞争对手实力、企业长远发展等多方面因素，考虑的指标一般有总监理工程师能力、监理团队配置、技术水平、合同支付条件、同类工程经验、可支配的资源条件、竞争对手数量和实力、竞争对手投标积极性、项目利润、社会影响、风险情况等。

2）确定各项评价指标权重。上述各项指标对工程监理单位参加投标的影响程度是不同的，为了在评价中能反映各项指标的相对重要程度，应当对各项指标赋予不同权重。各项指标权重为 W_i，各 W_i 之和应当等于 1。

3）各项评价指标评分。针对具体工程项目，衡量各项评价指标水平，可划分为好、较好、一般、较差、差 5 个等级，各等级赋予定量数值 u，如可按 1.0 分、0.8 分、0.6 分、0.4 分、0.2 分进行打分。

4）计算综合评价总分。将各项评价指标权重与等级评分相乘后累加，即可求出建设工程监理投标机会总分。

5) 决定是否投标。将建设工程监理投标机会总分与过去其他投标情况进行比较或者与工程监理单位事先确定的可接受的最低分数相比较，决定是否参加投标。

表 3.7 是某工程运用综合评价法辅助建设工程监理投标决策示例。

表 3.7　　　　　　　　　某建设工程监理投标综合评价法决策

投标考虑的因素	权重 w	等级 u					指标得分 $w \times u$
		好	较好	一般	较差	差	
总监理工程师能力	0.10			0.6			0.06
监理团队配置	0.10	1.0					0.10
技术水平	0.10	1.0					0.10
合同支付条件	0.10	1.0					0.10
同类工程经验	0.10				0.4		0.04
可支配的资源条件	0.10				0.4		0.04
竞争对手数量和实力	0.10		0.8				0.08
竞争对手投标积极性	0.05			0.6			0.03
项目利润	0.10	1.0					0.10
社会影响	0.05		0.8				0.04
风险情况	0.05	1.0					0.05
其他	0.05	1.0					0.05
总计							0.79

在实际操作过程中，投标考虑的因素及其权重、等级可由工程监理单位投标决策机构组织企业经营、生产、人事等有投标经验的人员，以及外部专家进行综合分析、评估后确定。综合评价法也可用于工程监理单位对多个类似工程监理投标机会选择，综合评价分值最高者将作为优先投标对象。

（2）决策树法。工程监理单位有时会同时收到多个不同或类似建设工程监理投标邀请书或招标信息，而工程监理单位的资源是有限的，若不分重点地将资源平均分布到各个投标工程，则每一个工程中标的概率都很低。为此，工程监理单位应针对每项工程特点进行分析，比选不同方案，以期选出最佳投标对象。这种多项目多方案的选择，通常可以应用决策树法进行定量分析。

1) 适用范围。决策树分析法是适用于风险型决策分析的一种简便易行的实用方法，其特点是用一种树状图表示决策过程，通过事件出现的概率和损益期望值的计算比较，帮助决策者对行动方案作出抉择。当工程监理单位不考虑竞争对手的情况（投标时往往事先不知道参与投标的竞争对手），仅根据自身实力决定某些工程是否投标及如何报价时，则是典型的风险型决策问题，适用于决策树法进行分析。

2) 基本原理。决策树是模拟树木成长过程，从出发点（称决策点）开始不断分枝来表示所分析问题的各种发展可能性，并以分枝的期望值中最大（或最小）者作为选择依据。从决策点分出的枝称为方案枝，从方案枝分出的枝称为概率分枝。方案枝分出的各概率分枝的分叉点及概率分枝的分叉点，称为自然状态点。概率分枝的终点称为损益值点。

绘制决策树时，自左向右，形成树状，其分枝使用直线、决策点、自然状态点、损益值点，分别使用不同的符号表示。其画法如下。

a. 画一个方框作为决策点，并编号。

b. 从决策点向右引出若干条直（折）线，形成方案枝，每条线段代表一个方案，方案名称一般直接标注在线段的上（下）方。

c. 每个方案枝末端画一个圆圈，代表自然状态点。圆圈内编号，与决策点一起顺序排列。

d. 从自然状态点引出若干条直（折）线，形成概率分枝，发生的概率一般直接标注在线段的上方（多数情况下标注在括号内）。

e. 如果问题只需要一级决策，则概率分枝末端画一个"△"，表示终点。终点右侧标出该自然状态点的损益值。如还需要进行第二阶段决策，则用决策点"□"代替终点"△"，再重复上述步骤画出决策树。

3）决策过程。用决策树法分析，其决策过程如下。

a. 先根据已知情况绘出决策树。

b. 计算期望值。一般从终点逆向逐步计算。每个自然状态点处的损益期望值 Ei 按下式计算。

$$Ei = \sum Pi \times Bi$$

式中　Pi、Bi ——概率分枝的概率和损益值。

一般将计算出的 Ei 值直接标注于该自然状态点的下面（上面）。

c. 确定决策方案。各方案枝端点自然状态点的损益期望值即为各方案的损益期望值。在比较方案时，若考虑的是收益值，则取最大期望值；若考虑的是损失值，则取最小期望值。根据计算出的期望值和决策者的才智与经验来分析，做出最后判断。

4）决策树示例。某工程监理单位拥有的资源有限，只能在 A 和 B 两项大型工程中选 A 或 B 进行投标，或均不参加投标。若投标，根据过去投标经验，对两项工程各有高低报价两种策略。投高价标，中标机会为 30%；投低价标，中标机会为 50%。

这样，该工程监理单位共有 A 高、A 低、不投标、B 高、B 低 5 种方案。

工程监理单位根据过去承担过的类似工程数据进行分析，得到每种方案的利润和出现概率见表 3.8。如果投标未中，则会损失 50 万元（投标准备费）。

表 3.8　　　　　　　　　　投标方案、利润和概率

方案	效果	可能的利润/万元	概率
A 高	优	500	0.3
	一般	100	0.5
	差	−300	0.2

续表

方案	效果	可能的利润/万元	概率
A 低	优	400	0.2
	一般	50	0.6
	差	−400	0.2
不投标		0	1.0
B 高	优	700	0.3
	一般	200	0.5
	差	−300	0.2
B 低	优	600	0.3
	一般	100	0.6
	差	−100	0.1

根据上述情况，可画出决策树，如图 3.1 所示。

计算自然状态点损益值。以 A 高方案为例，说明损益值的计算：

a. 自然状态点⑦的损益值 $E7 = 0.3 \times 500 + 0.5 \times 100 + 0.2 \times (−300) = 140$（万元），将 $E7$ 值标注在⑦上面（或下面）。

b. 自然状态点②的损益期望值 $E2 = 0.3 \times 140 + 0.7 \times (−5) = 38.5$（万元）。

同理，可分别求得自然状态点⑧、③、④、⑨、⑤、⑩、⑥的损益期望值。

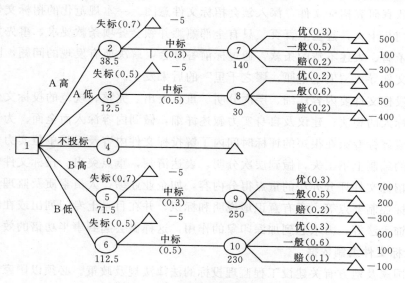

图 3.1 建设工程监理投标决策树

至此，工程监理单位可以作出决策。如投 A 工程，宜投高价标；如投 B 工程，则应投低价标，而且从损益期望值角度看，选定 B 工程投低价标，更为有利。

3.2.1.2 建设工程监理投标策划

建设工程监理投标策划是指从总体上规划建设工程监理投标活动的目标、组织、任务分工等，通过严格的管理过程，提高投标效率和效果。

（1）明确投标目标，决定资源投入。一旦决定投标，首先要明确投标目标，投标目标决定了企业层面对投标过程的资源支持力度。

（2）成立投标小组并确定任务分工。投标小组要由有类似建设工程监理投标经验的项目负责人全面负责收集信息，协调资源，做出决策，并组织参与资格审查、购买标书、编写质疑文件、进行质疑和现场踏勘、编制投标文件、封标、开标和答辩、标后总结等。同时，需要落实各参与人员的任务和职责，做到界面清晰，人尽其职。

3.2.1.3 建设工程监理投标文件编制

建设工程监理投标文件反映了工程监理单位的综合实力和完成监理任务的能力，是招标人选择工程监理单位的主要依据之一。投标文件编制质量的高低，直接关系到中标可能性的大小，因此，如何编制好建设工程监理投标文件是工程监理单位投标的首要任务。

1. 投标文件编制原则

（1）响应招标文件，保证不被废标。建设工程监理投标文件编制的前提是要按招标文件要求的条款和内容格式编制，必须在满足招标文件要求的基本条件下，尽可能精益求精，响应招标文件实质性条款，防止废标情况发生。

（2）认真研究招标文件，深入领会招标文件意图。一本规范化的招标文件少则十余页，多则几十页，甚至上百页，只有全部熟悉并领会各项条款要求，事先发现不理解或前后矛盾、表述不清的条款，通过标前答疑会，解决所有发现的问题，防止因不熟悉招标文件导致"失之毫厘，谬之千里"的后果发生。

（3）投标文件要内容详细、层次分明、重点突出。完整、规范的投标文件，应尽可能将投标人的想法、建议及自身实力叙述详细，做到内容深入而全面。为了尽可能让招标人或评标专家在很短的评标时间内了解投标文件内容及投标单位实力，就要在投标文件的编制上下工夫，做到层次分明，表达清楚，重点突出。投标文件体现的内容要针对招标文件评分办法的重点得分内容，如企业业绩、人员素质及监理大纲中建设工程目标控制要点等，要有意识地说明和标识，并在目录上专门列出或在编辑包装中采用装饰手法等，力求起到加深印象的作用，这样做会起到事半功倍的效果。

2. 投标文件编制依据

（1）国家及地方有关建设工程监理投标的法律法规及政策。必须以国家及地方有关建设工程监理投标的法律法规及政策为准绳编制建设工程监理投标文件；否则，可能会造成投标文件的内容与法律法规及政策相抵触，甚至造成废标。

（2）建设工程监理招标文件。工程监理投标文件必须对招标文件作出实质性响应，而且其内容尽可能与建设单位的意图或建设单位的要求相符合。越是能够贴切满足建设单位需求的投标文件，则越会受到建设单位的青睐，其获取中标的几率也相对较高。

（3）企业现有的设备资源。编制建设工程监理投标文件时，必须考虑工程监理单位现有的设备资源。要根据不同监理标的具体情况进行统一调配，尽可能将工程监理单位现有可动用的设备资源编入建设工程监理投标文件，提高投标文件的竞争实力。

（4）企业现有的人力及技术资源。工程监理单位现有的人力及技术资源主要表现为有精通所招标工程的专业技术人员和具有丰富经验的总监理工程师、专业监理工程师、监理员；有工程项目管理、设计及施工专业特长，能帮助建设单位协调解决各类工程技术难题的能力；拥有同类建设工程监理经验，在各专业有一定技术能力的合作伙伴，必要时可联合向建设单位提供咨询服务。此外，应当将工程监理单位内部现有的人力及技术资源优化组合后编入监理投标文件中，以便在评标时获得较高的技术标得分。

（5）企业现有的管理资源。建设单位判断工程监理单位是否能胜任建设工程监理任务，在很大程度上要看工程监理单位在日常管理中有何特长，类似建设工程监理经验如何，针对本工程有何具体管理措施等。为此，工程监理单位应当将其现有的管理资源充分展现在投标文件中，以获得建设单位的注意，从而最终获取中标。

3. 监理大纲的编制

建设工程监理投标文件的核心是反映监理服务水平高低的监理大纲，尤其是针对工程具体情况制定的监理对策，以及向建设单位提出的原则性建议等。

监理大纲一般应包括以下主要内容。

（1）工程概述。根据建设单位提供和自己初步掌握的工程信息，对工程特征进行简要描述，主要包括：工程名称、工程内容及建设规模；工程结构或工艺特点；工程地点及自然条件概况；工程质量、造价和进度控制目标等。

（2）监理依据和监理工作内容。

1）监理依据：法律法规及政策；工程建设标准［包括《建设工程监理规范》（GB/T 50319—2013）］；工程勘察设计文件；建设工程监理合同及相关建设工程合同等。

2）监理工作内容，一般包括：质量控制、造价控制、进度控制、合同管理、信息管理、组织协调、安全生产管理的监理工作等。

（3）建设工程监理实施方案。建设工程监理实施方案是监理评标的重点。根据监理招标文件的要求，针对建设单位委托监理工程特点，拟定监理工作指导思想、工作计划；主要管理措施、技术措施以及控制要点；拟采用的监理方法和手段；监理工作制度和流程；监理文件资料管理和工作表式；拟投入的资源等。建设单位一般会特别关注工程监理单位资源的投入：一方面是项目监理机构的设置和人员配备，包括监理人员（尤其是总监理工程师）素质、监理人员数量和专业配套情况；另一方面是监理设备配置，包括检测、办公、交通和通信等设备。

（4）建设工程监理难点、重点及合理化建议。建设工程监理难点、重点及合理化建议是整个投标文件的精髓。工程监理单位在熟悉招标文件和施工图的基础上，要按实际监理工作的开展和部署进行策划，既要全面涵盖"三控、两管、一协调"和安全生产管理职责的内容，又要有针对性地提出重点工作内容、分部分项工程控制措施和方法以及合理化建议，并说明采纳这些建议将会在工程质量、造价、进度等方面产生的效益。

4. 编制投标文件的注意事项

建设工程监理招标、评标注重对工程监理单位能力的选择。因此，工程监理单位在投标时应在体现监理能力方面下工夫，应着重解决下列问题。

（1）投标文件应对招标文件内容作出实质性响应。

（2）项目监理机构的设置应合理，要突出监理人员素质，尤其是总监理工程师人选，将是建设单位重点考察的对象。

（3）应有类似建设工程监理经验。

（4）监理大纲能充分体现工程监理单位的技术、管理能力。

（5）监理服务报价应符合招标文件对报价的要求，以及建设工程监理成本、利润测算。

（6）投标文件既要响应招标文件要求，又要巧妙回避建设单位的苛刻要求，同时还要避免为提高竞争力而盲目扩大监理工作范围，否则会给合同履行留下隐患。

3.2.1.4 参加开标及答辩

1. 参加开标

参加开标是工程监理单位需要认真准备的投标活动，应按时参加开标，避免废标情况发生。

2. 答辩

工程监理单位要充分做好答辩前准备工作，强化工程监理人员答辩能力，提高答辩信心，积累相关经验，提升监理队伍的整体实力，包括仪表、自信心、表达力、知识储备等。平时要有计划地培训学习，逐步提高整体实战能力，并形成一整套可复制的模拟实战方案，这样才能实现专业技术与管理能力同步，做到精心准备与快速反应有机结合。答辩前，应拟定答辩的基本范围和纲领，细化到人和具体内容，组织演练，相互提问。另外，要了解对手，知己知彼、百战不殆，了解竞争对手的实力和拟定安排的总监理工程师及团队，完善自己的团队，发挥自身优势。在各组织成员配齐后，总监理工程师就可以担当答辩的组织者，以团队精神做好心理准备，有了准备心里就有了底，再调整每个人的情绪以饱满的精神沉着应对。

3.2.1.5 投标后评估

投标后评估是对投标全过程的分析和总结，对一个成熟的工程监理企业，无论建设工程监理投标成功与否，投标后评估不可缺少。投标后评估要全面评价投标决策是否正确，影响因素和环境条件是否分析全面，重难点和合理化建议是否有针对性，总监理工程师及项目监理机构成员人数、资历及组织机构设置是否合理，投标报价预测是否准确，参加开标和总监工程师答辩准备是否充分，投标过程组织是否到位等。投标过程中任何导致成功与失败的细节都不能放过，这些细节是工程监理单位在随后投标过程中需要注意的问题。

3.2.2　建设工程监理投标策略

建设工程监理投标策略的合理制定和成功实施，关键在于对影响投标因素的深入分析、招标文件的把握和深刻理解、投标策略的针对性选择、项目监理机构的合理设置、合理化建议的重视以及答辩的有效组织等环节。

3.2.2.1　深入分析影响监理投标的因素

深入分析影响投标的因素是制定投标策略的前提。针对建设工程监理特点，结合中国监理行业现状，可将影响投标决策的因素大致分为"正常因素"和"非正常因素"两大类。其中，"非正常因素"主要指受各种人为因素影响而出现的"假招标""权力标""陪标""低价抢标""保护性招标"等，这均属于违法行为，应予以禁止，此处不作讨论。对于正常因素，根据其性质和作用，可归纳为以下4类。

1. 分析建设单位（买方）

招投标是一种买卖交易，在当今建筑市场属于买方市场的情况下，工程监理单位要想中标，分析建设单位（买方）因素是至关重要的。

（1）分析建设单位对中标人的要求和建设单位提供的条件。目前，我国建设工程监理招标文件里都有综合评分标准及评分细则，它集中反映了建设单位需求。工程监理单位应对照评分标准逐一进行自我测评，做到心中有数。特别要分析建设单位在评分细则中关于报价的分值比重，这会影响工程监理单位的投标策略。

建设单位提供的条件在招标文件中均有详细说明，工程监理单位应一一认真分析，特别是建设单位的授权和监理费用的支付条件等。

（2）分析建设单位对于工程建设资金的落实和筹措情况。

（3）分析建设单位领导层核心人物及下层管理人员资质、能力、水平、素质等，特别是对核心人物的心理分析更为重要。

（4）如果在建设工程监理招标时，施工单位事先已经被选定，建设单位与施工单位的关系也是工程监理单位应关心的问题之一。

2. 分析投标人（卖方）自身

（1）根据企业当前经营状况和长远经营目标，决定是否参加建设工程监理投标。如果企业经营管理不善或因其他政治经济环境变化，造成企业生存危机，就应考虑"生存型"投标，即使不盈利甚至赔本也要投标；如果企业希望开拓市场、打入新的地区（或领域），可以考虑"竞争型"投标，即使低盈利也可投标；如果企业经营状况很好，在某些地区已打开局面，对建设单位有较好的名牌效应，信誉度较高时，可以采取"盈利型"投标，即使难度大，困难多一些，也可以参与竞争，以获取丰厚利润和社会经济效益。

（2）根据自身能力，量力而行。就我国目前情况看，相当多的工程监理单位或多或少处于任务不饱满的状况，有鉴于此，应尽可能积极参与投标，特别是接到建设单位邀请的项目。这主要是基于以下4点：①参加投标项目多，中标机会就多；②经常参加投标，在公众面前出现的机会就多，起到了广告宣传作用；③通过参加投标，积累经验，掌握市场行情，收集信息，了解竞争对手惯用策略；④当建设单位邀请时，如果不参加（或不响应）于情于理不容，有可能破坏信誉度，从而失去开拓市场的机会。

（3）采用联合体投标，可以扬长补短。在现代建筑越来越大、越来越复杂的情况下，多大的企业也不可能是万能的，因此，联合是必然的，特别是加入 WTO 之后，中外监理企业的联合更是"双赢"的需要，这种情况下，就需要对联合体合作伙伴进行深入了解和分析。

3. 分析竞争对手

商场如战场，我们的取胜就意味着对手的失败，要击败对手，就必然要对竞争者进行分析。综合起来，要从以下几个方面分析对手。

（1）分析竞争对手的数量和实际竞争对手，以往同类工程投标竞争的结果，竞争对手的实力等。

（2）分析竞争对手的投标积极性。如果竞争对手面临生存危机，势必采用"生存型"投标策略；如果竞争者是作为联合体投标，势必采用"盈利型"投标策略。总之，要分析竞争对手的发展目标、经营策略、技术实力、以往投标资料、社会形象及目前建设工程监理任务饱满度等，判断其投标积极性，进而调整自己的投标策略。

（3）了解竞争对手决策者情况。在分析竞争对手的同时，详细了解竞争对手决策者年龄、文化程度、心理状态、性格特点及其追求目标，从而可以推断其在投标过程中的应变能力和谈判技巧，根据其在建设单位心目中留下的印象，调整自己的投标策略和技巧。

4. 分析环境和条件

（1）要分析施工单位。施工单位是建设工程监理最直接、至关重要的环境条件，如果一个信誉不好、技术力量薄弱、管理水平低下的施工单位作为被监理对象，不仅管理难度大、费人费时，而且由工程监理单位来承担其工作失误所带来的风险也就比较大，如果这类施工单位再与建设单位关系暧昧，建设工程监理工作难度将大幅增加。此外，要特别注意了解施工单位履行合同的能力，从而制定有针对性的监理策略和措施。

（2）要分析工程难易程度。

（3）要分析水文、气候、地形地貌等自然条件及工作环境的艰苦程度。

（4）要分析设计单位的水平和人员素质。

（5）要分析工程所在地社会文化环境，特别是当地政府与人民群众的态度等。

（6）要分析工程条件和环境风险。

项目监理机构设置、人员配备、交通和通信设备的购置、工作生活的安置以及所需费用列支，都离不开对上述环境和条件的分析。

3.2.2.2 把握和深刻理解招标文件精神

招标文件是建设单位对所需服务提出的要求，是工程监理单位编制投标文件的依据。因此，把握和深刻理解招标文件精神是制定投标策略的基础。工程监理单位必须详细研究招标文件，吃透其精神，才能在编制投标文件中全面、最大程度、实质性地响应招标文件的要求。

在领取招标文件时，应根据招标文件目录仔细检查其是否有缺页、字迹模糊等情况。若有，应立即或在招标文件规定的时间内，向招标人换取完整无误的招标文件。

研究招标文件时，应先了解工程概况、工期、监理工作范围与内容、监理目标要求等。如对招标文件有疑问需要解释的，要按招标文件规定的时间和方式，及时向招标人提出询问。招标文件的书面修改也是招标文件的组成部分，投标单位也应予以重视。

3.2.2.3 选择有针对性的监理投标策略

由于招标内容不同、投标人不同，所采取的投标策略也不相同，下面介绍几种常用的投标策略，投标人可根据实际情况进行选择。

1. 以信誉和口碑取胜

工程监理单位依靠其在行业和客户中长期形成的良好信誉和口碑，争取招标人的信任和支持，不参与价格竞争，这个策略适用于特大、代表性或有重大影响力的工程，这类工程的招标人注重工程监理单位的服务品质，对于价格因素不是很敏感。

2. 以缩短工期等承诺取胜

工程监理单位如对于某类工程的工期很有信心，可作出对于招标人有利的保证，靠此吸引招标人的注意。同时，工程监理单位需向招标人提出保证措施和惩罚性条款，确保承诺的可实施性。此策略适用于建设单位对工期等因素比较敏感的工程。

3. 以附加服务取胜

目前，随着建设工程复杂性程度的加大，招标人对于前期配套、设计管理等外延的服务需求越来越强烈，但招标人限于工程概算的限制，没有额外的经费聘请能提供此类服务的项目管理单位，如工程监理单位具有工程咨询、工程设计、招标代理、造价咨询及其他相关的资质，可在投标过程中向招标人推介此项优势。此策略适用于工程项目前期建设较为复杂，招标人组织结构不完善，专业人才和经验不足的工程。

4. 适应长远发展的策略

其目的不在于当前招标工程上获利，而着眼于发展，争取将来的优势，如为了开辟新市场、参与某项有代表意义的工程等，宁可在当前招标工程中以微利甚至无利价格参与竞争。

3.2.2.4 充分重视项目监理机构的合理设置

充分重视项目监理机构的设置是实现监理投标策略的保证。由于监理服务性质的特殊性，监理服务的优劣不仅依赖于监理人员是否遵循规范化的监理程序和方法，更取决于监理人员的业务素质、经验、分析问题、判断问题和解决问题的能力以及风险意识。因此，招标人会特别注重项目监理机构的设置和人员配备情况。工程监理单位必须选派与工程要求相适应的总监理工程师，配备专业齐全、结构合理的现场监理人员。具体操作中应特别注意以下几方面。

（1）项目监理机构成员应满足招标文件要求。有必要的话，可提交一份工程监理单位支撑本工程的专家名单。

（2）项目监理机构人员名单应明确每一位监理人员的姓名、性别、年龄、专业、职称、拟派职务、资格等，并以横道图形式明确每一位监理人员拟派驻现场及退场时间。

（3）总监理工程师应具备同类建设工程监理经验，有良好的组织协调能力。若工程项目复杂或者考虑特殊管理需求，可考虑配备总监理工程师代表。

（4）对总监理工程师及其他监理人员的能力和经验介绍要尽量做到翔实，重点说明现有人员配备对完成建设工程监理任务的适应性和针对性等。

3.2.2.5 重视提出合理化建议

招标人往往比较关心投标人此部分内容，借此了解投标人的专业技术能力、管理水平以及投标人对工程的熟悉程度和关注程度等，从而提升招标人对工程监理单位承担和完成监理任务的信心。因此，重视提出合理化建议是促进投标策略实现的有力措施。

3.2.2.6 有效地组织项目监理团队答辩

项目监理团队答辩的关键是总监理工程师的答辩，而总监理工程师是否成功答辩已成为评标委员会推荐和招标人选择工程监理单位的重要依据。因此，有效地组织总监理工程师及项目监理团队答辩已成为促进投标策略实现的有力措施，可以大大提升工程监理单位的中标率。

总监理工程师参加答辩会，应携带答辩提纲和主要参考资料。另外，还应带上笔和笔记本，以便将专家提出的问题记录下来。在进行充分准备的基础上，要树立信心，消除紧张慌乱心理，才能在答辩时有良好表现。答辩时要集中注意力，认真聆听，并将问题简略记在笔记本上，仔细推敲问题的要害和本质，切忌未弄清题意就匆忙作答。要充满自信地以流畅的语言和肯定的语气将自己的见解讲述出来。回答问题，一要抓住要害，简明扼要；二要力求客观、全面、辩证，留有余地；三要条理清晰，层次分明。如果对问题中有些概念不太理解，可以请提问专家做些解释，或者将自己对问题的理解表达出来，并问清是不是该意思，得到确认后再作答。

需要特别说明的是，住房与城乡建设部办公厅于 2016 年 5 月 19 日发出了《关于规范使用建筑业企业资质证书的通知》（建办市函〔2016〕462 号），通知说："为切实减轻企业负担，各有关部门在对企业跨地区承揽业务监督管理、招标活动中，不得要求企业提供建筑业企业资质证书原件，企业资质情况可通过扫描建筑业企业资质证书复印件的二维码查询。"根据通知要求，今后监理招标文件不应再要求工程监理企业投标时携带原件备查。

3.3　建设工程监理合同管理

3.3.1　建设工程监理合同的订立

3.3.1.1　建设工程监理合同及其特点

建设工程监理合同是指委托人（建设单位）与监理人（工程监理单位）就委托的建设工程监理与相关服务内容签订的明确双方义务和责任的协议。其中，委托人是指委托工程监理与相关服务的一方，及其合法的继承人或受让人；监理人是提供监理与相关服务的一方，及其合法的继承人。

建设工程监理合同是一种委托合同，除具有委托合同的共同特点外，还具有以下特点。

（1）建设工程监理合同当事人双方应具有民事权力能力和民事行为能力、具有法人资格的企事业单位及其他社会织织。虽然个人在法律允许的范围内也可以成为合同当事人，但是接受委托的监理人必须是依法成立、具有工程监理资质的企业，其所承担的工程监理业务应与企业资质等级和业务范围相符合。

（2）建设工程监理合同委托的工作内容必须符合法律法规、有关工程建设标准、工程设计文件、施工合同及物资采购合同。建设工程监理合同是以对建设工程项目目标实施控制并履行建设工程安全生产管理法定职责为主要内容，因此，建设工程监理合同必须符合法律法规和有关工程建设标准，并与工程设计文件、施工合同及材料设备采购合同相协调。

（3）建设工程监理合同的标的是服务。工程建设实施阶段所签订的勘察设计合同、施工合同、物资采购合同、委托加工合同的标的物是产生新的信息成果或物质成果，而监理合同的履行不产生物质成果，而是由监理工程师凭借自己的知识、经验、技能受委托人委托为其所签订的施工合同、物资采购合同等的履行实施监督管理。

3.3.1.2　《建设工程监理合同（示范文本）》（GF—2012—0202）的结构

建设工程监理合同的订立，意味着委托关系的形成，委托人与监理人之间的关系将受到合同约束。为了规范建设工程监理合同，住房和城乡建设部、国家工商行政管理总局于 2012 年 3 月发布了《建设工程监理合同（示范文本）》（GF—2012—0202），该合同示范文本由"协议书""通用条件""专用条件"、附录 A 和附录 B 组成。

1. 协议书

协议书不仅明确了委托人和监理人，而且明确了双方约定的委托建设工程监理与相关服务的工程概况（工程名称、工程地点、工程规模、工程概算投资额或建筑安装工程费）；总监理工程师（姓名、身份证号、注册号）；签约酬金（监理酬金、相关服务酬金）；服务期限（监理期限、相关服务期限）；双方对履行合同的承诺及合同订立的时间、地点、份数等。协议书还明确了建设工程监理合同的组成文件。

（1）协议书。

（2）中标通知书（适用于招标工程）或委托书（适用于非招标工程）。

（3）投标文件（适用于招标工程）或监理与相关服务建议书（适用于非招标工程）。

（4）专用条件。

（5）通用条件。

（6）附录。

1）附录 A 相关服务的范围和内容。

2）附录 B 委托人派遣的人员和提供的房屋、资料、设备。

建设工程监理合同签订后，双方依法签订的补充协议也是建设工程监理合同文件的组成部分。

协议书是一份标准的格式文件，经当事人双方在空格处填写具体规定的内容并签字盖章后，即发生法律效力。

2. 通用条件

通用条件涵盖了建设工程监理合同中所用的词语定义与解释，监理人的义务，委托人的义务，签约双方的违约责任，酬金支付，合同的生效、变更、暂停、解除与终止，争议解决及其他诸如外出考察费用、检测费用、咨询费用、奖励、守法诚信、保密、通知、著作权等方面的约定。通用文件适用于各类建设工程监理，各委托人、监理人都应遵守通用条件中的规定。

3. 专用条件

由于通用条件适用于各行业、各专业建设工程监理，因此，其中的某些条款规定得比较笼统，需要在签订具体建设工程监理合同时，结合地域特点、专业特点和委托监理的工程特点，对通用条件中的某些条款进行补充、修改。

所谓"补充"，是指通用条件中的条款明确规定，在该条款确定的原则下，专用条件中的条款需进一步明确具体内容，使通用条件、专用条件中相同序号的条款共同组成一条内容完备的条款。如通用条件 2.2.1 规定，监理依据包括以下几方面。

（1）适用的法律、行政法规及部门规章。

（2）与工程有关的标准。

（3）工程设计及有关文件。

（4）本合同及委托人与第三方签订的与实施工程有关的其他合同。

双方根据建设工程的行业和地域特点，在专用条件中具体约定监理依据。就具体建设工程监理而言，委托人与监理人就需要根据工程的行业和地域特点，在专用条件中相同序号 2.2.1 条款中明确具体的监理依据。

所谓"修改"，是指通用条件中规定的程序方面的内容，如果双方认为不合适，可以协议修改。如通用条件 3.4 中规定："委托人应授权一名熟悉工程情况的代表，负责与监理人联系。委托人应在双方签订本合同后 7 天内，将委托人代表的姓名和职责书面告知监理人。当委托人更换委托人代表时，应提前 7 天通知监理人。"如果委托人或监理人认为 7 天的时间太短，经双方协商达成一致意见后，可在专用条件相同序号条款中写明具体的延长时间，如改为 14 日等。

4. 附录

（1）附录 A。如果委托人委托监理人完成相关服务时，应在附录 A 中明确约定委托的工作内容和范围。委托人根据工程建设管理需要，可以自主委托全部内容，也可以委托某个阶段的工作或部分服务内容。如果委托人仅委托建设工程监理，则不需要填写附录 A。

（2）附录 B。委托人为监理人开展正常监理工作派遣的人员和无偿提供的房屋、资料、设备，应在附录 B 中明确约定派遣或提供的对象、数量和时间。

3.3.1.3 专用条件需要约定的内容

为了确保建设工程监理合同的合法、有效，工程监理单位应与建设单位按法定程序订立合同，明确对工程的有关理解和意图；进一步确认合同责任，将双方达成的一致意见写入专用条件或附录中。在签订合同时，应做到文字简洁、清晰、严密，以保证意思表达准确。

1. 专用条件需要约定的内容

通常情况下，建设工程监理合同专用条件需要约定的内容如下。

（1）定义与解释。

1）合同语言文字。通用条件 1.2.1 款规定："本合同使用中文书写、解释和说明。如专用条件约定使用两种及以上语言文字时，应以中文为准。"因此，如果建设工程监理合同使用中文以外语言文字的，需要在专用条件 1.2.1 款明确："合同文件除使用中文外，还可用约定的其他语言文字。"

2）合同文件解释顺序。通用条件 1.2.2 款规定，组成本合同的下列文件彼此应能相互解释、互为说明。除专用条件另有约定外，本合同文件的解释顺序如下：①协议书；②中标通知书（适用于招标工程）或委托书（适用于非招标工程）；③专用条件及附录 A、附录 B；④通用条件；⑤投标文件（适用于招标工程）或监理与相关服务建议书（适用于非招标工程）。

双方签订的补充协议与其他文件发生矛盾或歧义时，属于同一类内容的文件，应以最新签署的为准。

因此，在必要时，合同双方可在专用条件 1.2.2 款明确约定建设工程监理合同文件的解释顺序。

（2）监理人义务。

1）监理的范围和工作内容：①监理范围。通用条件 2.1.1 款规定："监理范围在专用条件中约定。"因此，需要在专用条件 2.1.1 款明确监理范围；②监理工作内容。通用条件 2.1.2 款规定："除专用条件另有约定外，监理工作内容包括 22 项。"因此，在必要时，合同双方可在专用条件 2.1.2 款明确约定监理工作还应包括的内容。

2）监理与相关服务依据：①监理依据。通用条件 2.2.1 款规定："双方根据工程的行业和地域特点，在专用条件中具体约定监理依据。"因此，合同双方需要在专用条件 2.2.1 款明确约定建设工程监理的具体依据；②相关服务依据。通用条件 2.2.2 款规定："相关服务依据在专用条件中约定。"因此，合同双方需要在专用条件 2.2.2 款明确约定相关服务的具体依据。

3）项目监理机构和人员：通用条件 2.3.4 款规定："监理人应及时更换有下列情形之一的监理人员：①严重过失行为的；②有违法行为不能履行职责的；③涉嫌犯罪的；④不能胜任岗位职责的；⑤严重违反职业道德的；⑥专用条件约定的其他情形。"

因此，合同双方可在专用条件 2.3.4 款明确约定更换监理人员的其他情形。

4）履行职责：

a. 对监理人的授权范围。通用条件 2.4.3 款规定："监理人应在专用条件约定的授权范围内，处理委托人与承包人所签订合同的变更事宜。如果变更超过授权范围，应以书面形式报委托人批准。"因此，合同双方需要在专用条件 2.4.3 款明确约定对监理人的授权范围，以及工程延期、工程变更价款的批准权限。

b. 监理人要求承包人调换其人员的权限。通用条件 2.4.4 款规定："除专用条件另有约定外，监理人发现承包人的人员不能胜任本职工作的，有权要求承包人予以调换。"因此，合同双方需要在专用条件 2.4.4 款明确约定监理人要求承包人调换其人员的权力限制条件。

5）提交报告。通用条件 2.5 条规定，监理人应按专用条件约定的种类、时间和份数向委托人提交监理与相关服务的报告。因此，合同双方需要在专用条件 2.5 条明确约定监理人提交报告的种类（包括监理规划、监理月报及约定的专项报告）、时间和份数。

6）使用委托人的财产。通用条件 2.7 条规定："监理人无偿使用附录 B 中由委托人派遣的人员和提供的房屋、资料、设备。除专用条件另有约定外，委托人提供的房屋、设备属于委托人的财产，监理人应妥善使用和保管，在本合同终止时将这些房屋、设备的清单提交委托人，并按专用条件约定的时间和方式移交。"因此，合同双方需要在专用条件 2.7 条明确约定附录 B 中由委托人无偿提供的房屋、设备的所有权，以及监理人应在建设工程监理合同终止后移交委托人无偿提供的房屋、设备的时间和方式。

（3）委托人义务。

1）委托人代表。通用条件 3.4 条规定："委托人应授权一名熟悉工程情况的代表，负责与监理人联系。委托人应在双方签订本合同后 7 天内，将委托人代表的姓名和职责书面告知监理人。当委托人更换委托人代表时，应提前 7 天通知监理人。"因此，合同双方需要在专用条件 3.4 条明确约定委托人代表。

2）答复。通用条件 3.6 条规定："委托人应在专用条件约定的时间内，对监理人以书面形式提交并要求作出决定的事宜，给予书面答复。逾期未答复的，视为委托人认可。"因此，合同双方需要在专用条件 3.6 条明确约定委托人对监理人以书面形式提交并要求作出决定的事宜的答复时限。

（4）违约责任。

1）监理人的违约责任。通用条件 4.1.1 款规定："因监理人违反本合同约定给委托人造成损失的，监理人应当赔偿委托人损失。赔偿金额的确定方法在专用条件中约定。监理人承担部分赔偿责任的，其承担赔偿金额由双方协商确定。"因此，合同双方需要在专用条件 4.1.1 款明确约定监理人赔偿金额的确定方法：

赔偿金＝直接经济损失×正常工作酬金÷工程概算投资额（或建筑安装工程费）

因监理人违约给委托人造成损失的赔偿额，2012 版建设监理合同与 2000 版监理委托合同相比，取消了最高限额的规定。因此监理人应严格按照法律法规和合同约定认真履责，否则将会面临更大的经营风险。

2）委托人的违约责任。通用条件 4.2.3 款规定，"委托人未能按期支付酬金超过 28 天，应按专用条件约定支付逾期付款利息。"因此，合同双方需要在专用条件 4.2.3 款明确约定委托人逾期付款利息的确定方法：

逾期付款利息＝当期应付款总额×银行同期贷款利率×拖延支付天数

（5）支付。

1）支付货币。通用条件 5.1 条规定："除专用条件另有约定外，酬金均以人民币支付。涉及外币支付的，所采用的币种、比例和汇率在专用条件中约定。"因此，涉及外币支付的，合同双方需要在专用条件 5.1 条明确约定外币币种、外币所占比例及汇率。

2）支付酬金。通用条件 5.3 条规定："支付的酬金包括正常工作酬金、附加工作酬金、合理化建议奖励金额及费用。"由于附加工作酬金、合理化建议奖励金额及费用均需在合同履行过程中确定，因此，合同双方只能在专用条件 5.3 条明确约定正常工作酬金支付的时间、比例及金额。

（6）合同生效、变更、暂停、解除与终止。

1）生效。通用条件 6.1 条规定："除法律另有规定或者专用条件另有约定外，委托人和监理人的法定代表人或其授权代理人在协议书上签字并盖单位章后本合同生效。"因此，在必要时，同双方可在专用条件6.1条明确约定合同生效时间。

2）变更。

a. 非监理人原因导致的变更。通用条件6.2.2款规定："除不可抗力外，因非监理人原因导致监理人履行合同期限延长、内容增加时，监理人应当将此情况与可能产生的影响及时通知委托人。增加的监理工作时间、工作内容应视为附加工作。附加工作酬金的确定方法在专用条件中约定。"因此，合同双方应在专用条件6.2.2款明确约定附加工作酬金的确定方法。其中，特别规定了除不可抗力外，因非监理人原因导致本合同期限延长时，附加工作酬金的确定方法：

附加工作酬金＝本合同期限延长时间（天）×正常工作酬金÷协议书约定的监理与相关服务期限（天）

b. 监理与相关服务工作停止后的善后工作以及恢复服务的准备工作。通用条件6.2.3款规定："合同生效后，如果实际情况发生变化使得监理人不能完成全部或部分工作时，监理人应立即通知委托人。除不可抗力外，其善后工作以及恢复服务的准备工作应为附加工作，附加工作酬金的确定方法在专用条件中约定。监理人用于恢复服务的准备时间不应超过28天。"因此，合同双方应在专用条件6.2.3款明确约定附加工作酬金按下列方法确定：

附加工作酬金＝善后工作及恢复服务的准备工作时间（天）×正常工作酬金÷协议书约定的监理与相关服务期限（天）

c. 工程概算投资额或建筑安装工程费增加。通用条件6.2.5款规定："因非监理人原因造成工程概算投资额或建筑安装工程费增加时，正常工作酬金应作相应调整。调整方法在专用条件中约定。"因此，合同双方应在专用条件6.2.5款明确约定正常工作酬金增加额的确定方法：

正常工作酬金增加额＝工程投资额或建筑安装工程费增加额×正常工作酬金÷工程概算投资额（或建筑安装工程费）

d. 监理人正常工作量的减少。通用条件6.2.6款规定："因工程规模、监理范围的变化导致监理人的正常工作量减少时，正常工作酬金应作相应调整。调整方法在专用条件中约定。"因此，合同双方应在专用条件6.2.6款明确约定，按减少工作量的比例从协议书约定的正常工作酬金中扣减相同比例的酬金。

（7）争议解决。

1）调解。通用条件7.2条规定："如果双方不能在14天内或双方商定的其他时间内解决本合同争议，可以将其提交给专用条件约定的或事后达成协议的调解人进行调解。"因此，合同双方可在专用条件7.2条明确约定合同争议调解人。

2）仲裁或诉讼。通用条件7.3条规定："双方均有权不经调解直接向专用条件约定的仲裁机构申请仲裁或向有管辖权的人民法院提起诉讼。"因此，合同双方应在专用条件7.3条明确约定合同争议的最终解决方式，仲裁及提请仲裁的机构或诉讼及提起诉讼的人民法院。

（8）其他。

1）检测费用。通用条件8.2条规定："委托人要求监理人进行的材料和设备检测所发生的费用，由委托人支付，支付时间在专用条件中约定。"因此，合同双方应在专用条件8.2条明确约定检测费用的支付时间。

2）咨询费用。通用条件8.3条规定："经委托人同意，根据工程需要由监理人组织的相关咨询论证会以及聘请相关专家等发生的费用由委托人支付，支付时间在专用条件中约定。"因此，合同双方应在专用条件8.3条明确约定咨询费用的支付时间。

3）奖励。通用条件8.4条规定："监理人在服务过程中提出的合理化建议，使委托人获得经济效益的，双方在专用条件中约定奖励金额的确定方法。奖励金额在合理化建议被采纳后，与最近一期的正常工作酬金同期支付。"因此，合同双方应在专用条件8.4条明确约定合理化建议奖励金额的确定方法：

$$奖励金额＝工程投资节省额×奖励金额的比率$$

其中，奖励金额的比率由合同双方协商确定。

4）保密。通用条件8.6条规定："双方不得泄露对方申明的保密资料，亦不得泄露与实施工程有关的第三方所提供的保密资料，保密事项在专用条件中约定。"因此，合同双方应在专用条件8.6条明确约定委托人、监理人及第三方申明的保密事项和期限。

5）著作权。通用条件8.8条规定："监理人可单独或与他人联合出版有关监理与相关服务的资料。除专用条件另有约定外，如果监理人在本合同履行期间及本合同终止后两年内出版涉及本工程的有关监理与相关服务的资料，应当征得委托人的同意。"因此，合同双方可在专用条件8.8条明确约定监理人在合同履行期间及合同终止后两年内出版涉及工程有关监理与相关服务的资料的限制条件。

（9）补充条款。除上述约定外，合同双方的其他补充约定应以补充条款的形式体现在专用条件中。

2. 附录需要约定的内容

（1）附录A需要约定的内容。通用条件2.1.3款规定："相关服务的范围和内容在附录A中约定。"因此，合同双方可在附录A中明确约定工程勘察、设计、保修等阶段相关服务的范围和内容，以及其他服务（专业技术咨询、外部协调工作等）的范围和内容。同时，应注意与协议书中约定的相关服务期限相协调。

（2）附录B需要约定的内容。通用条件3.2条规定："委托人应按照附录B约定，无偿向监理人提供工程有关的资料。在本合同履行过程中，委托人应及时向监理人提供最新的与工程有关的资料。"

通用条件3.3.1款规定："委托人应按照附录B约定，派遣相应的人员，提供房屋、设备，供监理人无偿使用。"因此，合同双方应在附录B中明确约定委托人派遣的人员和提供的房屋、资料、设备。

3.3.2　建设工程监理合同履行

3.3.2.1　监理人的义务

1. 监理的范围和工作内容

（1）监理范围。建设工程监理范围可能是整个建设工程，也可能是建设工程中一个或若干施工标段，还可能是一个或若干施工标段中的部分工程（如土建工程、机电设备安装工程、玻璃幕墙工程、桩基工程等）。合同双方需要在专用条件中明确建设工程监理的具体范围。

（2）监理工作内容。对于强制实施监理的建设工程，通用条件 2.1.2 款约定了22 项属于监理人需要完成的基本工作，也是确保建设工程监理取得成效的重要基础。

监理人需要完成的基本工作如下。

1）收到工程设计文件后编制监理规划，并在第一次工地会议 7 天前报委托人。根据有关规定和监理工作需要，编制监理实施细则。

2）熟悉工程设计文件，参加由委托人主持的图纸会审和设计交底会议。

3）参加由委托人主持的第一次工地会议；主持监理例会并根据工程需要主持或参加专题会议。

4）审查施工承包人提交的施工组织设计，重点审查其中的质量安全技术措施、专项施工方案与工程建设强制性标准的符合性。

5）检查施工承包人工程质量、安全生产管理制度及组织机构和人员资格。

6）检查施工承包人专职安全生产管理人员的配备情况。

7）审查施工承包人提交的施工进度计划，核查施工承包人对施工进度计划的调整。

8）检查施工承包人的试验室。

9）审核施工分包人资质条件。

10）查验施工承包人的施工测量放线成果。

11）审查工程开工条件，对条件具备的签发开工令。

12）审查施工承包人报送的工程材料、构配件、设备的质量证明资料，抽检进场的工程材料、构配件的质量。

13）审核施工承包人提交的工程款支付申请，签发或出具工程款支付证书，并报委托人审核、批准。

14）在巡视、旁站和检验过程中，发现工程质量、施工安全存在事故隐患的，要求施工承包人整改并报委托人。

15）经委托人同意，签发工程暂停令和复工令。

16）审查施工承包人提交的采用新材料、新工艺、新技术、新设备的论证材料及相关验收标准。

17）验收隐蔽工程、分部分项工程。

18）审查施工承包人提交的工程变更申请，协调处理施工进度调整、费用索赔、合同争议等事项。

19）审查施工承包人提交的竣工验收申请，编写工程质量评估报告。

20）参加工程竣工验收，签署竣工验收意见。

21）审查施工承包人提交的竣工结算申请并报委托人。

22）编制、整理建设工程监理归档文件并报委托人。

（3）相关服务的范围和内容。委托人需要监理人提供相关服务（如勘察阶段、设计阶段、保修阶段服务及其他专业技术咨询、外部协调工作等）的，其范围和内容应在附录 A 中约定。

2. 项目监理机构和人员

（1）项目监理机构。监理人应组建满足工作需要的项目监理机构，配备必要的检测设备。项目监理机构的主要人员应具有相应的资格条件。

项目监理机构应由总监理工程师、专业监理工程师和监理员组成，且专业配套、人员数量满足监理工作需要。总监理工程师必须由注册监理工程师担任，必要时可设总监理工程师代表。配备必要的检测设备，是保证建设工程监理效果的重要基础。

（2）项目监理机构人员的更换。

1）在建设工程监理合同履行过程中，总监理工程师及重要岗位监理人员应保持相对稳定，以保证监理工作正常进行。

2）监理人可根据工程进展和工作需要调整项目监理机构人员。需要更换总监理工程师时，应提前 7 天向委托人书面报告，经委托人同意后方可更换；监理人更换项目监理机构其他监理人员，应以不低于现有资格与能力为原则，并应将更换情况通知委托人。

3）监理人应及时更换有下列情形之一的监理人员：

a. 严重过失行为的。

b. 有违法行为不能履行职责的。

c. 涉嫌犯罪的。

d. 不能胜任岗位职责的。

e. 严重违反职业道德的。

f. 专用条件约定的其他情形。

4）委托人可要求监理人更换不能胜任本职工作的项目监理机构人员。

3. 履行职责

监理人应遵循职业道德准则和行为规范，严格按照法律法规、工程建设有关标准及监理合同履行职责。

（1）委托人、施工承包人及有关各方意见和要求的处置。在建设工程监理与相关服务范围内，项目监理机构应及时处置委托人、施工承包人及有关各方的意见和要求。当委托人与施工承包人及其他合同当事人发生合同争议时，项目监理机构应充分发挥协调作用，与委托人、施工承包人及其他合同当事人协商解决。

（2）证明材料的提供。委托人与施工承包人及其他合同当事人发生合同争议的，首先应通过协商、调解等方式解决。如果协商、调解不成而通过仲裁或诉讼途径解决的，监理人应按仲裁机构或法院要求提供必要的证明材料。

（3）合同变更的处理。监理人应在专用条件约定的授权范围（工程延期的授权范围、合同价款变更的授权范围）内，处理委托人与承包人所签订合同的变更事宜。如果变更超过授权范围，应以书面形式报委托人批准。

在紧急情况下，为了保护财产和人身安全，项目监理机构可不经请示委托人而直接发布指令，但应在发出指令后的 24 小时内以书面形式报委托人。这样，项目监理机构就拥有一定的现场处置权。

（4）承包人员的调换。施工承包人及其他合同当事人的人员不称职，会影响建设工程的顺利实施。为此，项目监理机构有权要求施工承包人及其他合同当事人调换其不能胜任本职工作的人员。

与此同时，为限制项目监理机构在此方面有过大的权力，委托人与监理人可在专用条件中约定项目监理机构指令施工承包人及其他合同当事人调换其人员的限制条件。

4. 其他义务

（1）提交报告。项目监理机构应按专用条件约定的种类、时间和份数向委托人提交监理与相关服务的报告，包括：监理规划、监理月报，还可根据需要提交专项报告等。

（2）文件资料。在监理合同履行期内，项目监理机构应在现场保留工作所用的图纸、报告及记录监理工作的相关文件。工程竣工后，应当按照档案管理规定将监理有关文件归档。

建设工程监理工作中所用的图纸、报告是建设工程监理工作的重要依据，记录建设工程监理工作的相关文件是建设工程监理工作的重要证据，也是衡量建设工程监理效果的主要依据之一。发生工程质量、生产安全事故时，也是判别建设工程监理责任的重要依据。项目监理机构应设专人负责建设工程监理文件资料管理工作。

（3）使用委托人的财产。在建设工程监理与相关服务过程中，委托人派遣的人员以及提供给项目监理机构无偿使用的房屋、资料、设备应在附录 B 中予以明确。监理人应妥善使用和保管，并在合同终止时将这些房屋、设备按专用条件约定的时间和方式移交委托人。

3.3.2.2 委托人的义务

1. 告知

委托人应在其与施工承包人及其他合同当事人签订的合同中明确监理人、总监理工程师和授予项目监理机构的权限。

如果监理人、总监理工程师以及委托人授予项目监理机构的权限有变更，委托人也应以书面形式及时通知施工承包人及其他合同当事人。

2. 提供资料

委托人应按照附录 B 约定，无偿、及时向监理人提供工程有关资料。在建设工程监理合同履行过程中，委托人应及时向监理人提供最新的与工程有关的资料。

3. 提供工作条件

委托人应为监理人实施监理与相关服务提供必要的工作条件。

（1）派遣人员并提供房屋、设备。委托人应按照附录 B 约定，派遣相应的人员，如果所派遣的人员不能胜任所安排的工作，监理人可要求委托人调换。

委托人还应按照附录 B 约定，提供房屋、设备，供监理人无偿使用。如果在使用过程中所发生的水、电、煤、油及通信费用等需要监理人支付的，应在专用条件中约定。

（2）协调外部关系。委托人应负责协调工程建设中所有外部关系，为监理人履行合同提供必要的外部条件。这里的外部关系是指与工程有关的各级政府建设主管部门、建设工程安全质量监督机构，以及城市规划、卫生防疫、人防、技术监督、交警、乡镇街道等管理部门之间的关系，还有与工程有关的各管线单位等之间的关系。如果委托人将工程建设中所有或部分外部关系的协调工作委托监理人完成的，则应与监理人协商，并在专用条件中约定或签订补充协议，支付相关费用。

4. 授权委托人代表

委托人应授权一名熟悉工程情况的代表，负责与监理人联系。委托人应在双方签订合同后 7 天内，将其代表的姓名和职责书面告知监理人。当委托人更换其代表时，也应提前 7 天通知监理人。

5. 委托人意见或要求

在建设工程监理合同约定的监理与相关服务工作范围内，委托人对承包人的任何意见或要求应通知监理人，由监理人向承包人发出相应指令。

这样有利于明确委托人与承包单位之间的合同责任，保证监理人独立、公平地实施监理工作与相关服务，避免出现不必要的合同纠纷。

6. 答复

对于监理人以书面形式提交委托人并要求作出决定的事宜，委托人应在专用条件约定的时间内给予书面答复。逾期未答复的，视为委托人认可。

7. 支付

委托人应按合同（包括补充协议）约定的额度、时间和方式向监理人支付酬金。

3.3.2.3 违约责任

1. 监理人的违约责任

监理人未履行监理合同义务的，应承担相应的责任。

（1）违反合同约定造成的损失赔偿。因监理人违反合同约定给委托人造成损失的，监理人应当赔偿委托人损失。赔偿金额的确定方法在专用条件中约定。监理人承担部分赔偿责任的，其承担赔偿金额由双方协商确定。

监理人的违约情况包括不履行合同义务的故意行为和未正确履行合同义务的过错行为。监理人不履行合同义务的情形包括：①无正当理由单方解除合同；②无正当理由不履行合同约定的义务。

监理人未正确履行合同义务的情形包括：①未完成合同约定范围内的工作；②未按规范程序进行监理；③未按正确数据进行判断而向施工承包人及其他合同当事人发出错误指令；④未能及时发出相关指令，导致工程实施进程发生重大延误或混乱；⑤发出错误指令，导致工程受到损失等。

发生上述情况，应按专用条件约定的百分比方法计算监理人应承担的赔偿金额：

赔偿金＝直接经济损失×正常工作酬金÷工程概算投资额（或建筑工程安装费）

（2）索赔不成立时的费用补偿。监理人向委托人的索赔不成立时，监理人应赔偿委托人由此发生的费用。

2. 委托人的违约责任

委托人未履行本合同义务的，应承担相应的责任。

（1）违反合同约定造成的损失赔偿。委托人违反合同约定造成监理人损失的，委托人应予以赔偿。

（2）索赔不成立时的费用补偿。委托人向监理人的索赔不成立时，应赔偿监理人由此引起的费用。这与监理人索赔不成立的规定对等。

（3）逾期支付补偿。委托人未能按合同约定的时间支付相应酬金超过28天，应按专用条件约定支付逾期付款利息。

逾期付款利息应按专用条件约定的方法计算（拖延支付天数应从应支付之日算起）：

逾期付款利息＝当期应付款总额×银行同期贷款利率×拖延支付天数

3. 除外责任

因非监理人的原因，且监理人无过错，发生工程质量事故、安全事故、工期延误等造成的损失，监理人不承担赔偿责任。这是由于监理人不承包工程的实施，因此，在监理人无过错的前提下，由于第三方原因使建设工程遭受损失的，监理人不承担赔偿责任。

因不可抗力导致监理合同全部或部分不能履行时，双方各自承担其因此而造成的损失、损害。不可抗力是指合同双方当事人均不能预见、不能避免、不能克服的客观原因引起的事件，根据《合同法》第一百一十七条"因不可抗力不能履行合同的，根据不可抗力的影响，部分或者全部免除责任"的规定，按照公平、合理原则，合同双方当事人应各自承担其因不可抗力而造成的损失、损害。

因不可抗力导致监理人现场的物质损失和人员伤害，由监理人自行负责。如果委托人投保的"建筑工程一切险"或"安装工程一切险"的被保险人中包括监理人，则监理人的物质损害也可从保险公司获得相应的赔偿。

监理人应自行投保现场监理人员的意外伤害保险。

3.3.2.4　合同的生效、变更与终止

1. 建设工程监理合同生效

建设工程监理合同属于无生效条件的委托合同，因此，合同双方当事人依法订立后合同即生效。即：委托人和监理人的法定代表人或其授权代理人在协议书上签字并盖单位章后合同生效。除非法律另有规定或者专用条件另有约定。

2. 建设工程监理合同变更

在建设工程监理合同履行期间，由于主观或客观条件的变化，当事人任何一方均可提出变更合同的要求，经过双方协商达成一致后可以变更合同。如：委托人提出增加监理或相关服务工作的范围或内容；监理人提出委托工作范围内工程的改进或优化建议等。

（1）建设工程监理合同履行期限延长、工作内容增加。除不可抗力外，因非监理人原因导致监理人履行合同期限延长、内容增加时，监理人应将此情况与可能产生的影响及时通知委托人。增加的监理工作时间、工作内容应视为附加工作。附加工作酬金的确定方法在专用条件中约定。

附加工作分为延长监理或相关服务时间、增加服务工作内容两类。延长监理或相关服务时间的附加工作酬金，应按下式计算：

附加工作酬金＝合同期限延长时间（天）×正常工作酬金÷协议书约定的监理与相关服务期限（天）

增加服务工作内容的附加工作酬金，由合同双方当事人根据实际增加的工作内容协商确定。

（2）建设工程监理合同暂停履行、终止后的善后服务工作及恢复服务的准备工作。监理合同生效后，如果实际情况发生变化使得监理人不能完成全部或部分工作时，监理人应立即通知委托人。其善后工作以及恢复服务的准备工作应为附加工作，附加工作酬金的确定方法在专用条件中约定。监理人用于恢复服务的准备时间不应超过28天。

建设工程监理合同生效后，出现致使监理人不能完成全部或部分工作的情况可能包括：

1）因委托人原因致使监理人服务的工程被迫终止。

2）因委托人原因致使被监理合同终止。

3）因施工承包人或其他合同当事人原因致使被监理合同终止，实施工程需要更换施工承包人或其他合同当事人。

4）不可抗力原因致使被监理合同暂停履行或终止等。

在上述情况下，附加工作酬金按下式计算：

附加工作酬金＝善后工作及恢复服务的准备工作时间（天）×正常工作酬金÷协议书约定的监理与相关服务期限（天）

（3）相关法律法规、标准颁布或修订引起的变更。在监理合同履行期间，因法律法规、标准颁布或修订导致监理与相关服务的范围、时间发生变化时，应按合同变更

对待，双方通过协商予以调整。增加的监理工作内容或延长的服务时间应视为附加工作。若致使委托范围内的工作相应减少或服务时间缩短，也应调整监理与相关服务的正常工作酬金。

（4）工程投资额或建筑安装工程费增加引起的变更。协议书中约定的监理与相关服务酬金的计算基数是工程概算投资额或建筑安装工程费时，因非监理人原因造成工程投资额或建筑安装工程费增加，监理与相关服务酬金的计算基数便发生变化，因此，正常工作酬金应作相应调整。调整额按下式计算：

正常工作酬金增加额＝工程投资额或建筑安装工程费增加额×正常工作酬金÷工程概算投资额（或建筑安装工程费）

如果是参考《建设工程监理与相关服务收费管理规定》或地方行业协会制定的取费标准约定的合同酬金，增加监理范围调整正常工作酬金时，若涉及专业调整系数、工程复杂程度调整系数变化，则应按实际委托的服务范围重新计算正常监理工作酬金额。

（5）因工程规模、监理范围的变化导致监理人的正常工作量的减少。在监理合同履行期间，工程规模或监理范围的变化导致正常工作减少时，监理与相关服务的投入成本也相应减少，因此，也应对协议书中约定的正常工作酬金作出调整。减少正常工作酬金的基本原则：按减少工作量的比例从协议书约定的正常工作酬金中扣减相同比例的酬金。

如果是参考《建设工程监理与相关服务收费管理规定》或地方行业协会制定的取费标准约定的合同酬金，减少监理范围后调整正常工作酬金时，如果涉及专业调整系数、工程复杂程度调整系数变化，则应按实际委托的服务范围重新计算正常监理工作酬金额。

3. 建设工程监理合同暂停履行与解除

除双方协商一致可以解除合同外，当一方无正当理由未履行合同约定的义务时，另一方可以根据合同约定暂停履行合同直至解除合同。

（1）解除合同或部分义务。在合同有效期内，由于双方无法预见和控制的原因导致合同全部或部分无法继续履行或继续履行已无意义，经双方协商一致，可以解除合同或监理人的部分义务。在解除之前，监理人应按诚信原则做出合理安排，将解除合同导致的工程损失减至最小。

除不可抗力等原因依法可以免除责任外，因委托人原因致使正在实施的工程取消或暂停等，监理人有权获得因合同解除导致损失的补偿。补偿金额由双方协商确定。

解除合同的协议必须采取书面形式，协议未达成之前，监理合同仍然有效，双方当事人应继续履行合同约定的义务。

（2）暂停全部或部分工作。委托人因不可抗力影响、筹措建设资金遇到困难、与施工承包人解除合同、办理相关审批手续、征地拆迁遇到困难等导致工程施工全部或部分暂停时，应书面通知监理人暂停全部或部分工作。监理人应立即安排停止工作，并将开支减至最小。除不可抗力外，由此导致监理人遭受的损失应由委托人予以补偿。

暂停全部或部分监理或相关服务的时间超过182天，监理人可自主选择继续等待委托人恢复服务的通知，也可向委托人发出解除全部或部分义务的通知。若暂停服务仅涉及合同约定的部分工作内容，则视为委托人已将此部分约定的工作从委托任务中删除，监理人不需要再履行相应义务；如果暂停全部服务工作，按委托人违约对待，监理人可单方解除合同。监理人可发出解除合同的通知，合同自通知到达委托人时解除。委托人应将监理与相关服务的酬金支付至合同解除日。

委托人因违约行为给监理人造成损失的，应承担违约赔偿责任。

（3）监理人未履行合同义务。当监理人无正当理由未履行合同约定的义务时，委托人应通知监理人限期改正。委托人在发出通知后7天内没有收到监理人书面形式的合理解释，即监理人没有采取实质性改正违约行为的措施，则可进一步发出解除合同的通知，自通知到达监理人时合同解除。委托人应将监理与相关服务的酬金支付至限期改正通知到达监理人之日。

监理人因违约行为给委托人造成损失的，应承担违约赔偿责任。

（4）委托人延期支付。委托人按期支付酬金是其基本义务。监理人在专用条件约定的支付日的28天后未收到应支付的款项，可发出酬金催付通知。

委托人接到通知14天后仍未支付或未提出监理人可以接受的延期支付安排，监理人可向委托人发出暂停工作的通知并可自行暂停全部或部分工作。暂停工作后14天内监理人仍未获得委托人应付酬金或委托人的合理答复，监理人可向委托人发出解除合同的通知，自通知到达委托人时合同解除。

委托人应对支付酬金的违约行为承担违约赔偿责任。

（5）不可抗力造成合同暂停或解除。因不可抗力致使合同部分或全部不能履行时，一方应立即通知另一方，可暂停或解除合同。根据《合同法》，双方受到的损失、损害各负其责。

（6）合同解除后的结算、清理、争议解决。无论是协商解除合同，还是委托人或监理人单方解除合同，合同解除生效后，合同约定的有关结算、清理条款仍然有效。单方解除合同的解除通知到达对方时生效，任何一方对对方解除合同的行为有异议，仍可按照约定的合同争议条款采用调解、仲裁或诉讼的程序保护自己的合法权益。

4. 监理合同终止

以下条件全部完成时，监理合同即告终止：

（1）监理人完成合同约定的全部工作。

（2）委托人与监理人结清并支付全部酬金。

工程竣工并移交并不满足监理合同终止的全部条件。上述条件全部完成时，监理合同有效期终止。

3.4 《建设工程施工合同（示范文本）》简介

由于现阶段的监理服务主要集中在施工阶段，建设工程施工合同是监理服务的主要依据之一，因此在监理服务过程中监理人必须熟悉《建设工程施工合同（示范文本）》的主要内容。限于篇幅这里仅作简要介绍，示范文本的具体内容详见附录五。由于 2017 版施工合同只是对 2013 版合同有关质量保证金等局部内容的修订，所以以下仍以 2013 版合同内容进行介绍。

3.4.1 《建设工程施工合同（示范文本）》的组成

2013 版施工合同由合同协议书、通用合同条款、专用合同条款等三大部分组成，同时附具了 11 个合同附件格式。其中协议书共计 12 条，通用合同条款的 20 条具体条款分别为：一般约定、发包人、承包人、监理人、工程质量、安全文明施工与环境保护、工期和进度、材料与设备、试验与检验、变更、价格调整、合同价格、计量与支付、验收和工程试车、竣工结算、缺陷责任与保修、违约、不可抗力、保险、索赔和争议解决。前述条款安排既考虑建设工程施工管理的需要，又照顾到现行法律法规对建设工程的特殊要求，充分考虑到了各方的意见，较好地平衡了建设工程各方当事人的权利义务。

3.4.2 《建设工程施工合同（示范文本）》的主要特点

（1）2013 版施工合同将监理人和发包人代表进行了区分，建立了以监理人为施工管理和文件传递核心的合同体系。在 2013 版施工合同中，从尊重发包人权利角度和便于高效管理合同的角度出发，对于监理人相关事项做了相应规定，如强调发包人对监理人进行合理授权，并将授权事项告知承包人；明确监理人作为合同履行文件传递中心，即发包人和承包人之间的文件往来均通过监理人来中转，确保监理人能够全面畅通地了解合同管理信息，以完成其法定义务和约定义务。

（2）完善了合同价格类型，适应工程计价模式发展和工程管理实践需要。2003年以来，我国开始在建设工程领域推行工程量清单计价模式，并陆续发布了 2003 版、2008 版、2013 版《建设工程工程量清单计价规范》。1999 版施工合同囿于当时的实际情况，规定了固定价格合同、可调价合同和成本加酬金合同 3 种合同计价形式。考虑到实践中对于固定价格合同存在一定的误解和歧义，为避免将固定价格合同理解为不可调价合同，2013 版施工合同按照价格形式将合同分为总价合同、单价合同及其他方式合同，其中由于成本加酬金合同形式的实践不具有典型性，故而在 2013 版施工合同文本中予以省略，归入其他方式合同，其他方式合同中还包含了采用定额计价的合同，还原了上述计价方式真实含义，并与国际惯例保持一致，以满足建设工程发展的需要，便于合同双方的实践操作。此外，在总价合同的计量环节，2013 版施工合同还引入了支付分解表，有利于提高总价合同计价的科学性和合理性。

（3）增加暂估价的规定，规定了暂估价项目的操作程序。相对于 1999 版施工合同，2013 版施工合同新增了暂估价内容，并根据暂估价专业分包工程、材料和工程设备的不同情况，结合国家有关建设工程项目招标范围的规定，明确了暂估价项目的选择方式和程序。2013 版施工合同将暂估价项目具体分为两类，分别为依法必须招标的暂估价项目和不属于依法必须招标的暂估价项目，并根据不同类别规定了暂估价项目的确认和批准程序及时间节点，便于暂估价项目的实施，提高工程的效率和效益，以保证暂估价项目的公平性和合法性。

（4）重视合同文本的指引和指导作用，在通用合同条款和专用合同条款的设置上充分尊重发承包双方的意思自治。2013 版施工合同充分考虑了建设工程项目专业性强和管理复杂的特点，在合同条款的设置上，对于发承包双方的权利义务进行妥善的安排，在通用合同条款中积极引导发承包双方按照现行法律法规及合同的规定，合法行使各项权利，切实履行各项义务。同时考虑到建设工程项目的特殊性和专业性，在条款内容安排时，给发承包双方预留了充分的协商空间。双方当事人可以根据工程项目的特点，对通用合同条款中需要补充的内容，均在专用合同条款预留了补充和完善的空间，供双方自行协商完善，兼顾示范文本的指引和指导作用。

（5）2013 版施工合同通过在协议书中引入宣誓性承诺条款及合同备案条款以遏制阴阳合同的发生；在通用合同条款中，通过增加限定新增承包人项目经理及主要施工管理人员条款、限定专业分包人及劳务分包人主要施工管理人员条款、承包人擅自更换项目经理及主要施工人员违约责任、工程款支付账户约定等条款，保证承包人实际施工管理人员与投标文件中载明的人员名单保持一致，有利于解决承包人违法分包、转包和挂靠等违法违规行为。

（6）2013 版施工合同按照合理分担的原则进行了调整，明确"因不可抗力影响承包人履行合同约定的义务，已经引起工期延误的，应当顺延工期，由此导致承包人停工的费用损失由发包人和承包人合理分担，停工期间必须支付的工人工资由发包人承担。"

（7）强化与现行法律和其他文本的衔接，保证合同的适用性。

1）在法律层面。2013 版施工合同在施工合同的项目管理、质量管理、安全生产管理、职业健康保障和工程担保等条款中充分体现了《建筑法》《合同法》《中华人民共和国安全生产法》（以下简称《安全生产法》）《中华人民共和国劳动合同法》（以下简称《劳动合同法》）《中华人民共和国物权法》（以下简称《物权法》）以及《招标投标法》等法律的精神。

2）在行政法规层面。2013 版施工合同在具体约定双方当事人权利义务方面体现了《建设工程质量管理条例》《建设工程安全生产管理条例》《民用建筑节能条例》等相关规定，同时还在一定程度上反映了《建设工程勘察设计管理条例》《招标投标法实施条例》等法规的精神。

3）在部门规章和政策方面。2013 版施工合同在施工合同结算、保修等条款中体现了《建设工程价款结算暂行办法》《房屋建筑工程质量保修办法》《建设工程质量保证金管理暂行办法》等部门规章规定，在计价模式上兼顾了《建设工程工程量清单计价规范》的要求。

4）为了保证 2013 版施工合同的适用，借鉴了 FIDIC 合同文本及现行国家有关部委发布的合同文本等特点。2013版施工合同在保证文本内容适用性和特殊性的基础上，在内容和适用范围上较好地考虑了与其他现行合同文本的衔接，同时有适度的前瞻性，并且在文字处理上，力求文本表述简练、通俗易懂、全面系统、有机统一。

3.4.3   2013版施工合同文本增加的8项合同管理制度

2013版施工合同借鉴国内外相关合同文本的成功经验，在通用条款中增加了以下8项新的合同管理制度。

1. 双向担保制度

为了解决施工合同中的履约担保，尤其是为了有效解决工程款拖欠问题，借鉴FIDIC合同，2013版施工合同通用条款的第2.5款规定了发包人的资金来源证明及支付担保，第3.7款则规定了承包人的履约担保。这两个条款要求发包人与承包人各自以其合同义务向对方提供资金来源证明及支付担保和履约担保，以保证实现双方在施工合同中的目的。此种安排在已经颁布的部门规章中有类似规定，既符合国家对投资人合理审慎投资的要求，也符合施工合同承包人提供履约保障的惯例做法，同时还能促进发包人按合同约定支付工程款，保证工期和质量等综合目标的完成。

2. 合理调价制度

为解决由于市场价格波动引起合同履行的风险问题，2013版施工合同中引入了适度风险适度调价的制度，亦称之为合理调价制度，其法律基础是合同风险的公平合理分担原则。通用条款第11.1款规定，市场价格波动超过合同当事人约定的范围，合同价格应当调整。这一规定与国内目前各省市执行的工程造价部门规定的调价规范的精神是一致的，具体的调价方式与其他标准文本相一致，有利于解决工程合同履行过程中市场价格波动引起的合同价款纠纷。

3. 缺陷责任期制度

为解决长期以来存在的合同当事人约定"保修期满返还保修金"的争议，2013版施工合同通用条款第15条引入了缺陷责任与保修制度，明确缺陷责任期是指"承包人按照合同约定承担缺陷修复义务，且发包人预留质量保证金的期限，自工程实际竣工日期起计算"。目前我国规定工程保修期限相对较长，尤其是地基基础工程和主体结构工程的保修期，为设计文件规定的该工程的合理使用年限。在建设工程实践中，存在大量发包人以保修期未届满为由不返还工程质量保证金的情形，由此导致的部分工程款久拖不决问题困扰着我国建筑市场的正常发展，缺陷责任期制度在施工合同文本中的落实可进一步有效解决工程质量保证金返还和工程质量保修之间的冲突。

4. 工程系列保险制度

2013版施工合同通用条款第18条除对工程保险作出规定外，还根据全国人大对《建筑法》的修改意见，对工伤保险做了规定，同时还增加了其他保险的条款。工程系列保险制度不仅完善了我国工程保险制度，还对今后可能会推行的工程保修保险等制度预留了执行的空间，这与国际通用的FIDIC合同已基本接轨。

5. 商定或确定制度

合同履行中遇到的最大问题即为发承包双方就履行事项产生分歧，如分歧不予及时处理即可转化成为合同履行的障碍，最终致使合同不能履行。2013版施工合同在处理该问题时，借鉴了 FIDIC 合同与《标准施工招标文件》（2007年）的做法，在通用合同条款的第4.4条引入了"商定或确定"制度，明确由总监理工程师承担商定与确定的组织和实施责任，并明确了该项制度启动的前提条件。

6. 索赔期限制度

工程索赔无明确时效要求是1999版合同较大的缺陷，对此2013版施工合同予以调整。为确保工程索赔的及时性，同时便于合同双方及时进行索赔证据的收集和评估，借鉴国外众多施工合同的规定和《标准施工招标文件》（2007年）的规定，2013版施工合同通用条款第19条对发承包双方的索赔期限都规定为28天，并明确规定如当事人未在28天内对索赔事项提出书面的索赔通知，视为该项索赔的权利已经丧失。

7. 双倍赔偿制度

为解决发包人拖欠工程款问题，从违约责任承担的法律原则出发，2013版施工合同设立了迟延支付工程价款的双倍赔偿制度，该制度中包括了通知、合理期限改正等程序性规定，最终仍不履约的，则按中国人民银行发布的同期同类贷款基准利率的两倍支付违约金，该规定在竣工结算审核、最终结清两个对应条款中均有体现。

8. 争议评审解决制度

关于争议解决机制，鉴于施工合同周期长、合同管理要素多的特点，借鉴国外合同中普遍引用的争端裁决机制，2013版施工合同通用条款第20.3款引入了争议评审解决机制，以期提高工程合同争议解决的效率，并保障其专业性。争议评审解决机制根据合同各方约定，可以由专家全过程参与，也可以单独发表评审意见，如此可以极大地消化工程合同履行中的分歧，减少合同履行困难，防止合同履行障碍，快速定纷止争，以确保工程建设项目的整体经济效益和社会效益，对于提高项目经济效益具有不可低估的作用。从另一角度看，争议评审解决制度属于增加的社会纠纷解决机制，同时也为行政监督管理部门管理建筑市场提供了新的纠纷解决路径。

3.4.4　2013版《建设工程施工合同（示范文本）》的修订

如前所述，2013版《建设工程施工合同（示范文本）》对1999版《建设工程施工合同（示范文本）》作出了重大修订和补充。为规范建筑市场秩序，维护建设工程施工合同当事人的合法权益，住房和城乡建设部、原国家工商行政管理总局根据2017年6月7日国务院常务会议决定，《国务院办公厅关于清理规范建设领域保证金的通知》《建设工程质量保证金管理办法》等规定，对2013版《建设工程施工合同（示范文本）》又进行了局部修订，制定了《建设工程施工合同（示范文本）》（GF—2017—0201），从2017年10月1日起执行，2013版施工合同同时废止。

2017版施工合同主要对质量保证金的缴纳方式、保证金的比例、保证金的退还和预留期限进行修订，并对与质量保证金密切相关的缺陷责任期进行了调整。

国家推行银行保函制度，建筑企业可以银行保函方式缴纳保证金（包括投标保证金、履约保证金、工程质量保证金和农民工保证金）。在工程项目竣工前，已经缴纳履约保证金、采用工程质量保证担保、工程质量保险等其他保证方式的，建设单位不得同时预留工程质量保证金。保证金总预留比例上限不得高于工程价款结算总额的3％（原来上限为5％）。合同约定由承包人以银行保函替代预留保证金的，保函金额不得高于工程价款结算总额的3％。

缺陷责任期从工程通过竣工验收之日起计算，合同当事人应在专用合同条款约定缺陷责任期的具体期限，最长不超过24个月。该期限也是建设单位预留质量保证金和退还保函的期限。因承包人原因导致工程无法按合同约定期限进行竣工验收的，缺陷责任期从实际通过验收之日起计算。因发包人原因导致工程无法按合同约定期限进行验收的，在承包人提交竣工验收报告90天后，工程自动进入缺陷责任期。在缺陷责任期内，由承包人原因造成的缺陷，承包人应负责维修，并承担鉴定及维修费用。如承包人不维修也不承担费用，发包人可按合同约定从保证金或银行保函中扣除，费用超出保证金金额的，发包人可按合同约定向承包人索赔。承包人维修并承担相应费用后，不免除其对工程的损失赔偿责任。由他人原因造成的缺陷，发包人负责组织维修，承包人不承担费用，且发包人不得从保证金中扣除费用。

缺陷责任期内，承包人认真履行合同的责任，到期后，承包人可向发包人申请返还保证金。发包人在接到承包人返还保证金申请后，应于14天内会同承包人按合同约定的内容进行核实。如无异议，发包人应当按照约定将保证金返还承包人。对返还期限没有约定或约定不明确的，承包人应当在核实后14天内将保证金返还承包人，逾期未返还的，依法承担违约责任。发包人在接到承包人返还保证金申请后14天内不予答复，经催告后14天内仍不予答复，视同认可承包人的返还保证金申请。发包人在退还质量保证金的同时应按照中国人民银行发布的同期同类贷款基准利率支付利息。

发包人和承包人对保证金预留、返还以及工程维修质量、费用有争议的，按合同约定的争议和纠纷解决程序处理。

思 考 题

3.1 建设工程监理招标程序中包括哪些工作内容？

3.2 建设工程监理招标文件包括哪些内容？

3.3 建设工程监理合同有何特点？

3.4 《建设工程监理合同（示范文本）》（GF—2012—0202）双方当事人的义务和责任有哪些？

第 4 章

建设工程监理组织

教学目标：

- 熟悉建设工程监理委托方式及实施程序。
- 了解常用的监理机构组织形式及其特点。
- 熟悉监理机构人员配备的方法。
- 掌握监理人员职责。

建设工程监理组织是完成建设工程监理工作的基础和前提。在建设工程的不同组织管理模式下，可采用不同的建设工程监理委托方式。工程监理单位接受建设单位委托后，需要按照一定的程序和原则实施监理。

项目监理机构作为工程监理单位派驻施工现场履行建设工程监理合同的组织机构，需要根据建设工程监理合同约定的服务内容、服务期限，以及工程特点、规模、技术复杂程度、环境等因素设立，同时需要明确项目监理机构中各类人员的基本职责。

4.1 建设工程监理委托方式及实施程序

4.1.1 建设工程监理委托方式

建设工程监理委托方式的选择与建设工程组织管理模式密切相关。建设工程可采用平行承发包、施工总分包、工程总承包等组织管理模式，在不同建设工程组织管理模式下，可选择不同的建设工程监理委托方式。

4.1.1.1 平行承发包模式下工程监理委托方式

平行承发包模式是指建设单位将建设工程设计、施工及材料设备采购任务经分解后分别发包给若干设计单位、施工单位和材料设备供应单位，并分别与各承包单位签订合同的组织管理模式。平行承发包模式中，各设计单位、各施工单位、各材料设备供应单位之间的关系是平行关系，如图 4.1 所示。

采用平行承发包模式，由于各承包单位在其承包范围内同时进行相关工作，有利

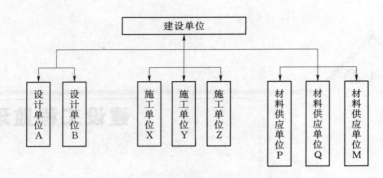

图 4.1　建设工程平行承发包模式

于缩短工期、控制质量，也有利于建设单位在更广范围内选择施工单位。但该模式的缺点是：合同数量多，会造成合同管理困难；工程造价控制难度大。具体表现为：①工程总价不易确定，影响工程造价控制的实施；②工程招标任务量大，需控制多项合同价格，增加了工程造价控制难度；③在施工过程中设计变更和修改较多，导致工程造价增加。

在建设工程平行承发包模式下，建设工程监理委托方式有以下两种主要形式。

1. 业主委托一家工程监理单位实施监理

这种委托方式要求被委托的工程监理单位应具有较强的合同管理与组织协调能力，并能做好全面规划工作。工程监理单位的项目监理机构可以组建多个监理分支机构对各施工单位分别实施监理。在建设工程监理过程中，总监理工程师应重点做好总体协调工作，加强横向联系，保证建设工程监理工作的有效运行，该委托方式如图 4.2 所示。

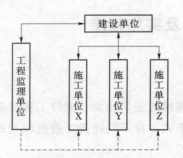

图 4.2　平行承发包模式下委托一家
工程监理单位的组织方式

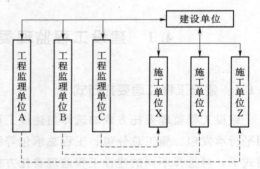

图 4.3　平行承发包模式下委托多家
工程监理单位的组织方式

2. 建设单位委托多家工程监理单位实施监理

建设单位委托多家工程监理单位针对不同施工单位实施监理，需要分别与多家工程监理单位签订工程监理合同，这样，各工程监理单位之间的相互协作与配合需要建设单位进行协调。采用这种委托方式，工程监理单位的监理对象相对单一，便于管理，但建设工程监理工作被肢解，各家工程监理单位各负其责，缺少一个对建设工程进行总体规划与协调控制的工程监理单位，该委托方式如图4.3所示。

　　为了克服上述不足，在某些大、中型建设工程监理实践中，建设单位首先委托一个"总监理工程师单位"，总体负责建设工程总规划和协调控制，再由建设单位与"总监理工程师单位"共同选择几家工程监理单位分别承担不同施工合同段监理任务。在建设工程监理工作中，由"总监理工程师单位"负责协调、管理各工程监理单位工作，从而可大大减轻建设单位的管理压力，该委托方式如图4.4所示。

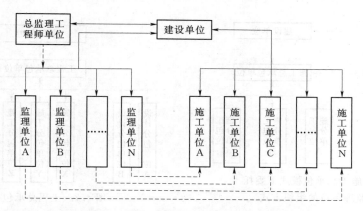

图4.4　平行承发包模式下委托"总监理工程师单位"的组织方式

4.1.1.2　施工总承包模式下建设工程监理委托方式

　　施工总承包单位是指建设单位将全部施工任务发包给一家施工单位作为总承包单位，总承包单位可以将其部分任务分包给其他施工单位，形成施工总承包合同与若干个分包合同的组织管理模式，如图4.5所示。

　　采用建设工程施工总承包模式，有利于建设工程的组织管理。由于施工合同数量比平行承发包模式更少，有利于建设单位的合同管理，减少协调工作量，可发挥工程监理单位与施工总承包单位多层次协

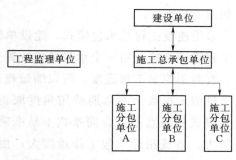

图4.5　建设工程施工总分包模式

调的积极性；总包合同价可较早确定，有利于控制工程造价；由于既有施工分包单位的自控，又有施工总承包单位监督，还有工程监理单位的检查认可，有利于工程质量控制；施工总承包单位具有控制的积极性，施工分包单位之间也有相互制约的作用，有利于总体进度的协调控制。但该模式的缺点是：建设周期较长；施工总承包单位的报价可能较高。

　　在建设工程施工总承包模式下，建设单位通常应委托一家工程监理单位实施监理，这样有利于工程监理单位统筹考虑工程质量、造价、进度控制，合理进行总体规

划协调,更可使监理工程师掌握设计思路与设计意图,有利于实施建设工程监理工作。

虽然施工总承包单位对施工合同承担承包方的最终责任,但分包单位的资格、能力直接影响工程质量、进度等目标的实现,因此,监理工程师必须做好对分包单位资格的审查、确认工作。

在建设工程施工总承包模式下,建设单位委托监理方式如图4.6所示。

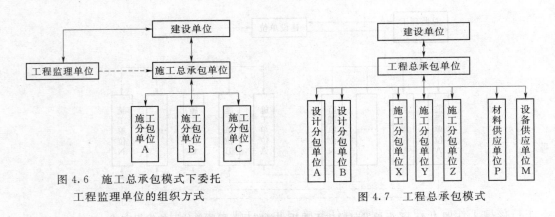

图4.6   施工总承包模式下委托
工程监理单位的组织方式

图4.7   工程总承包模式

4.1.1.3   工程总承包模式下建设工程监理委托方式

工程总承包模式是指建设单位将工程设计、施工、材料设备采购等工作全部发包给一家承包单位,由其进行实质性设计、施工和采购工作,最后向建设单位交出一个已达到动用条件的工程。按这种模式发包的工程也称"交钥匙工程"。工程总承包模式如图4.7所示。

采用建设工程总承包模式,建设单位的合同关系简单,组织协调工作量小。由于工程设计与施工由一个承包单位统筹安排,一般能做到工程设计与施工的相互搭接,有利于控制工程进度,可以缩短建设周期。通过统筹考虑工程设计与施工,可以从价值工程或全寿命期费用角度取得明显的经济效果,有利于工程造价控制。但该模式的缺点是:合同条款不易准确确定,合同数量虽少,但合同管理难度一般较大,造成招标发包工作难度大;由于承包范围大,介入工程项目时间早,工程信息未知数多,总承包单位要承担较大风险;由于有工程总承包能力的单位数量相对较少,建设单位择优选择工程总承包单位的范围小;工程质量标准和功能要求不易做到全面、具体、准确,"他人控制"机制薄弱,使工程质量控制难度加大。

在工程总承包模式下,建设单位一般应委托一家工程监理单位实施监理。在该委托方式下,监理工程师需具备较全面的知识,做好合同管理工作,该委托方式如图4.8所示。

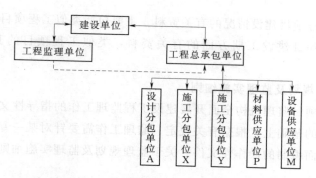

图 4.8 工程总承包模式下委托工程监理单位的组织方式

4.1.2 建设工程监理实施程序和原则

4.1.2.1 建设工程监理实施程序

1. 组建项目监理机构

工程监理单位在参与建设工程监理投标、承接建设工程监理任务时，应根据建设工程规模、性质、建设单位对建设工程监理的要求，选派具有相应称职和资格的人员主持该项工作。在建设工程监理任务确定并签订建设工程监理合同时，该主持人即可作为总监理工程师在建设工程监理合同中予以明确。总监理工程师是一个建设工程监理工作的总负责人，他对内向工程监理单位负责，对外向建设单位负责。

项目监理机构人员构成是建设工程监理投标文件中的重要内容，是建设单位在评标过程中认可的。总监理工程师应根据监理大纲和签订的建设工程监理合同组建项目监理机构，并在监理规划和具体实施计划执行中进行及时调整。

2. 进一步收集建设工程监理有关资料

项目监理机构应收集建设工程监理有关资料，作为开展监理工作的依据。

（1）反映工程项目特征的有关资料。主要包括工程项目的批文，规划部门关于规划红线范围和设计条件的通知，土地管理部门关于准予用地的批文，批准的工程项目可行性研究报告或设计任务书，工程项目地形图，工程勘察成果文件，工程设计图纸及有关说明等。

（2）反映当地工程建设政策、法规的有关资料。主要包括关于工程建设报建程序的有关规定，当地关于拆迁工作的有关规定，当地有关建设工程监理的有关规定，当地关于工程建设招标投标的有关规定，当地关于工程造价管理的有关规定等。

（3）反映工程所在地区经济状况等建设条件的资料。主要包括气象资料，工程地质及水文地质资料，与交通运输（包括铁路、公路、航运）有关的可提供的能力、时间及价格等的资料，与供水、供电、供热、供燃气、电信有关的可提供的容（用）量、价格等的资料，勘察设计单位状况，土建、安装施工单位状况，建筑材料及构件、半成品的生产、供应情况，进口设备及材料的到货口岸、运输方式等。

（4）类似工程项目建设情况的有关资料。主要包括类似工程项目投资方面的有关资料，类似工程项目建设工期方面的有关资料，类似工程项目的其他技术经济指标等。

3. 编制监理规划及监理实施细则

监理规划是项目监理机构全面开展建设工程监理工作的指导性文件。监理实施细则是在监理规划的基础上，根据有关规定、监理工作需要针对某一专业或某一方面建设工程监理工作而编制的操作性文件。关于监理规划及监理实施细则的编制、审批等详见第 5 章。

4. 规范化地开展监理工作

项目监理机构应按照建设工程监理合同约定，依据监理规划及监理实施细则规范化地开展建设工程监理工作。建设工程监理工作的规范化体现在以下几个方面。

（1）工作的时序性。是指建设工程监理各项工作都应按一定的逻辑顺序展开，使建设工程监理工作能有效地达到目的而不致造成工作状态的无序和混乱。

（2）职责分工的严密性。建设工程监理工作是由不同专业、不同层次的专家群体共同来完成的，他们之间严密的职责分工是协调进行建设工程监理工作的前提和实现建设工程监理目标的重要保证。

（3）工作目标的确定性。在职责分工的基础上，每一项监理工作的具体目标都应确定，完成的时间也应有明确的限定，从而能通过书面资料对建设工程监理工作及其效果进行检查和考核。

5. 参与工程竣工验收

建设工程施工完成后，项目监理机构应在正式验收前组织工程竣工预验收。在预验收中发现的问题，应及时与施工单位沟通，提出整改要求。项目监理机构人员应参加由建设单位组织的工程竣工验收，签署工程监理意见。

6. 向建设单位提交建设工程监理文件资料

建设工程监理工作完成后，项目监理机构应向建设单位提交：工程变更资料、监理指令性文件、各类签证等文件资料。

7. 进行监理工作总结

监理工作完成后，项目监理机构应及时从两方面进行监理工作总结。

（1）向建设单位提交的监理工作总结。主要内容包括：建设工程监理合同履行情况概述，监理任务或监理目标完成情况评价，由建设单位提供的供项目监理机构使用的办公用房、车辆、试验设施等的清单，表明建设工程监理工作终结的说明等。

（2）向工程监理单位提交的监理工作总结。主要内容包括：建设工程监理工作的成效和经验，可以是采用某种监理技术、方法的成效和经验，也可以是采用某种经济措施、组织措施的成效和经验，以及建设工程监理合同执行方面的成效和经验或如何处理好与建设单位、施工单位关系的经验等；建设工程监理工作中发现的问题、处理情况及改进建议等。

4.1.2.2　建设工程监理实施原则

建设工程监理单位受建设单位委托实施建设工程监理时，应遵循以下基本原则。

1. 公平、独立、诚信、科学的原则

监理工程师在建设工程监理中必须尊重科学、尊重事实、组织各方协同配合，既要维护建设单位合法权益，也不能损害其他有关单位的合法权益。为使这一职能顺利实施，必须坚持公平、独立、诚信、科学的原则。建设单位与施工单位虽然都是独立运行的经济主体，但他们追求的经济目标有差异，各自的行为也有差别，监理工程师应在按合同约定的权、责、利关系基础上，协调双方的一致性。独立是公平地开展监理活动的前提，诚信、科学是监理工作质量的根本保证。

2. 权责一致的原则

工程监理单位实施监理是受建设单位的委托授权并根据有关建设工程监理法律法规而进行的。这种权力的授予，除体现在建设单位与工程监理单位签订的建设工程监理合同之中外，还应体现在建设单位与施工单位签订的建设工程施工合同中。工程监理单位履行监理职责、承担监理责任，需要建设单位授予相应的权力。同样，由于总监理工程师是工程监理单位履行建设工程监理合同的全权代表，由总监理工程师代表工程监理单位履行建设工程监理职责、承担建设工程监理责任，因此，工程监理单位应给予总监理工程师充分授权，体现权责一致原则。

3. 总监理工程师负责制的原则

总监理工程师负责制指由总监理工程师全面负责建设工程监理实施工作，其内涵包括以下几方面。

（1）总监理工程师是建设工程监理的责任主体。总监理工程师是实现建设工程监理目标的最高责任者，应是向建设单位和工程监理单位所负责任的承担者。责任是总监理工程师负责制的核心，它构成了对总监理工程师的工作压力和动力，也是确定总监理工程师权力和利益的依据。

（2）总监理工程师是建设工程监理的权力主体。根据总监理工程师承担责任的要求，总监理工程师负责制体现了总监理工程师全面领导工程项目监理工作。包括组建项目监理机构，组织编制监理规划，组织实施监理活动，对监理工作进行总结、监督、评价等。

（3）总监理工程师是建设工程监理的利益主体。总监理工程师对社会公众利益负责，对建设单位投资效益负责，同时也对所监理项目的监理效益负责，并负责项目监理机构所有监理人员利益的分配。

4. 严格监理，热情服务的原则

严格监理就是要求监理人员严格按照法规、政策、标准和合同控制工程项目目标，严格把关，依照规定的程序和制度，认真履行监理职责，建立良好的工作作风。

监理工程师还应为建设单位提供热情服务,"应运用合理的技能,谨慎而勤奋地工作"。监理工程师应按照建设工程监理合同的要求,多方位、多层次地为建设单位提供良好服务,维护建设单位的正当权益。但不顾施工单位的正当经济利益,一味向施工单位转嫁风险,也非明智之举。

5. 综合效益的原则

建设工程监理活动既要考虑建设单位的经济利益,也必须考虑与社会效益和环境效益的有机统一。建设工程监理活动虽经建设单位的委托和授权才得以进行,但监理工程师应首先严格遵守工程建设管理有关法律、法规及标准,既要对建设单位负责,谋求最大的经济效益,又要对国家和社会负责,取得最佳的综合效益。只有在符合宏观经济效益、社会效益和环境效益的条件下,业主投资项目的微观经济效益才能得以实现。

6. 实事求是的原则

在监理工作中,监理工程师应尊重事实。监理工程师的任何指令、判断应以事实为依据,有证明、检验、试验资料等。

4.2　项目监理机构及监理人员职责

项目监理机构是工程监理单位实施监理时,派驻工地负责履行建设工程监理合同的组织机构。项目监理机构的组织结构模式和规模,可根据建设工程监理合同约定的服务内容、服务期限以及工程特点、规模、技术复杂程度、环境等因素确定。在施工现场监理工作全部完成或建设工程监理合同终止时,项目监理机构可撤离施工现场。撤离施工现场前,应由监理单位书面通知建设单位,并办理相关移交手续。

4.2.1　项目监理机构的设立

4.2.1.1　项目监理机构设立的基本要求

(1) 设立项目监理机构应满足以下基本要求:

1) 项目监理机构设立应遵循适应、精简、高效的原则,要有利于建设工程监理目标控制和合同管理,要有利于建设工程监理职责的划分和监理人员的分工协作,要有利于建设工程监理的科学决策和信息沟通。

2) 项目监理机构的监理人员应由一名总监理工程师、若干名专业监理工程师和监理员组成,并且专业配套,数量满足监理工作和建设工程监理合同对监理工作深度及建设工程监理目标控制的要求,必要时可设总监理工程师代表。

(2) 项目监理机构可设置总监理工程师代表的情形:

1) 工程规模较大,专业较复杂,总监理工程师难以处理多个专业工程时,可按专业设总监理工程师代表。

2）一个建设工程监理合同中包含多个相对独立的施工合同，可按施工合同段设总监理工程师代表。

3）工程规模较大，地域比较分散，可按工程地域设置总监理工程师代表。

除总监理工程师、专业监理工程师和监理员外，项目监理机构还可根据监理工作需要，配备文秘、翻译、司机或其他行政辅助人员。

（3）一名注册监理工程师可担任一项建设工程监理合同的总监理工程师。当需要同时担任多项建设工程监理合同的总监理工程师时，应经建设单位书面同意，并且最多不得超过三项。

（4）工程监理单位更换、调整项目监理机构监理人员，应做好交接工作，保持建设工程监理工作的连续性。工程监理单位调换总监理工程师，应征得建设单位书面同意；调换专业监理工程师时，总监理工程师应书面通知建设单位。

4.2.1.2 项目监理机构设立的步骤

工程监理单位在组建项目监理机构时，一般按以下步骤进行。

1. 确定项目监理机构的目标

建设工程监理目标是项目监理机构建立的前提，项目监理机构的建立应根据建设工程监理合同中确定的目标，制定总目标并明确划分项目监理机构的分解目标。

2. 确定监理工作内容

根据监理目标和建设工程监理合同中规定的监理任务，明确列出监理工作内容，并进行分类归并及组合。监理工作的归并及组合应便于监理目标控制，并综合考虑工程组织管理模式、工程结构特点、合同工期要求、工程复杂程度、工程管理及技术特点，还应考虑工程监理单位自身组织管理水平、监理人员数量、技术业务特点等。

3. 项目监理机构组织结构设计

（1）选择组织结构形式。由于建设工程规模、性质等的不同，应选择适宜的组织结构形式设计项目监理机构组织结构，以适应监理工作需要。组织结构形式选择的基本原则是：有利于工程合同管理，有利于监理目标控制，有利于决策指挥，有利于信息沟通。

（2）合理确定管理层次与管理跨度。管理层次是指组织的最高管理者到最基层实际工作人员之间等级层次的数量。管理层次可分为三个层次，即决策层、中间控制层和操作层。组织的最高管理者到最基层实际工作人员权责逐层递减，而人数却逐层递增。

1）决策层。主要是指总监理工程师、总监理工程师代表，根据建设工程监理合同的要求和监理活动内容进行科学化、程序化决策与管理。

2）中间控制层（协调层和执行层）。由各专业监理工程师组成，具体负责监理规划的落实，监理目标控制及合同实施的管理。

3）操作层。主要由监理员组成，具体负责监理活动的操作实施。

管理跨度是指一名上级管理人员所直接管理的下级人数。管理跨度越大,领导者需要协调的工作量越大,管理难度也越大。为使组织结构能高效运行,必须确定合理的管理跨度。

项目监理机构中管理跨度的确定应考虑监理人员的素质、管理活动的复杂性和相似性、监理业务的标准化程度、各规章制度的建立健全情况、建设工程的集中或分散情况等。

(3)划分项目监理机构部门。组织中各部门的合理划分对发挥组织效用是十分重要的。如果部门划分不合理,会造成控制、协调困难,也会造成人浮于事,浪费人力、物力、财力。管理部门的划分要根据组织目标与工作内容确定,形成既有相互分工又有相互配合的组织机构。划分项目监理机构中各职能部门时,应根据项目监理机构目标、项目监理机构可利用的人力和物力资源以及合同结构情况,将质量控制、造价控制、进度控制、合同管理、信息管理、安全生产管理、组织协调等监理工作内容按不同的职能活动形成相应的管理部门。

(4)制订岗位职责及考核标准。岗位职务及职责的确定,要有明确的目的性,不可因人设岗。根据权责一致的原则,应进行适当授权,以承担相应的职责,并应确定考核标准,对监理人员的工作进行定期考核,包括考核内容、考核标准及考核时间。表 4.1 和表 4.2 分别为总监理工程师和专业监理工程师岗位职责考核标准。

表 4.1　　　　　　　　　　　总监理工程师岗位职责标准

项目	职责内容	考核要求	
		标准	时间
工作目标	质量控制	符合质量控制计划目标	工程各阶段末
	造价控制	符合造价控制计划目标	每月(季)末
	进度控制	符合合同工期及总进度控制计划目标	每月(季)末
基本职责	根据监理合同,建立和有效管理项目监理机构	(1)项目监理机构科学合理。(2)项目监理机构有效运行	每月(季)末
	组织编制与实施监理规划;审批监理实施细则	(1)对建设工程监理工作系统策划。(2)监理实施细则符合监理规划要求,具有可操作性	编写和审核完成后
	审查分包单位资格	符合合同要求	规定时限内
	监督和指导专业监理工程师对质量、造价、进度进行控制;审核、签发有关文件资料;处理有关事项	(1)监理工作处于正常工作状态。(2)工程处于受控状态	每月(季)末
	做好监理过程中有关各方的协调工作	工程处于受控状态	每月(季)末
	组织整理监理文件资料	及时、准确、完整	按合同约定
	造价控制	符合投资控制分解目标	每周(月)末
	进度控制	符合合同工期及总进度控制分解目标	每周(月)末

表 4.2 专业监理工程师岗位职责

项目	职责内容	考核要求	
		标准	时间
工作目标	质量控制	符合质量控制分解目标	工程各阶段
	造价控制	符合投资控制分解目标	每周（月）末
	进度控制	符合合同工期及总进度控制分解目标	每周（月）末
基本职责	熟悉工程情况，负责编制本专业监理工作计划和监理实施细则	反映专业特点，具有可操作性	实施前1个月
	具体负责本专业的监理工作	(1) 工程监理工作有序。 (2) 工程处于受控状态	每周（月）末
	做好项目监理机构内各部门之间监理任务的衔接、配合工作	监理工作各负其责，相互配合	每周（月）末
	处理与本专业有关的问题；对质量、造价、进度有重大影响的监理问题及时报告总监理工程师	(1) 工程处于受控状态。 (2) 及时、真实	每周（月）末
	负责与本专业有关的签证、通知、备忘录，及时向总监理工程师提交报告、报表资料等	及时、真实、准确	每周（月）末
	收集、汇总、整理本专业的监理文件资料	及时、准确、完整	每周（月）末

（5）选派监理人员。根据监理工作任务，选择适当的监理人员，必要时可配备总监理工程师代表。监理人员的选择除应考虑个人素质外，还应考虑人员总体构成的合理性与协调性。

《建设工程监理规范》（GB/T 50319—2013）规定，总监理工程师由注册监理工程师担任；总监理工程师代表由工程类注册执业资格的人员（如注册监理工程师、注册造价工程师、注册建造师、注册结构工程师、注册建筑师等）担任，也可由具有中级及以上专业技术职称、3年及以上工程实践经验并经监理业务培训的人员担任，专业监理工程师由工程类注册执业资格的人员担任，也可由具有中级及以上专业技术职称、2年及以上工程实践经验并经监理业务培训的人员担任；监理员由具有中专及以上学历并经过监理业务培训的人员担任。

4. 制定工作流程和信息流程

为了使监理工作科学、有序地进行，应按监理工作的客观规律制定工作流程和信息流程，规范化地开展监理工作（图4.9）。

4.2.2 项目监理机构组织形式

项目监理机构组织形式是指项目监理机构具体采用的管理组织结构。应根据建设工程特点、建设工程组织管理模式及工程监理单位自身情况等选择适宜的项目监理机

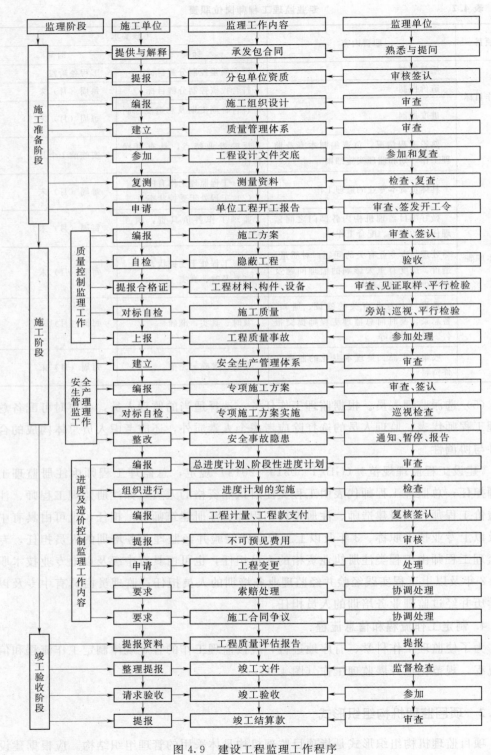

监理阶段	施工单位	监理工作内容	监理单位
施工准备阶段	提供与解释	承发包合同	熟悉与提问
	提报	分包单位资质	审核签认
	编报	施工组织设计	审查
	建立	质量管理体系	审查
	参加	工程设计文件交底	参加和复查
	复测	测量资料	检查、复查
	申请	单位工程开工报告	审查、签发开工令
施工阶段	质量控制监理工作		
	编报	施工方案	审查、签认
	自检	隐蔽工程	验收
	提报合格证	工程材料、构件、设备	审查、见证取样、平行检验
	对标自检	施工质量	旁站、巡视、平行检验
	上报	工程质量事故	参加处理
	安全生产管理监理工作		
	建立	安全生产管理体系	审查
	编报	专项施工方案	审查、签认
	对标自检	专项施工方案实施	巡视检查
	整改	安全事故隐患	通知、暂停、报告
	进度及造价控制监理工作内容		
	编报	总进度计划、阶段性进度计划	审查
	组织进行	进度计划的实施	检查
	编报	工程计量、工程款支付	复核签认
	提报	不可预见费用	审核
	申请	工程变更	处理
	要求	索赔处理	协调处理
	要求	施工合同争议	协调处理
竣工验收阶段	提报资料	工程质量评估报告	提报
	整理提报	竣工文件	监督检查
	请求验收	竣工验收	参加
	提报	竣工结算款	审查

图4.9 建设工程监理工作程序

构组织形式。常用的项目监理机构组织形式有：直线制、职能制、直线职能制、矩阵制等。

4.2.2.1　直线制组织形式

直线制组织形式的特点是项目监理机构中任何一个下级只接受唯一上级的命令。各级部门主管人员对各自所属部门的事务负责，项目监理机构中不再另设职能部门。

这种组织形式适用于能划分为若干个相对独立的子项目的大、中型建设工程，如图 4.10 所示。总监理工程师负责整个工程的规划、组织和指导，并负责整个工程范围内各方面的指挥协调工作，子项目监理机构分别负责各子项目的目标控制，具体领导现场专业或专项监理机构的工作。

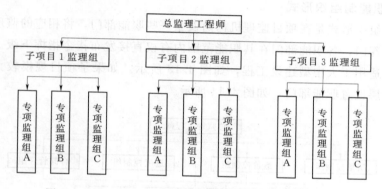

图 4.10　按子项目分解的直线制项目监理机构组织形式

如果建设单位将相关服务一并委托，项目监理机构的部门还可按不同的建设阶段分解设立直线制项目监理机构组织形式，如图 4.11 所示。

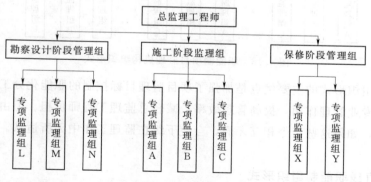

图 4.11　按工程建设阶段分解的直线制项目监理机构组织形式

对于小型建设工程，项目监理机构也可采用按专业分解的直线制组织形式，如图 4.12 所示。直线制组织形式的主要优点是组织机构简单，权力集中，命令统一，职责分明，决策迅速，隶属关系明确。缺点是实行没有职能部门的"个人管理"，这就要求总监理工程师通晓各种业务和多种专业技能，成为"全能"式人物。

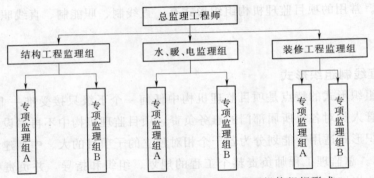

图 4.12　某房屋建筑工程直线制项目监理机构组织形式

4.2.2.2　职能制组织形式

职能制组织形式是在项目监理机构内设立一些职能部门，将相应的监理职责和权力交给职能部门，各职能部门在其职能范围内有权直接发布指令指挥下级。职能制组织形式一般适用于大中型建设工程，如图 4.13 所示。如果子项目规模较大时，也可以在子项目层设置职能部门，如图 4.14 所示。

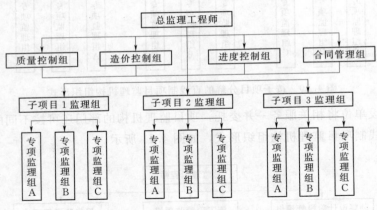

图 4.13　职能制项目监理机构组织形式

职能制组织形式的主要优点是加强了项目监理目标控制的职能化分工，可以发挥职能机构的专业管理作用，提高管理效率，减轻总监理工程师负担。但由于下级人员受多头指挥，如果这些指令相互矛盾，会使下级在监理工作中无所适从。

4.2.2.3　直线职能制组织形式

直线职能制组织形式是吸收直线制组织形式和职能制组织形式的优点而形成的一种组织形式。这种组织形式将管理部门和人员分为两类：一类是直线指挥部门的人员，他们拥有对下级实行指挥和发布命令的权力，并对该部门的工作全面负责；另一类是职能部门的人员，他们是直线指挥人员的参谋，他们只能对下级部门进行业务指导，而不能对下级部门直接进行指挥和发布命令，如图 4.15 所示。

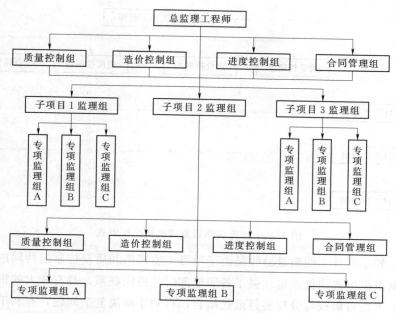

图 4.14　子项目 2 设立职能部门的职能制项目监理机构组织形式

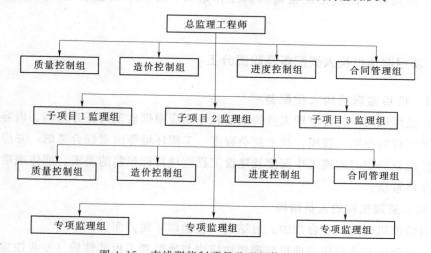

图 4.15　直线职能制项目监理机构组织形式

直线职能制组织形式既保持了直线制组织实行直线领导、统一指挥、职责分明的优点，又保持了职能制组织目标管理专业化的优点。缺点是职能部门与指挥部门易产生矛盾，信息传递路线长，不利于互通信息。

4.2.2.4　矩阵制组织形式

矩阵制组织形式是由纵横两套管理系统组成的矩阵组织结构，一套是纵向职能系统，另一套是横向子项目系统，如图 4.16 所示。这种组织形式的纵、横两套管理系统在监理工作中是相互融合关系。图中虚线所绘的交叉点上，表示了两者协同以共同

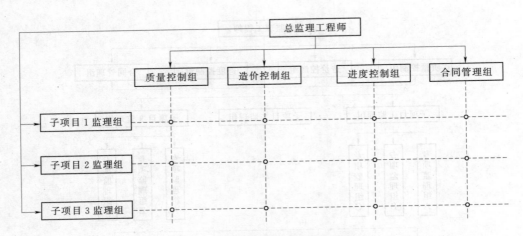

图 4.16　矩阵制项目监理机构组织形式

解决问题。如子项目 1 的质量验收是由子项目 1 监理组和质量控制组共同进行的。

　　矩阵制组织形式的优点是加强了各职能部门的横向联系，具有较大的机动性和适应性，将上下左右集权与分权实行最优结合，有利于解决复杂问题，有利于监理人员业务能力的培养。缺点是纵横向协调工作量大，处理不当会造成扯皮现象，产生矛盾。

4.2.3　项目监理机构人员配备及职责分工

4.2.3.1　项目监理机构人员配备

　　项目监理机构中配备监理人员的数量和专业应根据监理的任务范围、内容、工作期限以及工程的类别、规模、技术复杂程度、工程环境等因素综合考虑，并应符合建设工程监理合同中对监理工作深度及建设工程监理目标控制的要求，能体现项目监理机构的整体素质。

　　1. 项目监理机构的人员结构

　　项目监理机构应具有合理的人员结构，包括以下两方面。

　　（1）合理的专业结构。项目监理机构应由与所监理工程的性质（专业性强的生产项目或是民用项目）及建设单位对建设工程监理的要求（是否包含相关服务内容，是工程质量、造价、进度的多目标控制还是某一目标的控制）相适应的各专业人员组成，也即各专业人员要配套，以满足项目各专业监理工作要求。

　　通常，项目监理机构应具备与所承担的监理任务相适应的专业人员。但当监理的工程局部有特殊性或建设单位提出某些特殊监理要求而需要采用某种特殊监控手段时，如局部的钢结构、网架、球罐体等质量监控需采用无损探伤、X 光及超声探测，水下及地下混凝土桩需要采用遥测仪器探测等，此时，可将这些局部专业性强的监控工作另行委托给具有相应资质的咨询机构来承担，这也应视为保证了监理人员合理的专业结构。

(2) 合理的技术职称结构。为了提高管理效率和经济性，应根据建设工程的特点和建设工程监理工作需要，确定项目监理机构中监理人员的技术职称结构。合理的技术职称结构表现为监理人员的高级职称、中级职称和初级职称的比例与监理工作要求相适应。

通常，工程勘察设计阶段的服务，对人员职称要求更高些，具有高级职称及中级职称的人员在整个监理人员构成中应占绝大多数。施工阶段监理，可由较多的初级职称人员从事实际操作工作，如旁站、见证取样、检查工序施工结果、复核工程计量有关数据等。

这里所称的初级职称是指助理工程师、助理经济师、技术员等，也可包括具有相应能力的实践经验丰富的工人（应能看懂图纸、正确填报有关原始凭证）。施工阶段项目监理机构监理人员应具有的技术职称结构见表 4.3。

表 4.3   施工阶段项目监理机构监理人员应具有的技术职称结构

层　次	人　员	职　能	职称要求
决策层	总监理工程师、总监理工程师代表、专业监理工程师	项目监理的策划、规划；组织、协调、控制、评价等	高级职称
执行层/协调层	专业监理工程师	项目监理实施的具体组织、指挥、控制、协调	中级职称
作业层/操作层	监理员	具体业务的执行	初级职称

2. 项目监理机构监理人员数量的确定

(1) 影响项目监理机构人员数量的主要因素，主要包括以下几个方面。

1) 工程建设强度。工程建设强度是指单位时间内投入的建设工程资金的数量，即：

$$工程建设强度＝投资/工期$$

式中，投资和工期是指监理单位所承担监理任务的工程的建设投资和工期。投资可按工程概算投资额或合同价计算，工期可根据进度总目标及其分目标计算。

显然，工程建设强度越大，需投入的监理人数越多。

2) 建设工程复杂程度。通常，工程复杂程度涉及以下因素：设计活动、工程地点位置、气候条件、地形条件、工程地质、工程性质、工程结构类型、施工方法、工期要求、材料供应、工程分散程度等。

根据上述各项因素，可将工程分为若干工程复杂程度等级，不同等级的工程需要配备的监理人员数量有所不同。例如，可将工程复杂程度按五级划分：简单、一般、较复杂、复杂、很复杂。工程复杂程度定级可采用定量办法：对构成工程复杂程度的每一因素通过专家评估，根据工程实际情况给出相应权重，将各影响因素的评分加权平均后根据其值的大小确定该工程的复杂程度等级。例如，将工程复杂程度按 10 分制考虑，则平均分值 1～3 分、3～5 分、5～7 分、7～9 分者依次为简单工程、一般工程、较复杂工程和复杂工程，9分以上为很复杂工程。

显然，简单工程需要的监理人员较少，而复杂工程需要的项目监理人员较多。

3）工程监理单位的业务水平。每个工程监理单位的业务水平和对某类工程的熟悉程度不完全相同，在监理人员素质、管理水平和监理设备手段等方面也存在差异，这都会直接影响到监理效率的高低。高水平的监理单位可以投入较少的监理人力完成一个建设工程的监理工作，而一个经验不多或管理水平不高的监理单位则需投入较多的监理人力。因此，各监理单位应当根据自己的实际情况制定监理人员需要量定额。

4）项目监理机构的组织结构和任务职能分工。项目监理机构的组织结构情况关系到具体的监理人员配备，务必使项目监理机构任务职能分工的要求得到满足。必要时，还需要根据项目监理机构的职能分工对监理人员的配备作进一步调整。

有时，监理工作需要委托专业咨询机构或专业监测、检验机构进行，当然，项目监理机构的监理人员数量可适当减少。

（2）项目监理机构人员数量的确定方法。项目监理机构人员数量的确定方法可按如下步骤进行。

1）项目监理机构人员需要量定额。根据监理工作内容和工程复杂程度等级，测定、编制项目监理机构监理人员需要量定额，见表4.4。

表4.4　　　　　　　　　　监理人员需要量定额　　　　单位：（人·年）/100万美元

工程复杂程度	监理工程师	监理员	行政、文秘人员
简单工程	0.20	0.75	0.10
一般工程	0.25	1.00	0.10
较复杂工程	0.35	1.10	0.25
复杂工程	0.50	1.50	0.35
很复杂工程	>0.50	>1.50	>0.35

2）确定工程建设强度。根据所承担的监理工程，确定工程建设强度。例如：某工程分为2个子项目，合同总价为3900万美元，其中子项目1合同价为2100万美元，子项目2合同价为1800万美元，合同工期为30个月。

工程建设强度＝3900/30×12＝1560（万美元/年）＝15.6（100万美元/年）

3）确定工程复杂程度。按构成工程复杂程度的10个因素考虑，根据工程实际情况分别按10分制打分。具体结果见表4.5。

表4.5　　　　　　　　　　工程复杂程度等级评定表

项次	影响因素	子项目1	子项目2
1	设计活动	5	6
2	工程位置	9	5
3	气候条件	5	5

续表

项次	影响因素	子项目 1	子项目 2
4	地形条件	7	5
5	工程地质	4	7
6	施工方法	4	6
7	工期要求	5	5
8	工程性质	6	6
9	材料供应	4	5
10	分散程度	5	5
平均分值		5.4	5.5

根据计算结果，此工程为较复杂工程。

4）根据工程复杂程度和工程建设强度套用监理人员需要量定额。从定额中可查到监理人员需要量如下。

监理工程师：0.35（人·年）/100 万美元；监理员：1.1（人·年）/100 万美元；行政文秘人员：0.25（人·年）/100 万美元。

各类监理人员数量如下。

监理工程师：0.35×15.6＝5.46（人），按 6 人考虑；

监理员：1.10×15.6＝17.16（人），按 17 人考虑；

行政文秘人员：0.25×15.6＝3.9（人），按 4 人考虑。

5）根据实际情况确定监理人员数量。该工程项目监理机构直线制组织结构如图 4.17 所示。

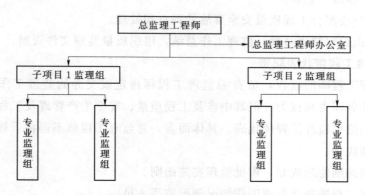

图 4.17 项目监理机构的直线制组织结构

根据项目监理机构情况决定每个部门各类监理人员如下。

监理总部（包括总监理工程师，总监理工程师代表和总监理工程师办公室）：总监理工程师 1 人，总监理工程师代表 1 人，行政文秘人员 2 人。

子项目 1 监理组：专业监理工程师 2 人，监理员 9 人，行政文秘人员 1 人。

子项目2监理组：专业监理工程师2人，监理员8人，行政文秘人员1人。

项目监理机构监理人员数量和专业配备应随工程施工进展情况作相应调整，从而满足不同阶段监理工作需要。

4.2.3.2　项目监理机构各类人员基本职责

根据《建设工程监理规范》（GB/T 50319—2013），总监理工程师、总监理工程师代表、专业监理工程师和监理员应分别履行下列职责。

1. 总监理工程师职责

（1）确定项目监理机构人员及其岗位职责。

（2）组织编制监理规划，审批监理实施细则。

（3）根据工程进展及监理工作情况调配监理人员，检查监理人员工作。

（4）组织召开监理例会。

（5）组织审核分包单位资格。

（6）组织审查施工组织设计、（专项）施工方案。

（7）审查开复工报审表，签发工程开工令、暂停令和复工令。

（8）组织检查施工单位现场质量、安全生产管理体系的建立及运行情况。

（9）组织审核施工单位的付款申请，签发工程款支付证书，组织审核竣工结算。

（10）组织审查和处理工程变更。

（11）调解建设单位与施工单位的合同争议，处理工程索赔。

（12）组织验收分部工程，组织审查单位工程质量检验资料。

（13）审查施工单位的竣工申请，组织工程竣工预验收，组织编写工程质量评估报告，参与工程竣工验收。

（14）参与或配合工程质量安全事故的调查和处理。

（15）组织编写监理月报、监理工作总结，组织质量监理文件资料。

2. 总监理工程师代表职责

按总监理工程师的授权，负责总监理工程师指定或交办的监理工作，行使总监理工程师的部分职责和权力。但其中涉及工程质量、安全生产管理及工程索赔等重要职责不得委托给总监理工程师代表。具体而言，总监理工程师不得将下列工作委托给总监理工程师代表。

（1）组织编制监理规划，审批监理实施细则。

（2）根据工程进展及监理工作情况调配监理人员。

（3）组织审查施工组织设计、（专项）施工方案。

（4）签发工程开工令、暂停令和复工令。

（5）签发工程款支付证书，组织审核竣工结算。

（6）调解建设单位与施工单位的合同争议，处理工程索赔。

（7）审查施工单位的竣工申请，组织工程竣工预验收，组织编写工程质量评估报告，参与工程竣工验收。

(8) 参与或配合工程质量安全事故的调查和处理。

3. 专业监理工程师职责

(1) 参与编制监理规划，负责编制监理实施细则。

(2) 审查施工单位提交的涉及本专业的报审文件，并向总监理工程师报告。

(3) 参与审核分包单位资格。

(4) 指导、检查监理员工作，定期向总监理工程师报告本专业监理工作实施情况。

(5) 检查进场的工程材料、构配件、设备的质量。

(6) 验收检验批、隐蔽工程、分项工程，参与验收分部工程。

(7) 处置发现的质量问题和安全事故隐患。

(8) 进行工程计量。

(9) 参与工程变更的审查和处理。

(10) 组织编写监理日志，参与编写监理月报。

(11) 收集、汇总、参与整理监理文件资料。

(12) 参与工程竣工预验收和竣工验收。

4. 监理员职责

(1) 检查施工单位投入工程的人力、主要设备的使用及运行状况。

(2) 进行见证取样。

(3) 复核工程计量有关数据。

(4) 检查工序施工结果。

(5) 发现施工作业中的问题，及时指出并向专业监理工程师报告。

专业监理工程师和监理员的上述职责为其基本职责，在建设工程监理实施过程中，项目监理机构还应针对建设工程实际情况，明确各岗位专业监理工程师和监理员的职责分工。

思 考 题

4.1 建设工程监理委托方式有哪些？

4.2 建设工程监理实施程序是什么？

4.3 实施建设工程监理的基本原则有哪些？

4.4 设立项目监理机构的步骤有哪些？

4.5 项目监理机构的组织结构设计需考虑哪些因素？

4.6 项目监理机构的组织形式有哪些？

4.7 如何配备项目监理机构中的人员？

4.8 项目监理机构中各类人员的基本职责有哪些？

第 5 章

监理规划与监理实施细则

教学目标：

- 熟悉监理规划、监理实施细则的编制依据和要求。
- 掌握监理规划、监理实施细则编制的内容。
- 掌握监理规划、监理实施细则的审批和报审。

监理规划是项目监理机构全面开展建设工程监理工作的指导性文件，监理实施细则是在监理规划的基础上，针对工程项目中某一专业或某一方面监理工作编制的操作性文件。监理规划和监理实施细则的内容应全面具体，而且需要按程序报批后才能实施。

5.1 监 理 规 划

5.1.1 监理规划编写依据和要求

5.1.1.1 监理规划编写依据

1. 工程建设法律法规和标准

（1）国家层面工程建设有关法律、法规及政策。无论在任何地区或任何部门进行工程建设，都必须遵守国家层面工程建设相关法律法规及政策。

（2）工程所在地或所属部门颁布的工程建设相关法规、规章及政策。建设工程必然是在某一地区实施的，有时也由某一部门归口管理，这就要求工程建设必须遵守工程所在地或所属部门颁布的工程建设相关法规、规章及政策。

（3）工程建设标准。工程建设必须遵守相关标准、规范及规程等工程建设技术标准和管理标准。

2. 建设工程外部环境调查研究资料

（1）自然条件方面的资料。包括建设工程所在地点的地质、水文、气象、地形以及自然灾害发生情况等方面的资料。

（2）社会和经济条件方面的资料。包括建设工程所在地人文环境、社会治安、建筑市场状况、相关单位（政府主管部门、勘察和设计单位、施工单位、材料设备供应单位、工程咨询和工程监理单位）、基础设施（交通设施、通信设施、公用设施、能源设施）、金融市场情况等方面的资料。

3. 政府批准的工程建设文件

（1）政府发展改革部门批准的可行性研究报告、立项批文。

（2）政府规划、土地、环保等部门确定的规划条件、土地使用条件、环境保护要求、市政管理规定。

4. 建设工程监理合同文件

建设工程监理合同的相关条款和内容是编写监理规划的重要依据，主要包括：监理工作范围和内容，监理与相关服务依据，工程监理单位的义务和责任，建设单位的义务和责任等。

建设工程监理投标书是建设工程监理合同文件的重要组成部分，工程监理单位在监理大纲中明确的内容，主要包括项目监理组织计划，拟投入主要监理人员，工程质量、造价、进度控制方案，安全生产管理的监理工作，信息管理和合同管理方案，与工程建设相关单位之间关系的协调方法等，均是监理规划的编制依据。

5. 建设工程合同

在编写监理规划时，也要考虑建设工程合同（特别是施工合同）中关于建设单位和施工单位义务和责任的内容，以及建设单位对于工程监理单位的授权。

6. 建设单位的合理要求

工程监理单位应竭诚为客户服务，在不超出合同职责范围的前提下，工程监理单位应最大限度地满足建设单位的合理要求。

7. 工程实施过程中输出的有关工程信息

主要包括方案设计、初步设计、施工图设计、工程实施状况、工程招标投标情况、重大工程变更、外部环境变化等。

5.1.1.2 监理规划编写要求

1. 监理规划的基本构成内容应当力求统一

监理规划在总体内容组成上应力求做到统一，这是监理工作规范化、制度化、科学化的要求。监理规划基本构成内容主要取决于工程监理制度对于工程监理单位的基本要求。根据建设工程监理的基本内涵，工程监理单位受建设单位委托，需要控制建设工程质量、造价、进度三大目标，需要进行合同管理和信息管理，协调有关单位间的关系，还需要履行安全生产管理的法定职责。工程监理单位的上述基本工作内容决定了监理规划的基本构成内容，而且由于监理规划对于项目监理机构全面开展监理工作的指导性作用，对整个监理工作的组织、控制及相应的方法和措施的规划等也成为监理规划必不可少的内容。为此，监理规划的基本构成内容应包括：项目监理组织及人员岗位职责，监理工作制度，工程质量、造价、进度控制，安全生产管理的监理工作，合同与信息管理，组织协调等。

就某一特定建设工程而言，监理规划应根据建设工程监理合同所确定的监理范围和深度编制，但其主要内容应力求体现上述内容。

2. 监理规划的内容应具有针对性、指导性和可操作性

监理规划作为指导项目监理机构全面开展监理工作的纲领性文件，其内容应具有很强的针对性、指导性和可操作性。每个项目的监理规划既要考虑项目自身特点，也要根据项目监理机构的实际状况，在监理规划中应明确规定项目监理机构在工程实施过程中各个阶段的工作内容、工作人员、工作时间和地点、工作的具体方式方法等。只有这样，监理规划才能起到有效的指导作用，真正成为项目监理机构进行各项工作的依据。监理规划只要能够对有效实施建设工程监理做好指导工作，使项目监理机构能圆满完成所承担的建设工程监理任务，就是一份合格的监理规划。

3. 监理规划应由总监理工程师组织编制

《建设工程监理规范》（GB/T 50319—2013）明确规定，总监理工程师应组织编制监理规划。当然，真正要编制一份合格的监理规划，还要充分调动整个项目监理机构中专业监理工程师的积极性，广泛征求各专业监理工程师和其他监理人员的意见，并吸收水平较高的专业监理工程师共同参与编写。

监理规划的编写还应听取建设单位的意见，以便能最大限度地满足其合理要求，使监理工作得到有关各方的理解和支持，为进一步做好监理服务奠定基础。

4. 监理规划应把握工程项目运行脉搏

监理规划是针对具体工程项目编写的，而工程项目的动态性决定了监理规划的具体可变性。监理规划要把握工程项目运行脉搏，是指其可能随着工程进展进行不断的补充、修改和完善。在工程项目运行过程中，内外因素和条件不可避免地要发生变化，造成工程实际情况偏离计划，往往需要调整计划乃至目标，这就可能造成监理规划在内容上也要进行相应调整。

5. 监理规划应有利于建设工程监理合同的履行

监理规划是针对特定的一个工程的监理范围和内容来编写的，而建设工程监理范围和内容是由工程监理合同来明确的。项目监理机构应充分了解工程监理合同中建设单位、工程监理单位的义务和责任，对完成工程监理合同目标控制任务的主要影响因素进行分析，制定具体的措施和方法，确保工程监理合同的履行。

6. 监理规划的表达方式应当标准化、格式化

监理规划的内容需要选择最有效的方式和方法来表示，图、表和简单的文字说明应当是基本方法。规范化、标准化是科学管理的标志之一。所以，编写监理规划应当采用什么表格、图示以及哪些内容需要采用简单的文字说明应当作出统一规定。

7. 监理规划的编制应充分考虑时效性

监理规划应在签订建设工程监理合同及收到工程设计文件后由总监理工程师组织编制，并应在召开第一次工地会议 7 天前报建设单位。监理规划报送前还应由监理单位技术负责人审核签字。因此，监理规划的编写还要留出必要的审查和修改时间。为此，应当对监理规划的编写时间事先作出明确规定，以免编写时间过长，从而耽误监理规划对监理工作的指导，使监理工作陷于被动和无序。

8. 监理规划经审核批准后方可实施

监理规划在编写完成后需进行审核并经批准。监理单位的技术管理部门是内部审核单位，技术负责人应当签认，同时，还应当按工程监理合同约定提交给建设单位，由建设单位确认。

5.1.2 监理规划的主要内容

《建设工程监理规范》（GB/T 50319—2013）明确规定，监理规划的内容包括：工程概况；监理工作的范围、内容、目标；监理工作依据；监理组织形式、人员配备及进退场计划、监理人员岗位职责；监理工作制度；工程质量控制；工程造价控制；工程进度控制；安全生产管理的监理工作；合同与信息管理；组织协调；监理工作设施等。

5.1.2.1 工程概况

工程概况包括以下几方面。

（1）工程项目名称。

（2）工程项目建设地点。

（3）工程项目组成及建设规模（表5.1）。

表 5.1 工程项目组成及建设规模

序号	工程名称	承建单位	工程数量

（4）主要建筑结构类型（表5.2）。

表 5.2 主 要 建 筑 结 构 类 型

工程名称	基础	主体结构	设备	……	装修

（5）工程概算投资额或建安工程造价。

（6）工程项目计划工期，包括开竣工日期。

（7）工程质量目标。

（8）设计单位及施工单位名称、项目负责人（表5.3和表5.4）。

表 5.3 设 计 单 位 情 况

设计单位	设计内容	负责人

表 5.4 施 工 单 位 情 况

施工单位	承包工程内容	负责人

（9）工程项目结构图、组织关系图和合同结构图。

（10）工程项目特点。

（11）其他说明。

5.1.2.2 监理工作的范围、内容和目标

1. 监理工作范围

工程监理单位所承担的建设工程监理任务，可能是全部工程项目，也可能是某单位工程，也可能是某专业工程，监理工作范围虽然已在建设工程监理合同中明确，但需要在监理规划中列明并作进一步说明。

2. 监理工作内容

建设工程监理基本工作内容包括：工程质量、造价、进度三大目标控制，合同管理和信息管理，组织协调，以及履行建设工程安全生产管理的法定职责。监理规划中需要根据建设工程监理合同约定进一步细化监理工作内容。

3. 监理工作目标

监理工作目标是指工程监理单位预期达到的工作目标。通常以建设工程质量、造价、进度三大目标的控制值来表示。

（1）工程质量控制目标：工程质量合格及建设单位的其他要求。

（2）工程造价控制目标：以____年预算为基价，静态投资为____万元（或合同价为____万元）。

（3）工期控制目标：____个月或自____年____月____日至____年____月____日。

在建设工程监理实际工作中，应进行工程质量、造价、进度目标的分解，运用动态控制原理对分解的目标进行跟踪检查，对实际值与计划值进行比较、分析和预测，发现问题时，及时采取组织、技术、经济和合同等措施进行纠偏和调整，以确保工程质量、造价、进度目标的实现。

5.1.2.3 监理工作依据

依据《建设工程监理规范》（GB/T 50319—2013），实施建设工程监理的依据主

要包括法律法规及工程建设标准、建设工程勘察设计文件、建设工程监理合同及其他合同文件等。编制特定工程的监理规划时，不仅要以上述内容为依据，而且还要收集有关资料作为编制依据，见表5.5。

表 5.5 监理规划的编制依据

编制依据	文件资料名称	
反映工程特征的资料	勘察设计阶段监理相关服务	(1) 可行性研究报告或设计任务书。 (2) 项目立项文件。 (3) 规划红线范围。 (4) 用地许可证。 (5) 设计条件通知书。 (6) 地形图
	施工阶段监理	(1) 设计图纸和施工说明书。 (2) 地形图。 (3) 施工合同及其他建设工程合同
反映建设单位对项目监理要求的资料	监理合同：反映监理工作范围和内容、监理大纲、监理投标文件	
反映工程建设条件的资料	(1) 当地气象资料和工程地质及水文资料。 (2) 当地建筑材料供应状况的资料。 (3) 当地勘察设计和土建安装力量的资料。 (4) 当地交通、能源和市政公用设施的资料。 (5) 检测、监测、设备租赁等其他工程参建方的资料	
反映当地工程建设法规及政策方面的资料	(1) 工程建设程序。 (2) 招投标和工程监理制度。 (3) 工程造价管理制度等。 (4) 有关法律法规及政策	
工程建设法律、法规及标准	法律法规，部门规章，建设工程监理规范，勘察、设计、施工、质量评定、工程验收等方面的规范、规程、标准	

5.1.2.4 监理组织形式、人员配备及进退场计划、监理人员岗位职责

1. 项目监理机构组织形式

工程监理单位派驻施工现场的项目监理机构的组织形式和规模，应根据建设工程监理合同约定的服务内容、服务期限，以及工程特点、规模、技术复杂程度、环境等因素确定。

项目监理机构组织形式可用项目组织机构图来表示。图5.1为某项目监理机构组织示例。在监理规划的组织机构图中可注明各相关部门所任职监理人员的姓名。

2. 项目监理机构人员配备计划

项目监理机构监理人员应由总监理工程师、专业监理工程师和监理员组成，且专业配套、数量应满足建设工程监理工作需要，必要时可设总监理工程师代表。

项目监理机构配备的监理人员应与监理投标文件或监理项目建议书的内容一致，并详细注明职称及专业等，可按表5.6格式填报。要求填入真实到位人数。对于某些

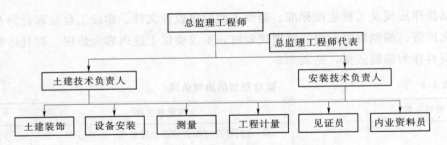

图 5.1 某项目监理机构组织示例

兼职监理人员，要说明参加本建设工程监理的确切时间，以便核查，以免名单开列数与实际数不相符而发生纠纷，这是监理工作中易出现的问题，必须避免。

表 5.6　　　　　　　　　　项目监理机构人员配备计划表

序号	姓名（性别）	年龄	职称或职务	本工程拟担任岗位	专业特长	以往承担过的主要工程及岗位	进场时间	退场时间
1								
⋮								

项目监理机构人员配备计划应根据建设工程监理进程合理安排，可用表 5.7 或表5.8 等形式表示。

表 5.7　　　　　　　　　　项目监理机构人员配备计划

月份	3	4	5	…	12
专业监理工程师	8	9	10		6
监理员	24	26	30		20
文秘人员	3	4	4		4

表 5.8　　　　　　　　　某工程项目监理机构人员配备计划

月份	3	4	5	6	7	8	9	10	…	合计
总监理工程师	☆	☆	☆	☆	☆	☆	☆	☆		18
总监理工程师代表	☆				☆	☆	☆			9
土建监理工程师	☆	☆	☆	☆	☆	☆	☆			9
机电监理工程师					☆	☆	☆	☆		10
造价监理工程师	☆	☆	☆	☆	☆	☆	☆	☆		8
造价监理员		☆	☆	☆	☆	☆	☆	☆		8
土建监理员	☆	☆	☆	☆	☆	☆		☆		11
机电监理员							☆	☆		10
资料员	☆	☆	☆	☆	☆	☆	☆	☆		18
……										
合计/人	7	6	6	6	9	8	8	7	…	101

3. 项目监理人员岗位职责

项目监理机构监理人员分工及岗位职责应根据监理合同约定的监理工作范围和内容以及《建设工程监理规范》（GB/T 50319—2013）规定，由总监理工程师安排和明确。总监理工程师应督促和考核监理人员职责的履行。必要时，可设总监理工程师代表，行使部分总监理工程师的岗位职责。

总监理工程师应根据项目监理机构监理人员的专业、技术水平、工作能力、实践经验等细化和落实相应的岗位职责。

5.1.2.5 监理工作制度

为全面履行建设工程监理职责，确保建设工程监理服务质量，监理规划中应根据工程特点和工作重点明确相应的监理工作制度。主要包括：项目监理机构现场监理工作制度、项目监理机构内部工作制度及相关服务工作制度（必要时）。

1. 项目监理机构现场监理工作制度

（1）图纸会审及设计交底制度。

（2）施工组织设计审核制度。

（3）工程开工、复工审批制度。

（4）整改制度，包括签发监理通知单和工程暂停令等。

（5）平行检验、见证取样、巡视检查和旁站制度。

（6）工程材料、半成品质量检验制度。

（7）隐蔽工程验收、分项（部）工程质量验收制度。

（8）单位工程验收、单项工程验收制度。

（9）监理工作报告制度。

（10）安全生产监督检查制度。

（11）质量安全事故报告和处理制度。

（12）技术经济签证制度。

（13）工程变更处理制度。

（14）现场协调会及会议纪要签发制度。

（15）施工备忘录签发制度。

（16）工程款支付审核、签认制度。

（17）工程索赔审核、签认制度等。

2. 项目监理机构内部工作制度

（1）项目监理机构工作会议制度，包括监理交底会议，监理例会、监理专题会，监理工作会议等。

（2）项目监理机构人员岗位职责制度。

（3）对外行文审批制度。

（4）监理工作日志制度。

（5）监理周报、月报制度。

（6）技术、经济资料及档案管理制度。

（7）监理人员教育培训制度。

（8）监理人员考勤、业绩考核及奖惩制度。

3. 相关服务工作制度

如果提供相关服务时，还需要建立以下制度。

（1）项目立项阶段：包括可行性研究报告评审制度和工程估算审核制度等。

（2）设计阶段：包括设计大纲、设计要求编写及审核制度，设计合同管理制度，设计方案评审办法，工程概算审核制度，施工图纸审核制度，设计费用支付签认制度，设计协调会制度等。

（3）施工招标阶段：包括招标管理制度，标底或招标控制价编制及审核制度，合同条件拟订及审核制度，组织招标实务有关规定等。

5.1.2.6　工程质量控制

工程质量控制重点在于预防，即在既定目标的前提下，遵循质量控制原则，制定总体质量控制措施、专项工程预控方案，以及质量事故处理方案，具体包括以下几方面。

1. 工程质量控制目标描述

（1）施工质量控制目标。

（2）材料质量控制目标。

（3）设备质量控制目标。

（4）设备安装质量控制目标。

（5）质量目标实现的风险分析：项目监理机构宜根据工程特点、施工合同、工程设计文件及经过批准的施工组织设计对工程质量目标控制进行风险分析，并提出防范性对策。

2. 工程质量控制主要任务

（1）审查施工单位现场的质量保证体系，包括：质量管理组织机构、管理制度及专职管理人员和特种作业人员的资格。

（2）审查施工组织设计、（专项）施工方案。

（3）审查工程使用的新材料、新工艺、新技术、新设备的质量认证材料和相关验收标准的适用性。

（4）检查、复核施工控制测量成果及保护措施。

（5）审核分包单位资格，检查施工单位为本工程提供服务的试验室。

（6）审查施工单位用于工程的材料、构配件、设备的质量证明文件，并按要求对用于工程的材料进行见证取样、平行检验，对施工质量进行平行检验。

（7）审查影响工程质量的计量设备的检查和检定报告。

（8）采用旁站、巡视检查、平行检验等方式对施工过程进行检查监督。

（9）对隐蔽工程、检验批、分项工程和分部工程进行验收。

（10）对质量缺陷、质量问题、质量事故及时进行处置和检查验收。

（11）对单位工程进行竣工验收，并组织工程竣工预验收。

（12）参加工程竣工验收，签署建设工程监理意见。

3. 工程质量控制工作流程与措施

（1）工程质量控制工作流程。依据分解的目标编制质量控制工作流程图（略）。

（2）工程质量控制的具体措施。

1）组织措施：建立健全项目监理机构，完善职责分工，制定有关质量监督制度，落实质量控制责任。

2）技术措施：协助完善质量保证体系；严格事前、事中和事后的质量检查监督。

3）经济措施及合同措施：严格质量检查和验收，不符合合同规定质量要求的，拒付工程款；达到建设单位特定质量目标要求的，按合同支付工程质量补偿金或奖金。

4. 旁站方案（略）

5. 工程质量目标状况动态分析（略）

6. 工程质量控制表格（略）

5.1.2.7 工程造价控制

项目监理机构应全面了解工程施工合同文件、工程设计文件、施工进度计划等内容，熟悉合同价款的计价方式、施工投标报价及组成、工程预算等情况，明确工程造价控制的目标和要求，制定工程造价控制工作流程、方法和措施，以及针对工程特点确定工程造价控制的重点和目标值，将工程实际造价控制在计划造价范围内。

1. 工程造价控制的目标分解

（1）按建设工程费用组成分解。

（2）按年度、季度分解。

（3）按建设工程实施阶段分解。

2. 工程造价控制工作内容

（1）熟悉施工合同及约定的计价规则，复核、审查施工图预算。

（2）定期进行工程计量，复核工程进度款申请，签署进度款付款签证。

（3）建立月完成工程量统计表，对实际完成量与计划完成量进行比较分析，发现偏差的，应提出调整建议，并报告建设单位。

（4）按程序进行竣工结算款审核，签署竣工结算款支付证书。

3. 工程造价控制主要方法

在工程造价目标分解的基础上，依据施工进度计划、施工合同等文件，编制资金使用计划，可列表编制（表5.9），并运用动态控制原理，对工程造价进行动态分析、比较和控制。

表 5. 9 　　　　　　　　　　　　　　　　资 金 使 用 计 划 表

工程名称	××年度				××年度				××年度				总额
	一	二	三	四	一	二	三	四	一	二	三	四	

工程造价动态比较的内容包括以下两点。

（1）工程造价目标分解值与造价实际值的比较。

（2）工程造价目标值的预测分析。

4. 工程造价目标实现的风险分析

项目监理机构宜根据工程特点、施工合同、工程设计文件及经过批准的施工组织设计对工程造价目标控制进行风险分析，并提出防范性对策。

5. 工程造价控制工作流程与措施

（1）工程造价控制工作流程。依据工程造价目标分解编制工程造价控制工作流程图（略）。

（2）工程造价控制具体措施。

1）组织措施：包括建立健全项目监理机构，完善职责分工及有关制度，落实工程造价控制责任。

2）技术措施：对材料、设备采购，通过质量价格比选，合理确定生产供应单位；通过审核施工组织设计和施工方案，使施工组织合理化。

3）经济措施：包括及时进行计划费用与实际费用的分析比较；对原设计或施工方案提出合理化建议并被采用，由此产生的投资节约按合同规定予以奖励。

4）合同措施：按合同条款支付工程款，防止过早、过量的支付。减少施工单位的索赔，正确处理索赔事宜等。

6. 工程造价控制表格（略）

5.1.2.8 工程进度控制

项目监理机构应全面了解工程施工合同文件、施工进度计划等内容，明确施工进度控制的目标和要求，制定施工进度控制工作流程、方法和措施，以及针对工程特点确定工程进度控制的重点和目标值，将工程实际进度控制在计划工期范围内。

1. 工程总进度目标分解

（1）年度、季度进度目标。

（2）各阶段的进度目标。

（3）各子项目进度目标。

2. 工程进度控制工作内容

(1) 审查施工总进度计划和阶段性施工进度计划。

(2) 检查、督促施工进度计划的实施。

(3) 进行进度目标实现的风险分析,制定进度控制的方法和措施。

(4) 预测实际进度对工程总工期的影响,分析工期延误原因,制定对策和措施,并报告工程实际进展情况。

3. 工程进度控制方法

(1) 加强施工进度计划的审查,督促施工单位制定和履行切实可行的施工计划。

(2) 运用动态控制原理进行进度控制。施工进度计划在实施过程中受各种因素的影响可能会出现偏差,项目监理机构应对施工进度计划的实施情况进行动态检查,对照施工实际进度和计划进度,判定实际进度是否出现偏差。发现实际进度严重滞后且影响合同工期时,应签发监理通知单,召开专题会议,要求施工单位采取调整措施加快施工进度,并督促施工单位按调整后批准的施工进度计划实施。

工程进度动态比较的内容包括以下两点。

1) 工程进度目标分解值与进度实际值的比较。

2) 工程进度目标值的预测分析。

4. 工程进度控制工作流程与措施

(1) 工程进度控制工作流程图 (略)。

(2) 工程进度控制的具体措施。

1) 组织措施:落实进度控制的责任,建立进度控制协调制度。

2) 技术措施:建立多级网络计划体系,监控施工单位的实施作业计划。

3) 经济措施:对工期提前者实行奖励;对应急工程实行较高的计件单价;确保资金的及时供应等。

4) 合同措施:按合同要求及时协调有关各方的进度,以确保建设工程的形象进度。

5. 工程进度控制表格 (略)

5.1.2.9 安全生产管理的监理工作

项目监理机构应根据法律法规、工程建设强制性标准,履行建设工程安全生产管理的监理职责。项目监理机构应根据工程项目的实际情况,加强对施工组织设计中涉及安全技术措施的审核,加强对专项施工方案的审查和监督,加强对现场安全事故隐患的检查,发现问题及时处理,防止和避免安全事故的发生。

1. 安全生产管理的监理工作目标

履行法律法规赋予工程监理单位的法定职责,尽可能防止和避免施工安全事故的发生。

2. 安全生产管理的监理工作内容

(1) 编制建设工程监理实施细则,落实相关监理人员。

（2）审查施工单位现场安全生产规章制度的建立和实施情况。

（3）审查施工单位安全生产许可证及施工单位项目经理、专职安全生产管理人员和特种作业人员的资格，核查施工机械和设施的安全许可验收手续。

（4）审查施工承包人提交的施工组织设计，重点审查其中的质量安全技术措施、专项施工方案与工程建设强制性标准的符合性。

（5）审查包括施工起重机械和整体提升脚手架、模板等自升式架设设施等在内的施工机械和设施的安全许可验收手续情况。

（6）巡视检查危险性较大的分部分项工程专项施工方案实施情况。

（7）对施工单位拒不整改或不停止施工时，应及时向有关主管部门报送监理报告。

3. 专项施工方案的编制、审查和实施的监理要求

（1）专项施工方案编制要求。实行施工总承包的，专项施工方案应当由总承包施工单位组织编制，其中，起重机械安装拆卸工程、深基坑工程、附着式升降脚手架等专业工程实行分包的，其专项施工方案可由专业分包单位组织编制。实行施工总承包的，专项施工方案应当由总承包施工单位技术负责人及相关专业分包单位技术负责人签字。对于超过一定规模的危险性较大的分部分项工程专项方案应当由施工单位组织召开专家论证会。

（2）专项施工方案监理审查要求。

1）对编制的程序进行符合性审查。

2）对实质性内容进行符合性审查。

（3）专项施工方案实施要求。施工单位应当严格按照专项方案组织施工，安排专职安全管理人员实施管理，不得擅自修改、调整专项施工方案。如因设计、结构、外部环境等因素发生变化确需修改的，应及时报告项目监理机构，修改后的专项施工方案应当按相关规定重新审核。

4. 安全生产管理的监理方法和措施

（1）通过审查施工单位现场安全生产规章制度的建立和实施情况，督促施工单位落实安全技术措施和应急救援预案，加强风险防范意识，预防和避免安全事故发生。

（2）通过项目监理机构安全管理责任风险分析，制定监理实施细则，落实监理人员，加强日常巡视和安全检查，发现安全事故隐患时，项目监理机构应当履行监理职责，采取会议、告知、通知、停工、报告等措施向施工单位管理人员指出，预防和避免安全事故发生。

5. 安全生产管理监理工作表格（略）

5.1.2.10　合同管理与信息管理

1. 合同管理

合同管理主要是对建设单位与施工单位、材料设备供应单位等签订的合同进行管理，从合同执行等各个环节进行管理，督促合同双方履行合同，并维护合同订立双方的正当权益。

（1）合同管理的主要工作内容。

1）处理工程暂停工及复工、工程变更、索赔及施工合同争议、解除等事宜。

2）处理施工合同终止的有关事宜。

（2）合同结构。结合项目结构图和项目组织结构图，以合同结构图形式表示，并列出项目合同目录一览表（表 5.10）。

表 5.10   项目合同目录一栏表

序号	合同编号	合同名称	施工单位	合同价	合同工期	质量要求

（3）合同管理工作流程与措施。

1）工作流程图（略）。

2）合同管理具体措施（略）。

（4）合同执行状况的动态分析（略）。

（5）合同争议调解与索赔处理程序（略）。

（6）合同管理表格（略）。

2. 信息管理

信息管理是建设工程监理的基础性工作，通过对建设工程形成的信息进行收集、整理、处理、存储、传递与运用，保证能够及时、准确地获取所需要的信息。具体工作包括监理文件资料的管理内容，监理文件资料的管理原则和要求，监理文件资料的管理制度和程序，监理文件资料的主要内容，监理文件资料的归档和移交等。

（1）信息分类表，见表 5.11。

表 5.11   信 息 分 类 表

序号	信息类别	信息名称	信息管理要求	责任人

（2）项目监理机构内部信息流程图（略）。

（3）信息管理工作流程与措施。

1）工作流程图（略）。

2）信息管理具体措施（略）。

（4）信息管理表格（略）。

5.1.2.11 组织协调

组织协调工作是指监理人员通过对项目监理机构内部人与人之间、机构与机构之间，以及监理组织与外部环境组织之间的工作进行协调与沟通，从而使工程参建各方相互理解、步调一致。具体包括编制工程项目组织管理框架、明确组织协调的范围和层次，制定项目监理机构内、外协调的范围、对象和内容，制定监理组织协调的原则、方法和措施，明确处理危机关系的基本要求等。

1. 组织协调的范围和层次

（1）组织协调的范围：项目组织协调的范围包括建设单位、工程建设参与各方（政府管理部门）之间的关系。

（2）组织协调的层次。

1）协调工程参与各方之间的关系。

2）工程技术协调。

2. 组织协调的主要工作

（1）项目监理机构的内部协调。

1）总监理工程师牵头，做好项目监理机构内部人员之间的工作关系协调。

2）明确监理人员分工及各自的岗位职责。

3）建立信息沟通制度。

4）及时交流信息、处理矛盾，建立良好的人际关系。

（2）与工程建设有关单位的外部协调。

1）建设工程系统内的单位：进行建设工程系统内的单位协调重点分析，主要包括建设单位、设计单位、施工单位、材料和设备供应单位、资金提供单位等。

2）建设工程系统外的单位：进行建设工程系统外的单位协调重点分析，主要包括政府建设行政主管机构、政府其他有关部门、工程毗邻单位、社会团体等。

3. 组织协调方法和措施

（1）组织协调方法。

1）会议协调：监理例会、专题会议等方式。

2）交谈协调：面谈、电话、网络等方式。

3）书面协调：通知书、联系单、月报等方式。

4）访问协调：走访或约见等方式。

（2）不同阶段组织协调措施。

1）开工前的协调：如第一次工地例会等。

2）施工过程中协调。

3）竣工验收阶段协调。

4. 协调工作程序

（1）工程质量控制协调程序。

（2）工程造价控制协调程序。

（3）工程进度控制协调程序。

（4）其他方面工作协调程序。

5. 协调工作表格（略）

5.1.2.12 监理设施

（1）制定监理设施管理制度。

（2）根据建设工程类别、规模、技术复杂程度、建设工程所在地的环境条件，按建设工程监理合同约定，配备满足监理工作需要的常规检测设备和工具。

（3）落实场地、办公、交通、通信、生活等设施，配备必要的影像设备。

（4）项目监理机构应将拥有的监理设备和工具（如计算机、设备、仪器、工具、照相机、摄像机等）列表（表 5.12），注明数量、型号和使用时间，并指定专人负责管理。

表 5.12　　　　　　　　　　　　　常规检测设备和工具

序号	仪器设备名称	型号	数量	使用时间	备注
1					
2					
⋮					

5.1.3 监理规划报审

5.1.3.1 监理规划报审程序

依据《建设工程监理规范》（GB/T 50319—2013），监理规划应在签订建设工程监理合同及收到工程设计文件后编制，在召开第一次工地会议前报送建设单位。监理规划报审程序的时间节点安排、各节点工作内容及负责人见表 5.13。

表 5.13　　　　　　　　　　　　　监理规划报审程序

序号	时间节点安排	工作内容	负责人
1	签订监理合同及收到工程设计文件后	编制监理规划	总监理工程师组织专业监理工程师参与
2	编制完成、总监签字后	监理规划审批	监理单位技术负责人审批
3	第一次工地会议前	报送建设单位	总监理工程师报送
4	设计文件、施工组织计划和施工方案等发生重大变化时	调整监理规划	总监理工程师组织，专业监理工程师参与
		重新审批监理规划	监理单位技术负责人重新审批

5.1.3.2 监理规划的审核内容

监理规划在编写完成后需要进行审核并经批准。监理单位技术管理部门是内部审核单位，其技术负责人应当签认。监理规划审核的内容主要包括以下几个方面。

1. 监理范围、工作内容及监理目标的审核

依据监理招标文件和建设工程监理合同，审核是否理解建设单位的工程建设意图，监理范围、监理工作内容是否已包括全部委托的工作任务，监理目标是否与建设工程监理合同要求和建设意图相一致。

2. 项目监理机构的审核

（1）组织机构方面。组织形式、管理模式等是否合理，是否已结合工程实施特点，是否能够与建设单位的组织关系和施工单位的组织关系相协调等。

（2）人员配备方面。人员配备方案应从以下几个方面审查。

1）派驻监理人员的专业满足程度。应根据工程特点和建设工程监理任务的工作范围，不仅考虑专业监理工程师，如土建监理工程师、安装监理工程师等能够满足开展监理工作的需要，而且还要看其专业监理人员是否覆盖了工程实施过程中的各种专业要求，以及高、中级职称和年龄结构的组成。

2）人员数量的满足程度。主要审核从事监理工作人员在数量和结构上的合理性。按照我国已完成监理工作的工程资料统计测算，在施工阶段，大中型建设工程每年完成 100 万元的工程量所需监理人员为 0.6～1 人，专业监理工程师、一般监理人员和行政文秘人员的结构比例为 0.2∶0.6∶0.2。专业类别较多的工程的监理人员数量应适当增加。

3）专业人员不足时采取的措施是否恰当。大中型建设工程由于技术复杂、涉及的专业面宽，当工程监理单位的技术人员不足以满足全部监理工作要求时，对拟临时聘用的监理人员的综合素质应认真审核。

4）派驻现场人员计划表。对于大中型建设工程，不同阶段对所需要的监理人员在人数和专业等方面的要求不同，应对各阶段所派驻现场监理人员的专业、数量计划是否与建设工程进度计划相适应进行审核。还应平衡正在其他工程上执行监理业务的人员，是否能按照预定计划进入本工程参加监理工作。

3. 工作计划的审核

在工程进展中各个阶段的工作实施计划是否合理、可行，审查其在每个阶段中如何控制建设工程目标以及组织协调方法。

4. 工程质量、造价、进度控制方法的审核

对三大目标控制方法和措施应重点审查，看其如何应用组织、技术、经济、合同措施保证目标的实现，方法是否科学、合理、有效。

5. 对安全生产管理监理工作内容的审核

主要是审核安全生产管理的监理工作内容是否明确；是否制定了相应的安全生产管理实施细则；是否建立了对施工组织设计、专项施工方案的审查制度；是否建立了对现场安全隐患的巡视检查制度；是否建立了安全生产管理状况的监理报告制度；是否制定了安全生产事故的应急预案等。

6. 监理工作制度的审核

主要审查项目监理机构内、外工作制度是否健全、有效。

5.2 监 理 实 施 细 则

5.2.1 监理实施细则编写依据和要求

监理实施细则是在监理规划的基础上，当落实了各专业监理责任和工作内容后，由专业监理工程师针对工程具体情况制定出更具实施性和操作性的业务文件，其作用是具体指导监理业务的实施。

5.2.1.1 监理实施细则编写依据

《建设工程监理规范》（GB/T 50319—2013）规定了监理实施细则编写的依据。

（1）已批准的建设工程监理规划。

（2）与专业工程相关的标准、设计文件和技术资料。

（3）施工组织设计、（专项）施工方案。

除了《建设工程监理规范》（GB/T 50319—2013）中规定的相关依据，监理实施细则在编制过程中，还可以融入工程监理单位的规章制度和经认证发布的质量体系，以达到监理内容的全面、完整，有效提高建设工程监理自身的工作质量。

5.2.1.2 监理实施细则编写要求

《建设工程监理规范》（GB/T 50319—2013）规定，采用新材料、新工艺、新技术、新设备的工程，以及专业性较强、危险性较大的分部分项工程，应编制监理实施细则。对于工程规模较小、技术较为简单且有成熟监理经验和施工技术措施落实的情况下，可以不必编制监理实施细则。

监理实施细则应符合监理规划的要求，并应结合工程专业特点，做到详细具体、具有可操作性。监理实施细则可随工程进展编制，但应在相应工程开始前由专业监理工程师编制完成，并经总监理工程师审批后实施。可根据建设工程实际情况及项目监理机构工作需要增加其他内容。当工程发生变化导致监理实施细则所确定的工作流程、方法和措施需要调整时，专业监理工程师应对监理实施细则进行补充、修改。

从监理实施细则目的角度，监理实施细则应满足以下 3 方面要求。

1. 内容全面

监理工作包括"三控、两管、一协调"与安全生产管理的监理工作，监理实施细则作为指导监理工作的操作性文件应涵盖这些内容。在编制监理实施细则前，专业监理工程师应依据建设工程监理合同和监理规划确定的监理范围和内容，结合需要编制监理实施细则的专业特点，对工程质量、造价、进度等主要影响因素以及安全生产管理的监理工作的要求，制定内容细致、翔实的监理实施细则，确保监理目标的实现。

2. 针对性强

独特性是工程项目的本质特征之一，没有两个完全一样的项目。因此，监理实施细则应在相关依据的基础上，结合工程项目实际建设条件、环境、技术、设计、功能等进行编制，确保监理实施细则的针对性。为此，在编制监理实施细则前，各专业监理工程师应组织本专业监理人员熟悉本专业的设计文件、施工图纸和施工方案，应结合工程特点，分析本专业监理工作的难点、重点及其主要影响因素，制定有针对性的组织、技术、经济和合同措施。同时，在监理工作实施过程中，监理实施细则要根据实际情况进行补充、修改和完善。

3. 可操作性强

监理实施细则应有可行的操作方法、措施，详细、明确的控制目标值和全面的监理工作计划。

5.2.2 监理实施细则的主要内容

《建设工程监理规范》（GB/T 50319—2013）明确规定了监理实施细则应包含的内容，即专业工程特点、监理工作流程、监理工作控制要点，以及监理工作方法及措施。

5.2.2.1 专业工程特点

专业工程特点是指需要编制监理实施细则的工程专业特点，而不是简单的工程概述。专业工程特点应从专业工程施工的重点和难点、施工范围和施工顺序、施工工艺、施工工序等内容进行有针对性的阐述，体现为工程施工的特殊性、技术的复杂性，与其他专业的交叉和衔接以及各种环境约束条件。

除了专业工程外，新材料、新工艺、新技术以及对工程质量、造价、进度应加以重点控制等特殊要求也需要在监理实施细则中体现。

5.2.2.2 监理工作流程

监理工作流程是结合工程相应专业制定的具有可操作性和可实施性的流程图。不仅涉及最终产品的检查验收，更多地涉及施工中各个环节及中间产品的监督检查与验收。

监理工作涉及的流程包括：开工审核工作流程、施工质量控制流程、进度控制流程、造价（工程量计量）控制流程、安全生产和文明施工监理流程、测量监理流程、施工组织设计审核工作流程、分包单位资格审核流程、建筑材料审核流程、技术审核流程、工程质量问题处理审核流程、旁站检查工作流程、隐蔽工程验收流程、工程变更处理流程、信息资料管理流程等。

某建筑工程预制混凝土空心管桩分项工程监理工作流程，如图 5.2 所示。

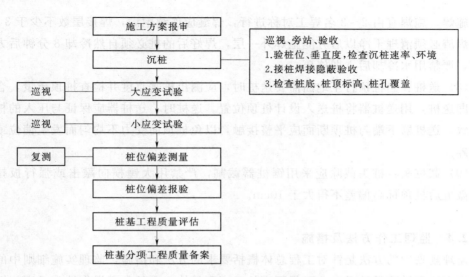

图 5.2 某建筑工程预制混凝土空心管桩分项工程监理工作流程

5.2.2.3 监理工作控制要点

监理工作控制要点及目标值是对监理工作流程中工作内容的增加和补充，应将流程图设置的相关监理控制点和判断点进行详细而全面的描述。将监理工作目标和检查点的控制指标、数据和频率等阐明清楚。

例如，某建筑工程预制混凝土空心管桩分项工程监理工作要点如下。

（1）预制桩进场检验：保证资料、外观检查（管桩壁厚，内外平整）。

（2）压桩顺序：压桩宜按中间向四周，中间向两端，先长后短，先高后低的原则确定压桩顺序。

（3）桩机就位：桩架龙口必须垂直。确保桩机桩架、桩身在同一轴线上，桩架要坚固、稳定，并有足够刚度。

（4）桩位：放样后应认真复核，控制吊桩就位准确。

（5）桩垂直度：第一节管桩起吊就位插入地面时的垂直度用长条水准尺或两台经纬仪随时校正，垂直度偏差不得大于桩长的 0.5%，必要时拔出重插，每次接桩应用长条水准尺检测垂直度，偏差控制在 0.5% 以内。在静压过程中，桩机桩架、桩身的中心线应重合，当桩身倾斜超过 0.8% 时，应找出原因并设法校正，当桩尖进入硬土层后，严禁用移动桩架等强行回扳的方法纠偏。

（6）沉桩前，施工单位应提交沉桩先后顺序和每台班沉桩数量。

（7）管桩接头焊接：管桩入土部分桩头高出地面 0.5～1.0m 时接桩。接桩时，上节桩应对直，轴向错位不得大于 2mm。采用焊接接桩时，上下节桩之间的空隙用铁片填实焊牢，结合面的间隙不得大于 2mm。焊接坡口表面用铁刷子刷干净，露出金属光泽。焊接时宜先在坡口圆周上对称点焊 6 点，待上下桩节固定后拆除导向箍再分层施焊。施焊宜由 2～3 名焊工对称进行，焊缝应连续饱满，焊接层数不少于 3 层，内层焊渣必须清理干净以后方能施焊外一层，焊好后的桩必须自然冷却 8 分钟后方可施打，严禁用水冷却后立即施压。

（8）送桩：当桩顶打至地面需要送桩时，应测出桩垂直度并检查桩顶质量，合格后立即送桩，用送桩器将桩送入设计桩顶位置。送桩时，送桩器应保证与压入的桩垂直一致，送桩器下端与桩顶断面应平整接触，以免桩顶面受力不均匀而发生偏位或桩顶破碎。

（9）截桩头：桩头截除应采用锯桩器截割，严禁用大锤横向敲击或强行扳拉截桩，截桩后桩顶标高偏差不得大于 10cm。

5.2.2.4 监理工作方法及措施

监理规划中的方法是针对工程总体概括要求的方法和措施，监理实施细则中的监理工作方法和措施是针对专业工程而言的，应更具体、更具有可操作性和可实施性。

1. 监理工作方法

监理工程师通过旁站、巡视、见证取样、平行检测等监理方法，对专业工程作全面监控，对每一个专业工程的监理实施细则而言，其工作方法必须加以详尽阐明。

除上述 4 种常规方法外，监理工程师还可采用指令文件、监理通知、支付控制手段等方法实施监理。

2. 监理工作措施

各专业工程的控制目标要有相应的监理措施以保证控制目标的实现。制定监理工作措施通常有两种方式。

（1）根据措施实施内容不同，可将监理工作措施分为技术措施、经济措施、组织措施和合同措施。例如，某建筑工程钻孔灌注桩分项工程监理工作组织措施和技术措施如下。

1）组织措施：根据钻孔桩工艺和施工特点，对项目监理机构人员进行合理分工，现场专业监理人员分 2 班（8：00—20：00 和 20：00 至次日 8：00，每班 1 人），进行全程巡视、旁站、检查和验收。

2）技术措施。

a. 组织所有监理人员全面阅读图纸等技术文件，提出书面意见，参加设计交底，制定详细的监理实施细则。

b. 详细审核施工单位提交的施工组织设计，严格审查施工单位现场质量管理体系的建立和实施。

c. 研究分析钻孔桩施工质量风险点，合理确定质量控制关键点，包括：桩位控制、桩长控制、桩径控制、桩身质量控制和桩端施工质量控制。

（2）根据措施实施时间不同，可将监理工作措施分为事前控制措施、事中控制措施及事后控制措施。

事前控制措施是指为预防发生差错或问题而提前采取的措施；事中控制措施是指监理工作过程中，及时获取工程实际状况信息，以供及时发现问题、解决问题而采取的措施；事后控制措施是指发现工程相关指标与控制目标或标准之间出现差异后而采取的纠偏措施。

例如，某建筑工程预制混凝土空心管桩分项工程监理工作措施包括以下几方面。

1) 工程质量事前控制。

a. 认真学习和审查工程地质勘察报告，掌握工程地质情况。

b. 认真学习和审查桩基设计施工图纸，并进行图纸会审，组织或协助建设单位组织技术交底（技术交底主要内容为：地质情况，设计要求，操作规程，安全措施和监理工作程序及要求等）。

c. 审查施工单位的施工组织设计、技术保障措施、施工机械配置的合理性及完好率、施工人员到位情况、施工前期情况、材料供应情况并提出整改意见。

d. 审查预制桩生产厂家的资质情况、生产工艺、质量保证体系、生产能力、产品合格证、各种原材料的试验报告、企业信誉，并提出审查意见（若条件许可，监理人员应到生产厂家进行实地考察）。

e. 审查桩机备案情况，检查桩机的显著位置标注单位名称、机械备案编号。进入施工现场时机长及操作人员必须备齐基础施工机械备案卡及上岗证，供项目监理机构、安全监管机构、质量监督机构检查。未经备案的桩机不得进入施工现场施工。

f. 要求施工单位在桩基平面布置图上对每根桩进行编号。

g. 要求施工单位设专职测量人员，按桩基平面布置图测放轴线及桩位，其尺寸允许偏差应符合《建筑地基基础工程施工质量验收规范》（GB 50202—2013）的要求。

h. 建筑物四大角轴线必须引测到建筑物外并设置龙门桩或采用其他固定措施，压桩前应复核测量轴线、桩位及水准点，确保无误，且须经签认验收后方可压桩。

i. 要求施工单位提出书面技术交底资料，出具预制桩的配合比、钢筋、水泥出厂合格证及试验报告，提供现场相关人员操作上岗证资料供监理审查，并留复印件备案，各种操作人员均须持证上岗。

j. 检查预制桩的标志、产品合格证书等。

k. 施工现场准备情况的检查：施工场地的平整情况；场区测量检查；检查压桩设备及起重工具；铺设水电管网，进行设备架立组装、调试和试压；在桩架上设置标尺，以便观测桩身入土深度；检查桩质量。

2) 工程质量事中控制。

a. 确定合理的压桩程序。按尽量避免各工程桩相互挤压而造成桩位偏差的原则，根据地基土质情况、桩基平面布置、桩的尺寸、密集程度、深度、桩机移动方向以及施工现场情况等因素确定合理的压桩程序。定期复查轴线控制桩、水准点是否有变化，应使其不受压桩及运输的影响。复查周期每 10 天不少于 1 次。

b. 管桩数量及位置应严格按照设计图纸要求确定，施工单位应详细记录试桩施工过程中沉降速度及最后压桩力等重要数据，作为工程桩施工过程中的重要数据，并借此校验压桩设备、施工工艺以及技术措施是否适宜。

c. 经常检查各工程桩定位是否准确。

d. 开始沉桩时应注意观察桩身、桩架等是否垂直一致，确认垂直后，方可转入正常压桩。桩插入时的垂直度偏差不得超过 0.5%。在施工过程中，应密切注意桩身的垂直度，如发现桩身不垂直要督促施工方设法纠正，但不得采用移动桩架的方法纠正（因为这样做会造成桩身弯曲，继续施压会发生桩身断裂）。

e. 按设计图纸要求，进行工程桩标高和压力桩的控制。

f. 在沉桩过程中，若遇桩身突然下沉且速度较快及桩身回弹时，应立即通知设计人员及有关各方人员到场，确定处理方案。

g. 当桩顶标高较低，须送桩入土时应用钢制送桩器放于桩头上，将桩送入土中。

h. 若需接桩时，常用的接头方式有：焊接、法兰盘连接及硫磺胶泥锚接。前两种可用于各类土层，硫磺胶泥锚接适用于软土层。

i. 接桩用焊条或半成品硫磺胶泥应有产品质量合格证书，或送有关部门检验，半成品硫磺胶泥应每 100kg 做一组试件（3 件）；重要工程应对焊接接头做 10% 的探伤检查。

j. 应经常检查压力、桩垂直度、接桩间歇时间、桩的连接质量及压入深度；检查已施压的工程桩有无异常情况，如桩顶水平位移或桩身上升等，如有异常情况应通知有关各方人员到现场确定处理意见。

k. 工程桩应按设计要求和《建筑地基基础工程施工质量验收规范》（GB 50202—2013）进行承载力和桩身质量检验，检验标准应按《建筑基桩检测技术规范》（JGJ 106—2014）的规定执行。

l. 预制桩的质量检验标准应符合《建筑地基基础工程施工质量验收规范》（GB 50202—2013）要求。

m. 认真做好压桩记录。

3）工程质量事后控制（验收）。工程质量验收，均应在施工单位自检合格的基础上进行。施工单位确认自检合格后提出工程验收申请，由项目监理机构进行验收。

5.2.3 监理实施细则报审

5.2.3.1 监理实施细则报审程序

《建设工程监理规范》（GB/T 50319—2013）规定，监理实施细则可随工程进展编制，但必须在相应工程施工前完成，并经总监理工程师审批后实施。监理实施细则报审程序见表 5.14。

表 5.14　　　　　　　　　　　　　　监理实施细则报审程序

序号	节点	工作内容	负责人
1	相应工程施工前	编制监理实施细则	专业监理工程师
2	相应工程施工前	监理实施细则审批、批准	专业监理工程师送审，总监理工程师批准
3	工程施工过程中	若发生变化，监理实施细则中工作流程与方法措施调整	专业监理工程师调整，总监理工程师批准

5.2.3.2　监理实施细则的审核内容

监理实施细则由专业监理工程师编制完成后，需要报总监理工程师批准后方能实施。监理实施细则审核的内容主要包括以下几个方面。

1. 编制依据、内容的审核

监理实施细则的编制是否符合监理规划的要求，是否符合专业工程相关的标准，是否符合设计文件的内容，与提供的技术资料是否相符合，是否与施工组织设计、（专项）施工方案使用的规范、标准、技术要求相一致。监理的目标、范围和内容是否与监理合同和监理规划相一致，编制的内容是否涵盖专业工程的特点、重点和难点，内容是否全面、翔实、可行，是否能确保监理工作质量等。

2. 项目监理人员的审核

（1）组织方面。组织方式、管理模式是否合理，是否结合了专业工程的具体特点，是否便于监理工作的实施，制度、流程上是否能保证监理工作，是否与建设单位和施工单位相协调等。

（2）人员配备方面。人员配备的专业满足程度、数量等是否满足监理工作的需要、专业人员不足时采取的措施是否恰当、是否有操作性较强的现场人员计划安排表等。

3. 监理工作流程、监理工作要点的审核

监理工作流程是否完整、翔实，节点检查验收的内容和要求是否明确，监理工作流程是否与施工流程相衔接，监理工作要点是否明确、清晰，目标值控制点设置是否合理、可控等。

4. 监理工作方法和措施的审核

监理工作方法是否科学、合理、有效，监理工作措施是否具有针对性、可操作性、安全可靠，是否能确保监理目标的实现等。

5. 监理工作制度的审核

针对专业建设工程监理，其内、外监理工作制度是否能有效保证监理工作的实施，监理记录、检查表格是否完备等。

思 考 题

5.1 监理规划、监理实施细则两者之间的关系是什么？

5.2 监理规划、监理实施细则的编制依据和要求分别是什么？

5.3 编制监理规划、监理实施细则的主要内容有哪些？

5.4 项目监理机构需要制定哪些工作制度？

5.5 项目监理机构控制建设工程三大目标的工作内容有哪些？

5.6 建设工程安全生产管理的监理工作内容有哪些？

5.7 监理规划、监理实施细则的报审程序和审核内容分别是什么？

第 6 章

建设工程监理工作内容和主要方式

教学目标：

- 掌握工程监理的"三大"控制目标的任务和控制措施。
- 掌握合同管理、信息管理的内容及方法。
- 掌握安全生产管理的内容及措施。
- 掌握工程监理的主要方式。

建设工程监理的主要工作内容是通过合同管理、信息管理和组织协调等手段控制建设工程质量、造价和进度目标，并履行建设工程安全生产管理的法定职责。巡视、平行检验、旁站、见证取样则是建设工程监理的主要方式。

6.1 建设工程监理工作内容

6.1.1 目标控制

任何建设工程都有质量、造价、进度三大目标，这三大目标构成了建设工程目标系统。工程监理单位受建设单位委托，需要协调处理三大目标之间的关系，确定与分解三大目标，并采取有效措施控制三大目标。

6.1.1.1 建设工程三大目标之间的关系

建设工程质量、造价、进度三大目标之间相互关联，共同形成一个整体。从建设单位角度出发，往往希望建设工程的质量好、投资省、工期短（进度快），但在工程实践中，几乎不可能同时实现上述目标。确定和控制建设工程三大目标，需要统筹兼顾三大目标之间的密切联系，防止发生盲目追求单一目标而冲击或干扰其他目标，也不可分割三大目标。

1. 三大目标之间的对立关系

在通常情况下，如果对工程质量有较高的要求，就需要投入较多的资金和花费较长的建设时间；如果要抢时间、争进度，以极短的时间完成建设工程，势必会增加投资或者使工程质量下降；如果要减少投资、节约费用，势必会考虑降低工程项目的功能要求和质量标准。这些表明，建设工程三大目标之间存在着矛盾和对立的一面。

2. 三大目标之间的统一关系

在通常情况下，适当增加投资数量，为采取加快进度的措施提供经济条件，即可加快工程建设进度，缩短工期，使工程项目尽早动用，投资尽早收回，建设工程全寿命期经济效益得到提高；适当提高建设工程功能要求和质量标准，虽然会造成一次性投资的增加和建设工期的延长，但能够节约工程项目动工后的运行费和维修费，从而获得更好的投资效益。如果建设工程进度计划制定得既科学又合理，使工程进展具有连续性和均衡性，不但可以缩短建设工期，而且有可能获得较好的工程质量和降低工程造价。这些表明，建设工程三大目标之间存在着统一的一面。

6.1.1.2 建设工程三大目标的确定与分解

控制建设工程三大目标，需要综合考虑建设工程项三大目标之间相互关系，在分析论证基础上明确建设工程项目质量、造价、进度总目标，需要从不同角度将建设工程总目标分解成若干分目标、子目标及可执行目标，从而形成"自上而下层层展开、自下而上层层保证"的目标体系，为建设工程三大目标动态控制奠定基础。

1. 建设工程总目标的分析论证

建设工程总目标是建设工程目标控制的基本前提，也是建设工程监理成功与否的重要判据。确定建设工程总目标，需要根据建设工程投资方及利益相关者需求，并结合建设工程本身及所处环境特点进行综合论证。

分析论证建设工程总目标，应遵循下列基本原则。

（1）确保建设工程质量目标符合工程建设强制性标准。工程建设强制性标准是有关人民生命财产安全、人体健康、环境保护和公众利益的技术要求，在追求建设工程质量、造价和进度三大目标间最佳匹配关系时，应确保建设工程质量目标符合工程建设强制性标准。

（2）定性分析与定量分析相结合。在建设工程目标系统中，质量目标通常采用定性分析方法，而造价、进度目标可采用定量分析方法。对于某一建设工程而言，采用不同的质量标准，会有不同的工程造价和工期，需要采用定性分析与定量分析相结合的方法综合论证建设工程三大目标。

（3）不同建设工程三大目标可具有不同的优先等级。建设工程质量、造价、进度三大目标的优先顺序并非固定不变。由于每一建设工程的建设背景、复杂程度、投资方及利益相关者需求等不同，决定了三大目标的重要性顺序不同。有的建设工程工期要求紧迫，有的建设工程资金紧张等，从而决定了三大目标在不同建设工程中具有不同的优先等级。

总之，建设工程三大目标之间密切联系、相互制约，需要应用多目标决策、多级梯阶、动态规划等理论统筹考虑、分析论证，努力在"质量优、投资省、工期短"之间寻求最佳匹配。

2. 建设工程总目标的逐级分解

为了有效地控制建设工程三大目标，需要逐级分解建设工程总目标，按工程参建单位、工程项目组成和时间进展等制定分目标、子目标及可执行目标，形成如图6.1所示的建设工程目标体系。在建设工程目标体系中，各级目标之间相互联系，上一级目标控制下一级目标，下一级目标保证上一级目标的实现，最终保证建设工程总目标的实现。

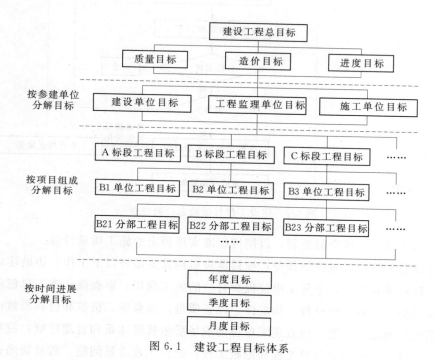

图6.1　建设工程目标体系

6.1.1.3　建设工程三大目标控制的任务和措施

1. 三大目标动态控制过程

建设工程目标体系构建后，建设工程监理工作的关键在于动态控制。为此，需要在建设工程实施过程中监测实施绩效，并将实施绩效与计划目标进行比较，采取有效措施纠正实施绩效与计划目标之间的偏差，力求使建设工程实现预定目标。建设工程目标体系的PDCA（Plan——计划；Do——执行；Check——检查；Action——纠偏）动态控制过程如图6.2所示。

2. 三大目标控制任务

（1）建设工程质量控制任务。建设工程质量控制，就是通过采取有效措施，在满足工程造价和进度要求的前提下，实现预定的工程质量目标。

项目监理机构在建设工程施工阶段质量控制的主要任务是通过对施工投入、施工和安装过程、施工产出品（分项工程、分部工程、单位工程、单项工程等）进行全过程控制，以及对施工单位及其人员的资格、材料和设备、施工机械和机具、施工方案

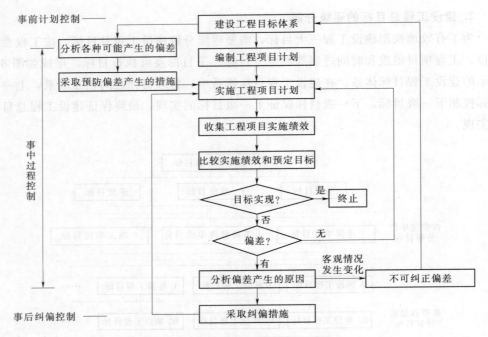

图 6.2　建设工程目标动态控制过程

和方法、施工环境实施全面控制，以期按标准实现预定的施工质量目标。

为完成施工阶段质量控制任务，项目监理机构需要做好以下工作：协助建设单位做好施工现场准备工作，为施工单位提交合格的施工现场；审查确认施工总包单位及分包单位资格；检查工程材料、构配件、设备质量；检查施工机械和机具质量；审查施工组织设计和施工方案；检查施工单位的现场质量管理体系和管理环境；控制施工工艺过程质量；验收分部分项工程和隐蔽工程；处置工程质量问题、质量缺陷；协助处理工程质量事故；审核工程竣工图，组织工程预验收；参加工程竣工验收等。

（2）建设工程造价控制任务。建设工程造价控制，就是通过采取有效措施，在满足工程质量和进度要求的前提下，力求使工程实际造价不超过预定造价目标。

项目监理机构在建设工程施工阶段造价控制的主要任务是通过工程计量、工程付款控制、工程变更费用控制、预防并处理好费用索赔、挖掘降低工程造价潜力等使工程实际费用支出不超过计划投资。

为完成施工阶段造价控制任务，项目监理机构需要做好以下工作：协助建设单位制定施工阶段资金使用计划，严格进行工程计量和付款控制，做到不多付、不少付、不重复付；严格控制工程变更，力求减少工程变更费用；研究确定预防费用索赔的措施，以避免、减少施工索赔；及时处理施工索赔，并协助建设单位进行反索赔；协助建设单位按期提交合格施工现场，保质、保量、适时、适地提供由建设单位负责提供的工程材料和设备；审核施工单位提交的工程结算文件等。

（3）建设工程进度控制任务。建设工程进度控制，就是通过采取有效措施，在满足工程质量和造价要求的前提下，力求使工程实际工期不超过计划工期目标。

项目监理机构在建设工程施工阶段进度控制的主要任务是通过完善建设工程控制性进度计划、审查施工单位提交的进度计划、做好施工进度动态控制工作、协调各相关单位之间的关系、预防并处理好工期索赔，力求实际施工进度满足计划施工进度的要求。

为完成施工阶段进度控制任务，项目监理机构需要做好以下工作：完善建设工程控制性进度计划；审查施工单位提交的施工进度计划；协助建设单位编制和实施由建设单位负责供应的材料和设备供应进度计划；组织进度协调会议，协调有关各方关系；跟踪检查实际施工进度；研究制定预防工期索赔的措施，做好工程延期审批工作等。

3. 三大目标控制措施

为了有效地控制建设工程项目目标，应从组织、技术、经济、合同等多方面采取措施。

（1）组织措施。组织措施是其他各类措施的前提和保障，包括：建立健全实施动态控制的组织机构、规章制度和人员，明确各级目标控制人员的任务和职责分工，改善建设工程目标控制的工作流程；建立建设工程目标控制工作考评机制，加强各单位（部门）之间的沟通协作；加强动态控制过程中的激励措施，调动和发挥员工实现建设工程目标的积极性和创造性等。

（2）技术措施。为了对建设工程目标实施有效控制，需要对多个可能的建设方案、施工方案等进行技术可行性分析。为此，需要对各种技术数据进行审核、比较，需要对施工组织设计、施工方案等进行审查、论证等。此外，在整个建设工程实施过程中，还需要采用工程网络计划技术、信息化技术等实施动态控制。

（3）经济措施。无论是对建设工程造价目标实施控制，还是对建设工程质量、进度目标实施控制，都离不开经济措施。经济措施不仅仅是审核工程量、工程款支付申请及工程结算报告，还需要编制和实施资金使用计划，对工程变更方案进行技术经济分析等。而且通过投资偏差分析和未完工程投资预测，可发现一些可能引起未完工程投资增加的潜在问题，从而便于以主动控制为出发点，采取有效措施加以预防。

（4）合同措施。加强合同管理是控制建设工程目标的重要措施。建设工程总目标及分目标将反映在建设单位与工程参建主体所签订的合同之中。由此可见，通过选择合理的承发包模式和合同计价方式，选定满意的施工单位及材料设备供应单位，拟订完善的合同条款，并动态跟踪合同执行情况及处理好工程索赔等，是控制建设工程目标的重要合同措施。

6.1.2 合同管理

建设工程实施过程中会涉及许多合同，如勘察设计合同、施工合同、监理合同、咨询合同、材料设备采购合同等。合同管理是在市场经济体制下组织建设工程实施的基本手段，也是项目监理机构控制建设工程质量、造价、进度三大目标的重要手段。

完整的建设工程施工合同管理应包括施工招标的策划与实施；合同计价方式及合同文本的选择；合同谈判及合同条件的确定；合同协议书的签署；合同履行检查；合同变更、违约及纠纷的处理；合同订立和履行的总结评价等。

根据《建设工程监理规范》（GB/T 50319—2013），项目监理机构在处理工程暂停及复工、工程变更、索赔及施工合同争议、解除等方面的合同管理职责如下。

6.1.2.1 工程暂停及复工处理

1. 签发工程暂停令的情形

项目监理机构发现下列情况之一时，总监理工程师应及时签发工程暂停令。

（1）建设单位要求暂停施工且工程需要暂停施工的。

（2）施工单位未经批准擅自施工或拒绝项目监理机构管理的。

（3）施工单位未按审查通过的工程设计文件施工的。

（4）施工单位违反工程建设强制性标准的。

（5）施工存在重大质量、安全事故隐患或发生质量、安全事故的。

总监理工程师在签发工程暂停令时，可根据停工原因的影响范围和影响程度，确定停工范围。总监理工程师签发工程暂停令，应事先征得建设单位同意，在紧急情况下未能事先报告时，应在事后及时向建设单位作出书面报告。

2. 工程暂停相关事宜

暂停施工事件发生时，项目监理机构应如实记录所发生的情况。总监理工程师应会同有关各方按施工合同约定，处理因工程暂停引起的与工期、费用有关的问题。

因施工单位原因暂停施工，项目监理机构应检查、验收施工单位的停工整改过程、结果。

3. 复工审批或指令

当暂停施工原因消失、具备复工条件时，施工单位提出复工申请的，项目监理机构应审查施工单位报送的工程复工报审表及有关材料，符合要求后，总监理工程师应及时签署审查意见，并应报建设单位批准后签发工程复工令；施工单位未提出复工申请的，总监理工程师应根据工程实际情况指令施工单位恢复施工。

6.1.2.2 工程变更处理

1. 施工单位提出的工程变更处理程序

项目监理机构可按下列程序处理施工单位提出的工程变更。

（1）总监理工程师组织专业监理工程师审查施工单位提出的工程变更申请，提出审查意见。对涉及工程设计文件修改的工程变更，应由建设单位转交原设计单位修改工程设计文件。必要时，项目监理机构应建议建设单位组织设计、施工等单位召开论证工程设计文件的修改方案的专题会议。

（2）总监理工程师组织专业监理工程师对工程变更费用及工期影响作出评估。

（3）总监理工程师组织建设单位、施工单位等共同协商确定工程变更费用及工期变化，会签工程变更单。

（4）项目监理机构根据批准的工程变更文件监督施工单位实施工程变更。

2. 建设单位要求的工程变更处理职责

项目监理机构可对建设单位要求的工程变更提出评估意见，并应督促施工单位按会签后的工程变更单组织施工。

6.1.2.3 工程索赔处理

工程索赔包括费用索赔和工程延期申请。项目监理机构应及时收集、整理有关工程费用、施工进度的原始资料，为处理工程索赔提供证据。

项目监理机构应以法律法规、勘察设计文件、施工合同文件、工程建设标准、索赔事件的证据等为依据处理工程索赔。

1. 费用索赔处理

项目监理机构应按《建设工程监理规范》（GB/T 50319—2013）规定的费用索赔处理程序和施工合同约定的时效期限处理施工单位提出的费用索赔。当施工单位的费用索赔要求与工程延期要求相关联时，项目监理机构可提出费用索赔和工程延期的综合处理意见，并应与建设单位和施工单位协商。因施工单位原因造成建设单位损失，建设单位提出索赔时，项目监理机构应与建设单位和施工单位协商处理。

2. 工程延期审批

项目监理机构应按《建设工程监理规范》（GB/T 50319—2013）规定的工程延期审批程序和施工合同约定的时效期限审批施工单位提出的工程延期申请。施工单位因工程延期提出费用索赔时，项目监理机构可按施工合同约定进行处理。

6.1.2.4 施工合同争议与解除的处理

1. 施工合同争议的处理

项目监理机构应按《建设工程监理规范》（GB/T 50319—2013）规定的程序处理施工合同争议。在处理施工合同争议过程中，对未达到施工合同约定的暂停履行合同条件的，应要求施工合同双方继续履行合同。

在施工合同争议的仲裁或诉讼过程中，项目监理机构应按仲裁机关或法院要求提供与争议有关的证据。

2. 施工合同解除的处理

（1）因建设单位原因导致施工合同解除时，项目监理机构应按施工合同约定与建设单位和施工单位协商确定施工单位应得款项，并签发工程款支付证书。

（2）因施工单位原因导致施工合同解除时，项目监理机构应按施工合同约定，确定施工单位应得款项或偿还建设单位的款项，与建设单位和施工单位协商后，书面提交施工单位应得款项或偿还建设单位款项的证明。

（3）因非建设单位、施工单位原因导致施工合同解除时，项目监理机构应按施工合同约定处理合同解除后的有关事宜。

6.1.3　信息管理

建设工程信息管理是指对建设工程信息的收集、加工、整理、存储、传递、应用等一系列工作的总称。信息管理是建设工程监理的重要手段之一，及时掌握准确、完整的信息，可以使监理工程师耳聪目明，更加卓有成效地完成建设工程监理与相关服务工作。信息管理工作的好坏，将直接影响建设工程监理与相关服务工作的成败。

6.1.3.1　信息管理的基本环节

建设工程信息管理贯穿于工程建设全过程，其基本环节包括：信息的收集、传递、加工、整理、分发、检索和存储。

1. 建设工程信息的收集

在建设工程的不同进展阶段，会产生大量的信息。工程监理单位的介入阶段不同，决定了信息收集的内容不同。如果工程监理单位接受委托在建设工程决策阶段提供咨询服务，则需要收集与建设工程相关的市场、资源、自然环境、社会环境等方面的信息。如果是在建设工程设计阶段提供项目管理服务，则需要收集的信息有：工程项目可行性研究报告及前期相关文件资料；同类工程相关资料；拟建工程所在地信息；勘察、测量、设计单位相关信息；拟建工程所在地政府部门相关规定；拟建工程设计质量保证体系及进度计划等。如果是在建设工程施工招标阶段提供相关服务，则需要收集的信息有：工程立项审批文件，工程地质、水文地质勘察报告，工程设计及概算文件，施工图设计审批文件，工程所在地工程材料、构配件、设备、劳动力市场价格及变化规律，工程所在地工程建设标准及招投标相关规定等。

在建设工程施工阶段，项目监理机构应从下列方面收集信息。

（1）建设工程施工现场的地质、水文、测量、气象等数据；地上、地下管线，地下洞室，地上既有建筑物、构筑物及树木、道路，建筑红线，水、电、气管道的引入标志；地质勘察报告、地形测量图及标桩等环境信息。

（2）施工机构组成及进场人员资格；施工现场质量及安全生产保证体系；施工组织设计及（专项）施工方案、施工进度计划；分包单位资格等信息。

（3）进场设备的规格型号、保修记录；工程材料、构配件、设备的进场、保管、使用等信息。

（4）施工项目管理机构管理程序；施工单位内部工程质量、成本、进度控制及安全生产管理的措施及实施效果；工序交接制度；事故处理程序；应急预案等信息。

（5）施工中需要执行的国家、行业或地方工程建设标准；施工合同履行情况。

（6）施工过程中发生的工程数据，如：地基验槽及处理记录；工序交接检查记录；隐蔽工程检查验收记录；分部分项工程检查验收记录等。

（7）工程材料、构配件、设备质量证明资料及现场测试报告。

（8）设备安装试运行及测试信息，如电气接地电阻、绝缘电阻测试，管道通水、气、通风试验，电梯施工试验，消防报警、自动喷淋系统联动试验等信息。

（9）工程索赔相关信息，如索赔处理程序、索赔处理依据、索赔证据等。

2. 建设工程信息的加工、整理、分发、检索和存储

（1）信息的加工和整理。信息的加工和整理主要是指将所获得的数据和信息通过鉴别、选择、核对、合并、排序、更新、计算、汇总等，生成不同形式的数据和信息，目的是提供给各类管理人员使用。加工整理数据和信息，往往需要按照不同的需求分层进行。

工程监理人员对于数据和信息的加工要从鉴别开始。一般而言，工程监理人员自己收集的数据和信息的可靠度较高；而对于施工单位报送的数据，就需要进行鉴别、选择、核对，对于动态数据需要及时更新。为了便于应用，还需要对收集来的数据和信息按照工程项目组成（单位工程、分部工程、分项工程等）、工程项目目标（质量、造价、成本）等进行汇总和组织。

科学的信息加工和整理，需要基于业务流程图和数据流程图，结合建设工程监理与相关服务业务工作绘制业务流程图和数据流程图，不仅是建设工程信息加工和整理的重要基础，而且是优化建设工程监理与相关服务业务处理过程、规范建设工程监理与相关服务行为的重要手段。

1）业务流程图。业务流程图是以图示形式表示业务处理过程。通过绘制业务流程图，可以发现业务流程的问题或不完善之处，进而可以优化业务处理过程。某项目监理机构的工程量处理业务流程如图6.3所示。

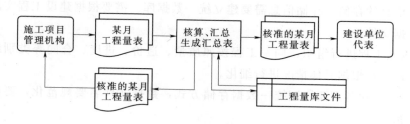

图6.3 工程量处理业务流程图

2）数据流程图。数据流程图是根据业务流程图，将数据流程以图示形式表示出来。数据流程图的绘制应自上而下的层层细化。根据图6.3绘制的工程量处理数据流程如图6.4所示。

（2）信息的分发和检索。加工整理后的信息要及时提供给需要使用信息的部门和人员，信息的分发要根据需要来进行，信息的检索需要建立在一定的分级管理制度上。信息分发和检索的基本原则是：需要信息的部门和人员，有权在需要的第一时

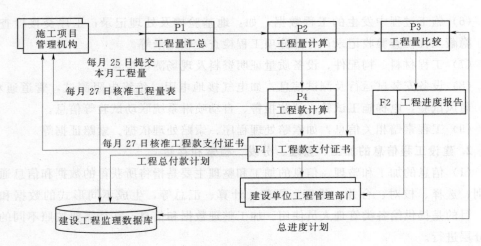

图 6.4 工程量处理数据流程图

间，方便地得到所需要的信息。

1）设计信息分发制度时需要考虑以下几方面。

a. 了解信息使用部门和人员的使用目的、使用周期、使用频率、获得时间及信息的安全要求。

b. 决定信息分发的内容、数量、范围、数据来源。

c. 决定分发信息的数据结构、类型、精度和格式。

d. 决定提供信息的介质。

2）设计信息检索时需要考虑以下几方面。

a. 允许检索的范围，检索的密级划分，密码管理等。

b. 检索的信息能否及时、快速地提供，实现的手段。

c. 所检索信息的输出形式，能否根据关键词实现智能检索等。

（3）信息的存储。存储信息需要建立统一数据库。需要根据建设工程实际，规范地组织数据文件。

1）按照工程进行组织，同一工程按照质量、造价、进度、合同等类别组织，各类信息再进一步根据具体情况进行细化。

2）工程参建各方要协调统一数据存储方式，数据文件名要规范化，要建立统一的编码体系。

3）尽可能以网络数据库形式存储数据，减少数据冗余，保证数据的唯一性，并实现数据共享。

6.1.3.2 信息管理系统

随着工程建设规模的不断扩大，信息量的增加是非常惊人的。依靠传统的手工处理方式已难以适应工程建设管理需求。建设工程信息管理系统已成为建设工程管理的基本手段。

1. 信息管理系统的主要作用

建设工程信息管理系统作为处理工程项目信息的人-机系统，其主要作用体现在以下几个方面。

（1）利用计算机数据存储技术，存储和管理与工程项目有关的信息，并随时进行查询和更新。

（2）利用计算机数据处理功能，快速、准确地处理工程项目管理所需要的信息，如工程造价的估算与控制；工程进度计划的编制和优化等。

（3）利用计算机分析运算功能，快速提供高质量的决策支持信息和备选方案。

（4）利用计算机网络技术，实现工程参建各方、各部门之间的信息共享和协同工作。

（5）利用计算机虚拟现实技术，直观展示工程项目大量数据和信息。

2. 信息管理系统的基本功能

建设工程信息管理系统的目标是实现信息的系统管理和提供必要的决策支持。建设工程信息管理系统可以为监理工程师提供标准化、结构化的数据；提供预测、决策所需要的信息及分析模型；提供建设工程目标动态控制的分析报告；提供解决建设工程监理问题的多个备选方案。工程实践中，建设工程信息管理系统的名称有多种，如PMIS、PCIS 等。不论名称如何，建设工程信息管理系统的基本功能应至少包括：工程质量控制、工程造价控制、工程进度控制、工程合同管理 4 个子系统。

随着信息化技术的快速发展，信息管理平台得到越来越广泛的应用。基于建设工程信息管理平台，工程参建各方可以实现信息共享和协同工作。特别是近年来建筑信息建模 BIM 技术的应用，为建设工程信息管理提供了可视化手段。

6.1.3.3 建筑信息建模（BIM）

BIM 是利用数字模型对工程进行设计、施工和运营的过程，BIM 以多种数字技术为依托，可以实现建设工程全寿命期集成管理。在建设工程实施阶段，借助于BIM 技术，可以进行设计方案比选，实际施工模拟，在施工之前就能发现施工阶段会出现的各种问题，以便能提前处理，从而可提供合理的施工方案，合理配置人员、材料和设备，在最大范围内实现资源的合理运用。

1. BIM 的特点

BIM 具有可视化、协调性、模拟性、优化性、可出图性等特点。

（1）可视化。可视化即"所见即所得"。对于建筑业而言，可视化的作用非常大。目前，在工程建设中所用的施工图纸只是将各个构件信息用线条来表达，其真正的构造形式需要工程建设参与人员去自行想象。但对于现代建筑而言，形式各异、选型复杂，光凭人脑去想象，不太现实。BIM 技术可将以往的线条式构件形成一种三维的立体实物图形展示在人们面前。

应用 BIM 技术，不仅可以用来展示效果，还可以生成所需要的各种报表。更重要的是在工程设计、建造、运营过程中的沟通、讨论、决策都能在可视化状态下进行。

（2）协调性。协调是工程建设实施过程中的重要工作。在通常情况下，工程实施过程中一旦遇到问题，就需将各有关人员组织起来召开协调会，找出问题发生的原因及解决办法，然后采取相应补救措施。应用 BIM 技术，可以将事后协调转变为事先协调。如在工程设计阶段，可应用 BIM 技术协调解决施工过程中建筑物内设施的碰撞问题。在工程施工阶段，可以通过模拟施工，事先发现施工过程中存在的问题。此外，还可对空间布置、防火分区、管道布置等问题进行协调处理。

（3）模拟性。应用 BIM 技术，在工程设计阶段可对节能、紧急疏散、日照、热能传导等进行模拟；在工程施工阶段可根据施工组织设计将 3D 模型加施工进度（4D）模拟实际施工，从而通过确定合理的施工方案指导实际施工，还可进行 5D 模拟（基于 3D 模型的造价控制），实现造价控制（通常被称为"虚拟施工"）；在运营阶段，可对日常紧急情况的处理进行模拟，如地震人员逃生模拟及消防人员疏散模拟等。

（4）优化性。应用 BIM 技术，可提供建筑物实际存在的信息，包括几何信息、物理信息、规则信息等，并能在建筑物变化后自动修改和调整这些信息。现代建筑物越来越复杂，在优化过程中需处理的信息量已远远超出人脑的能力极限，需借助其他手段和工具来完成，BIM 技术与其配套的各种优化工具为复杂工程项目进行优化提供了可能。目前，基于 BIM 技术的优化可完成以下工作。

1）设计方案优化。将工程设计与投资回报分析结合起来，可以实时计算设计变化对投资回报的影响。这样，建设单位对设计方案的选择就不会仅仅停留在对形状的评价上，可以知道哪种设计方案更适合自身需求。

2）特殊项目的设计优化。有些工程部位往往存在不规则设计，如裙楼、幕墙、屋顶、大空间等处。这些工程部位通常也是施工难度较大、施工问题比较多的地方，对这些部位的设计和施工方案进行优化，可以缩短施工工期、降低工程造价。

（5）可出图性。应用 BIM 技术对建筑物进行可视化展示、协调、模拟、优化后，还可输出有关图纸或报告。

1）综合管线图（经过碰撞检查和设计修改，消除了相应错误）。

2）综合结构留洞图（预埋套管图）。

3）碰撞检查侦错报告和建议改进方案。

2. BIM 在工程项目管理中的应用

（1）应用目标。工程监理单位应用 BIM 的主要任务是通过借助 BIM 理念及其相关技术搭建统一的数字化工程信息平台，实现工程建设过程中各阶段数据信息的整合及其应用，进而更好地为建设单位创造价值，提高工程建设效率和质量。目前，建设工程监理过程中应用 BIM 技术期望实现如下目标。

1）可视化展示。应用 BIM 技术可实现建设工程完工前的可视化展示，与传统单一的设计效果图等表现方式相比，由于数字化工程信息平台包含了工程建设各阶段所有的数据信息，基于这些数据信息制作的各种可视化展示将更准确、更灵活地表现工程项目，并辅助各专业、各行业之间的沟通交流。

2）提高工程设计和项目管理质量。BIM 技术可帮助工程项目各参建方在工程建设全过程中更好地沟通协调，为做好设计管理工作，进行工程项目技术、经济可行性论证，提供了更为先进的手段和方法，从而可提升工程项目管理的质量和效率。

3）控制工程造价。通过数字化工程信息模型，确保工程项目各阶段数据信息的准确性和唯一性，进而在工程建设早期发现问题并予以解决，减少施工过程中的工程变更，大大提高对工程造价的控制力。

4）缩短工程施工周期。借助 BIM 技术，实现对各重要施工工序的可视化整合，协助建设单位、设计单位、施工单位更好地沟通协调与论证，合理优化施工工序。

（2）应用范围。现阶段，工程监理单位运用 BIM 技术提升服务价值，仍处于初级阶段，其应用范围主要包括以下几个方面。

1）可视化模型建立。可视化模型的建立是应用 BIM 的基础，包括建筑、结构、设备等各专业工种。BIM 模型在工程建设中的衍生路线就像一棵大树，其源头是设计单位在设计阶段培育的种子模型；其生长过程伴随着工程进展，由施工单位进行二次设计和重塑，以及建设单位、工程监理单位等多方审核。后端衍生的各层级应用如同果实一样。它们之间相互维系，而维系的血脉就是带有种子模型基因的数据信息，数据信息如同新陈代谢随着工程进展不断进行更新维护。

2）管线综合。随着建筑业的快速发展，对协同设计与管线综合的要求愈加强烈。但是，由于缺乏有效的技术手段，不少设计单位都没有能够很好地解决管线综合问题，各专业设计之间的冲突严重地影响了工程质量、造价、进度等。BIM 技术的出现，可以很好地实现碰撞检查，尤其对于建筑形体复杂或管线约束多的情况是一种很好的解决方案。此类服务可使建设工程监理服务价值得到进一步提升。

3）4D 虚拟施工。当前，绝大部分工程项目仍采用横道图进度计划，用直方图表示资源计划，无法清晰描述施工进度以及各种复杂关系，难以准确表达工程施工的动态变化过程，更不能动态地优化分配所需要的各种资源和施工场地。将 BIM 技术、进度计划软件（如 MS Project，P6 等）数据进行集成，可以按月、按周、按天看到工程施工进度并根据现场情况进行实时调整，分析不同施工方案的优劣，从而得到最佳施工方案。此外，还可对工程项目的重点或难点部分进行可施工性模拟。通过对施工进度和资源的动态管理及优化控制，以及施工过程的模拟，可以更好地提高工程项目的资源利用率。

4）成本核算。对于工程项目而言，预算超支现象是极其普遍的。而缺乏可靠的成本数据是造成工程造价超支的重要原因。BIM 是一个包含丰富数据、面向对象、具有智能和参数特点的建筑数字化标识。借助这些信息，计算机可以快速对各种构件进行统计分析，完成成本核算。通过将工程设计和投资回报分析相结合，实时计算设计变更对投资回报的影响，合理控制工程总造价。

由于工程项目本身的特殊性，工程建设过程中随时都可能出现无法预计的各类问题，而 BIM 技术的数字化手段本身也是一项全新技术。因此，在建设工程监理与项目管理服务过程中，使用 BIM 技术具有开拓性意义，同时，也对建设工程监理与项目管理团队带来极大的挑战，不仅要求建设工程监理与项目管理团队具备优秀的技术和服务能力，还需要强大的资源整合能力。

6.1.4　组织协调

建设工程监理目标的实现，需要监理工程师扎实的专业知识和对建设工程监理程序的有效执行。此外，还需要监理工程师有较强的组织协调能力。通过组织协调，能够使影响建设工程监理目标实现的各方主体有机配合、协同一致，促进建设工程监理目标的实现。

6.1.4.1　项目监理机构组织协调内容

从系统工程角度看，项目监理机构组织协调内容可分为系统内部（项目监理机构）协调和系统外部协调两大类，系统外部协调又分为系统近外层协调和系统远外层协调。近外层和远外层的主要区别是，建设单位与近外层关联单位之间有合同关系，与远外层关联单位之间没有合同关系。

1. 项目监理机构内部的协调

（1）项目监理机构内部人际关系的协调。项目监理机构是由工程监理人员组成的工作体系，工作效率在很大程度上取决于人际关系的协调程度。总监理工程师应首先协调好人际关系，激励项目监理机构人员。

1）在人员安排上要量才录用。要根据项目监理机构中每个人的专长进行安排，做到人尽其才。工程监理人员的搭配要注意能力互补和性格互补，人员配置要尽可能少而精，避免力不胜任和忙闲不均。

2）在工作委任上要职责分明。对项目监理机构中的每一个岗位，都要明确岗位目标和责任，应通过职位分析，使管理职能不重不漏，做到事事有人管，人人有专责，同时明确岗位职权。

3）在绩效评价上要实事求是。要发扬民主作风，实事求是地评价工程监理人员工作绩效，以免人员无功自傲或有功受屈，使每个人热爱自己的工作，并对工作充满信心和希望。

4）在矛盾调解上要恰到好处。人员之间的矛盾总是存在的，一旦出现矛盾，就要进行调解，要多听取项目监理机构成员的意见和建议，及时沟通，使工程监理人员始终处于团结、和谐、热情高涨的工作氛围之中。

（2）项目监理机构内部组织关系的协调。项目监理机构是由若干部门（专业组）组成的工作体系，每个专业组都有自己的目标和任务。如果每个专业组都从建设工程整体利益出发，理解和履行自己的职责，则整个建设工程就会处于有序的良性状态；否则，整个系统便处于无序的紊乱状态，导致功能失调，效率下降。为此，应从以下几个方面协调项目监理机构内部组织关系。

1）在目标分解的基础上设置组织机构，根据工程特点及建设工程监理合同约定的工作内容，设置相应的管理部门。

2）明确规定每个部门的目标、职责和权限，最好以规章制度形式作出明确规定。

3）事先约定各个部门在工作中的相互关系。工程建设中的许多工作是由多个部门共同完成的，其中有主办、牵头和协作、配合之分，事先约定，可避免误事、脱节等贻误工作现象的发生。

4）建立信息沟通制度。如采用工作例会、业务碰头会，发送会议纪要、工作流程图、信息传递卡等来沟通信息，这样有利于从局部了解全局，服从并适应全局需要。

5）及时消除工作中的矛盾或冲突。坚持民主作风，注意从心理学、行为科学角度激励各个成员的工作积极性；实行公开信息政策，让大家了解建设工程实施情况、遇到的问题或危机；经常性地指导工作，与项目监理机构成员一起商讨遇到的问题，多倾听他们的意见、建议，鼓励大家同舟共济。

（3）项目监理机构内部需求关系的协调。建设工程监理实施中有人员需求、检测试验设备需求等，而资源是有限的，因此，内部需求平衡至关重要。协调平衡需求关系需要从以下环节考虑：

1）对建设工程监理检测试验设备的平衡。建设工程监理开始实施时，要做好监理规划和监理实施细则的编写工作，合理配置建设工程监理资源，要注意期限的及时性、规格的明确性、数量的准确性、质量的规定性。

2）对工程监理人员的平衡。要抓住调度环节，注意各专业监理工程师的配合。工程监理人员的安排必须考虑到工程进展情况，根据工程实际进展安排工程监理人员进退场计划，以保证建设工程监理目标的实现。

2. 项目监理机构与建设单位的协调

建设工程监理实践证明，项目监理机构与建设单位组织协调关系的好坏，在很大程度上决定了建设工程监理目标能否顺利实现。

我国长期计划经济体制的惯性思维，使得多数建设单位合同意识差、工作随意性大，主要体现在：①沿袭计划经济时期的基建管理模式，搞"大业主、小监理"，建设单位的工程建设管理人员有时比工程监理人员多，或者由于建设单位的管理层次多，对建设工程监理工作干涉多，并插手工程监理人员的具体工作；②不能将合同中约定的权力交给工程监理单位，致使监理工程师有职无权，不能充分发挥作用；③科学管理意识差，随意压缩工期、压低造价，工程实施过程中变更多或不能按时履行职责，给建设工程监理工作带来困难。因此，与建设单位的协调是建设工程监理工作的重点和难点。监理工程师应从以下几方面加强与建设单位的协调。

（1）监理工程师首先要理解建设工程总目标和建设单位的意图。对于未能参加工程项目决策过程的监理工程师，必须了解项目构思的基础、起因和出发点；否则，可能会对建设工程监理目标及任务有不完整、不准确的理解，从而给监理工作造成困难。

（2）利用工作之便做好建设工程监理宣传工作，增进建设单位对建设工程监理的理解，特别是对建设工程管理各方职责及监理程序的理解；主动帮助建设单位处理工程建设中的事务性工作，以自己规范化、标准化、制度化的工作去影响和促进双方工作的协调一致。

（3）尊重建设单位，让建设单位一起投入工程建设全过程。尽管有预定目标，但建设工程实施必须执行建设单位指令，使建设单位满意。对建设单位提出的某些不适当要求，只要不属于原则问题，都可以先执行，然后在适当时机、采取适当方式加以说明或解释；对于原则性问题，可采取书面报告等方式说明原委，尽量避免发生误解，以使建设工程顺利实施。

3. 项目监理机构与施工单位的协调

监理工程师对工程质量、造价、进度目标的控制，以及履行建设工程安全生产管理的法定职责，都是通过施工单位的工作来实现的，因此，做好与施工单位的协调工作是监理工程师组织协调工作的重要内容。

（1）与施工单位的协调应注意以下问题。

1）坚持原则，实事求是，严格按规范、规程办事，讲究科学态度。监理工程师应强调各方面利益的一致性和建设工程总目标；应鼓励施工单位向其汇报建设工程实施状况、实施结果和遇到的困难和意见，以寻求对建设工程目标控制的有效解决办法。双方了解得越多越深刻，建设工程监理工作中的对抗和争执就越少。

2）协调不仅是方法、技术问题。更多的是语言艺术、感情交流和用权适度问题。有时尽管协调意见是正确的，但由于方式或表达不妥，反而会激化矛盾。高超的协调能力则往往能起到事半功倍的效果，令各方面都满意。

（2）与施工单位的协调工作内容主要有以下几方面。

1）与施工项目经理关系的协调。施工项目经理及工地工程师最希望监理工程师能够公平、通情达理，指令明确而不含糊，并且能及时答复所询问的问题。监理工程师既要懂得坚持原则，又要善于理解施工项目经理的意见，工作方法灵活，能够随时提出或愿意接受变通办法解决问题。

2）施工进度和质量问题的协调。由于工程施工进度和质量的影响因素错综复杂，因而施工进度和质量问题的协调工作也十分复杂。监理工程师应采用科学的进度和质量控制方法，设计合理的奖罚机制及组织现场协调会议等协调工程施工进度和质量问题。

3）对施工单位违约行为的处理。在工程施工过程中，监理工程师对施工单位的某些违约行为进行处理是一件需要慎重而又难免的事情。当发现施工单位采用不适当的方法进行施工，或采用不符合质量要求的材料时，监理工程师除立即制止外，还需要采取相应的处理措施。遇到这种情况，监理工程师需要在其权限范围内采用恰当的方式及时作出协调处理。

4) 施工合同争议的协调。对于工程施工合同争议，监理工程师应首先采用协商解决方式，协调建设单位与施工单位的关系。协商不成时，才由合同当事人申请调解，甚至申请仲裁或诉讼。遇到非常棘手的合同争议时，不妨暂时搁置等待时机，另谋良策。

5) 对分包单位的管理。监理工程师虽然不直接与分包合同发生关系，但可对分包合同中的工程质量、进度进行直接跟踪监控，然后通过总承包单位进行调控、纠偏。分包单位在施工中发生的问题，由总承包单位负责协调处理。分包合同履行中发生的索赔问题，一般应由总承包单位负责，涉及总包合同中建设单位的义务和责任时，由总承包单位通过项目监理机构向建设单位提出索赔，由项目监理机构进行协调。

4. 项目监理机构与设计单位的协调

工程监理单位与设计单位都是受建设单位委托进行工作的，两者之间没有合同关系，因此，项目监理机构要与设计单位做好交流工作，需要建设单位的支持。

（1）真诚尊重设计单位的意见，在设计交底和图纸会审时，要理解和掌握设计意图、技术要求、施工难点等，将标准过高、设计遗漏、图纸差错等问题解决在施工之前。进行结构工程验收、专业工程验收、竣工验收等工作，要约请设计代表参加。发生质量事故时，要认真听取设计单位的处理意见等。

（2）施工中发现设计问题，应及时按工作程序通过建设单位向设计单位提出，以免造成更大的直接损失。监理单位掌握比原设计更先进的新技术、新工艺、新材料、新结构、新设备时，可主动通过建设单位与设计单位沟通。

（3）注意信息传递的及时性和程序性。监理工作联系单、工程变更单等要按规定的程序进行传递。

5. 项目监理机构与政府部门及其他单位的协调

建设工程实施过程中，政府部门、金融组织、社会团体、新闻媒介等也会起到一定的控制、监督、支持、帮助作用，如果这些关系协调不好，建设工程实施也可能严重受阻。

（1）与政府部门的协调。包括与工程质量监督机构的交流和协调；建设工程合同备案；协助建设单位在征地、拆迁、移民等方面的工作争取得到政府有关部门的支持；现场消防设施的配置得到消防部门检查认可；现场环境污染防治得到环保部门认可等。

（2）与社会团体、新闻媒介等的协调。建设单位和项目监理机构应把握机会，争取社会各界对建设工程的关心和支持。这是一种争取良好社会环境的远外层关系的协调，建设单位应起主导作用。如果建设单位确需将部分或全部远外层关系协调工作委托工程监理单位承担，则应在建设工程监理合同中明确委托的工作和相应报酬。

6.1.4.2 项目监理机构组织协调方法

项目监理机构可采用以下方法进行组织协调。

1. 会议协调法

会议协调法是建设工程监理中最常用的一种协调方法，包括第一次工地会议、监理例会、专题会议等。

（1）第一次工地会议。第一次工地会议是建设工程尚未全面展开、总监理工程师下达开工令前。建设单位、工程监理单位和施工单位对各自人员及分工、开工准备、监理例会的要求等情况进行沟通和协调的会议，也是检查开工前各项准备工作是否就绪并明确监理程序的会议。第一次工地会议应由建设单位主持，监理单位、总承包单位授权代表参加，也可邀请分包单位代表参加。必要时可邀请有关设计单位人员参加。第一次工地会议上，总监理工程师应介绍监理工作的目标、范围和内容、项目监理机构及人员职责分工、监理工作程序、方法和措施等。

（2）监理例会。监理例会是项目监理机构定期组织有关单位研究解决与监理相关问题的会议。监理例会应由总监理工程师或其授权的专业监理工程师主持召开，宜每周召开一次。参加人员包括：项目总监理工程师或总监理工程师代表、其他有关监理人员、施工项目经理、施工单位其他有关人员。需要时，也可邀请其他有关单位代表参加。

监理例会主要内容应包括以下几方面。

1）检查上次例会议定事项的落实情况，分析未完事项原因。

2）检查分析工程项目进度计划完成情况，提出下一阶段进度目标及其落实措施。

3）检查分析工程项目质量、施工安全管理状况，针对存在的问题提出改进措施。

4）检查工程量核定及工程款支付情况。

5）解决需要协调的有关事项。

6）其他有关事宜。

（3）专题会议。专题会议是由总监理工程师或其授权的专业监理工程师主持或参加的，为解决建设工程监理过程中的工程专项问题而不定期召开的会议。

2. 交谈协调法

在建设工程监理实践中，并不是所有问题都需要开会来解决，有时可采用"交谈"的方法进行协调。交谈包括面对面的交谈和电话、电子邮件等形式的交流。

无论是内部协调还是外部协调，交谈协调法的使用频率是相当高的。由于交谈本身没有合同效力，而且具有方便、及时等特性，因此，工程参建各方之间及项目监理机构内部都愿意采用这一方法进行协调。此外，相对于书面寻求协作而言，人们更难于拒绝面对面的请求。因此，采用交谈方式请求协作和帮助比采用书面方法实现的可能性要大。

3. 书面协调法

当会议或者交谈不方便或不需要时，或者需要精确地表达自己的意见时，就会采用书面协调的方法。书面协调法的特点是具有合同效力，一般常用于以下几方面。

（1）不需双方直接交流的书面报告、报表、指令和通知等。

（2）需要以书面形式向各方提供详细信息和情况通报的报告、信函和备忘录等。

（3）事后对会议记录、交谈内容或口头指令的书面确认。

总之，组织协调是一种管理艺术和技巧，监理工程师尤其是总监理工程师需要掌握领导科学、心理学、行为科学方面的知识和技能，如激励、交际、表扬和批评的艺术、开会艺术、谈话艺术、谈判技巧等。只有这样，监理工程师才能进行有效的组织协调。

6.1.5　安全生产管理

项目监理机构应根据法律法规、工程建设强制性标准，履行建设工程安全生产管理的监理职责，并应将安全生产管理的监理工作内容、方法和措施纳入监理规划及监理实施细则。

6.1.5.1　施工单位安全生产管理体系的审查

1. 审查施工单位的管理制度、人员资格及验收手续

项目监理机构应审查施工单位现场安全生产规章制度的建立和实施情况；审查施工单位安全生产许可证的符合性和有效性；审查施工单位项目经理、专职安全生产管理人员和特种作业人员的资格；核查施工机械和设施的安全许可验收手续。

施工单位在使用施工起重机械和整体提升脚手架、模板等自升式架设设施前，应当组织有关单位进行验收，也可以委托具有相应资质的检验检测机构进行验收；使用承租的机械设备和施工机具及配件的，由施工总承包单位、分包单位、出租单位和安装单位共同进行验收，验收合格的方可使用。

2. 审查专项施工方案

项目监理机构应审查施工单位报审的专项施工方案，符合要求的，应由总监理工程师签认后报建设单位。超过一定规模的危险性较大的分部分项工程的专项施工方案，应检查施工单位组织专家进行论证、审查的情况，以及是否附具安全验算结果。

专项施工方案审查的基本内容包括以下几方面。

（1）编审程序应符合相关规定。专项施工方案由施工项目经理组织编制，经施工单位技术负责人签字后，才能报送项目监理机构审查。

（2）安全技术措施应符合工程建设强制性标准。

6.1.5.2　专项施工方案的监督实施及安全事故隐患的处理

1. 专项施工方案的监督实施

项目监理机构应要求施工单位按已批准的专项施工方案组织施工。专项施工方案需要调整时，施工单位应按程序重新提交项目监理机构审查。

项目监理机构应巡视检查危险性较大的分部分项工程专项施工方案实施情况。发现未按专项施工方案实施时，应签发监理通知单，要求施工单位按专项施工方案实施。

2. 安全事故隐患的处理

项目监理机构在实施监理过程中，发现工程存在安全事故隐患时，应签发监理通知单，要求施工单位整改；情况严重时，应签发工程暂停令，并应及时报告建设单位。施工单位拒不整改或不停止施工时，项目监理机构应及时向有关主管部门报送监理报告。

紧急情况下，项目监理机构可通过电话、传真或者电子邮件向有关主管部门报告，事后应形成监理报告。

6.2 建设工程监理主要方式

项目监理机构应根据建设工程监理合同约定，采用巡视、平行检验、旁站、见证取样等方式对建设工程实施监理，巡视、平行检验、旁站、见证取样是建设工程监理的主要方式。

6.2.1 巡视

巡视是指项目监理机构监理人员对施工现场进行定期或不定期的检查活动。巡视检查是项目监理机构对实施建设工程监理的重要方式之一，是监理人员针对施工现场进行的日常检查。

6.2.1.1 巡视的作用

巡视是监理人员针对现场施工质量和施工单位安全生产管理情况进行的检查工作，监理人员通过巡视检查，能够及时发现施工过程中出现的各类质量、安全问题，对不符合要求的情况及时要求施工单位进行纠正并督促整改，使问题消灭在萌芽状态。巡视对于实现建设工程目标，加强安全生产管理等起着重要作用。具体体现在以下几个方面。

（1）观察、检查施工单位的施工准备情况。

（2）观察、检查包括施工工序、施工工艺、施工人员、施工材料、施工机械、周边环境等在内的施工情况。

（3）观察、检查施工过程中的质量问题、质量缺陷并及时采取相应措施。

（4）观察、检查施工现场存在的各类生产安全事故隐患并及时采取相应措施。

（5）观察、检查并解决其他相关问题。

6.2.1.2 巡视工作内容和职责

项目监理机构应在监理规划的相关章节中编制体现巡视工作的方案、计划、制度等相关内容，以及在监理实施细则中明确巡视要点、巡视频率和措施，并明确巡视检查记录表。在监理过程中，监理人员应按照监理规划及监理实施细则中规定的频次进行现场巡视（如上午、下午各一次），巡视检查内容以现场施工质量、生产安全事故隐患为主，且不限于工程质量、安全生产方面的内容。监理人员在巡视检查中发现的施工质量、生产安全事故隐患等问题以及采取的相应处理措施、所取得的效果等，应及时、准确地记录在巡视检查记录表中。

　　总监理工程师应根据经审核批准的监理规划和监理实施细则对现场监理人员进行交底，明确巡视检查要点、巡视频率和采取措施及采用的巡视检查记录表；合理安排监理人员进行巡视检查工作；督促监理人员按照监理规划及监理实施细则的要求开展现场巡视检查工作；总监理工程师应检查监理人员巡视的工作成果，与监理人员就当日巡视检查工作进行沟通，对发现的问题及时采取相应处理措施。

1. 巡视内容

　　监理人员在巡视检查时，应主要关注施工质量、安全生产两个方面的情况。

　　（1）施工质量方面。

　　1）天气情况是否适合施工作业，如不适合，是否已采取相应措施。

　　2）施工人员作业情况，是否按照工程设计文件、工程建设标准和批准的施工组织设计、（专项）施工方案施工。

　　3）使用的工程材料、设备和构配件是否已检测合格。

　　4）施工单位主要管理人员到岗履职情况，特别是施工质量管理人员是否到位。

　　5）施工机具、设备的工作状态，周边环境是否有异常情况等。

　　（2）安全生产方面。

　　1）施工单位安全生产管理人员到岗履职情况、特种作业人员持证情况。

　　2）施工组织设计中的安全技术措施和专项施工方案落实情况。

　　3）安全生产、文明施工制度、措施落实情况。

　　4）危险性较大分部分项工程施工情况，重点关注是否按方案施工。

　　5）大型起重机械和自升式架设设施运行情况。

　　6）施工临时用电情况。

　　7）其他安全防护措施是否到位，工人违章情况。

　　8）施工现场存在的事故隐患，以及按照项目监理机构的指令整改实施情况。

　　9）项目监理机构签发的工程暂停令执行情况等。

2. 巡视发现问题的处理

　　监理人员应按照监理规划及监理实施细则的要求开展巡视检查工作。在巡视检查中发现问题，应及时采取相应处理措施（如巡视监理人员发现个别施工人员在砌筑作业中砂浆饱满度不够，可口头要求施工人员加以整改），巡视监理人员认为发现的问题自己无法解决或无法判断是否能够解决时，应立即向总监理工程师汇报；在监理巡视检查记录表中及时、准确、真实地记录巡视检查情况；对已采取相应处理措施的质量问题、生产安全事故隐患，检查施工单位的整改落实情况，并反映在巡视检查记录表中。

监理文件资料管理人员应及时将巡视检查记录表归档，同时，注意巡视检查记录与监理日志、监理通知单等其他监理资料的呼应关系。

6.2.2　平行检验

平行检验是项目监理机构在施工单位自检的同时，按照有关规定、建设工程监理合同约定对同一检验项目进行的检测试验活动。平行检验的内容包括工程实体量测（检查、试验、检测）和材料检验等内容，平行检验是项目监理机构控制建设工程质量的重要手段之一。

6.2.2.1　平行检验的作用

施工现场质量管理检查记录、检验批、分项工程、分部工程、单位工程等的验收记录（检查评定结果）由施工单位填写，验收结论由监理（建设）单位填写。监理人员不应只根据施工单位自己的检查、验收情况填写验收结论，而应该在施工单位检查、验收的基础之上进行"平行检验"，这样的质量验收结论才更具有说服力。同样，对于原材料、设备、构配件以及工程实体质量等，也应在见证取样或施工单位委托检验的基础上进行"平行检验"，以使检验、检测结论更加真实、可靠。平行检验是项目监理机构在施工阶段质量控制的重要工作之一，也是工程质量预验收和工程竣工验收的重要依据之一。

6.2.2.2　平行检验工作内容和职责

项目监理机构首先应依据建设工程监理合同编制符合工程特点的平行检验方案，明确平行检验的方法、范围、内容、频率等，并设计各平行检验记录表式。建设工程监理实施过程中，应根据平行检验方案的规定和要求，开展平行检验工作。对平行检验不符合规范、标准的检验项目应分析原因后按照相关规定进行处理。

负责平行检验的监理人员应根据经审批的平行检验方案，对工程实体、原材料等进行平行检验。平行检验的方法包括量测、检测、试验等，在平行检验的同时，记录相关数据，分析平行检验结果、检测报告结论等，提出相应的建议和措施。

监理文件资料管理人员应将平行检验方面的文件资料等单独整理、归档。平行检验的资料是竣工验收资料的重要组成部分。

6.2.3　旁站

旁站是指项目监理机构对工程的关键部位或关键工序的施工质量进行的监督活动。关键部位、关键工序应根据工程类别、特点及有关规定确定。

6.2.3.1　旁站的作用

每一项建设工程施工过程中都存在对结构安全、重要使用功能起着重要作用的关键部位和关键工序，对这些关键部位和关键工序的施工质量进行重点控制，直接关系到建设工程整体质量能否达到设计标准要求以及建设单位的期望。

旁站是建设工程监理工作中用以监督工程质量的一种手段，可以起到及时发现问题、第一时间采取措施、防止偷工减料、确保施工工艺、工序按施工方案进行、避免其他干扰正常施工的因素发生等作用。旁站与监理工作其他方法手段结合使用，成为工程质量控制工作中相当重要和必不可少的工作方式。

6.2.3.2 旁站工作内容

项目监理机构在编制监理规划时，应制定旁站方案，明确旁站的范围、内容、程序和旁站人员职责等。旁站方案是监理人员在充分了解工程特点及监控重点的基础上，确定必须加以重点控制的关键工序、特殊工序，并以此制定的旁站作业指导方案。现场监理人员必须按此执行并根据方案的要求，有针对性地进行检查，将可能发生的工程质量问题和隐患加以消除。

旁站应在总监理工程师的指导下，由现场监理人员负责具体实施。在旁站实施前，项目监理机构应根据旁站方案和相关的施工验收规范，对旁站人员进行技术交底。

监理人员实施旁站时，发现施工单位有违反工程建设强制性标准行为的，有权责令施工单位立即整改；发现其施工活动已经或者可能危及工程质量的，应当及时向监理工程师或者总监理工程师报告，由总监理工程师下达局部暂停施工指令或者采取其他应急措施。

旁站记录是监理工程师或者总监理工程师依法行使有关签字权的重要依据。对于需要旁站的关键部位、关键工序施工，凡没有实施旁站或者没有旁站记录的，专业监理工工程师或者总监理工程师不得在相应文件上签字。在工程竣工验收后，工程监理单位应当将旁站记录存档备查。

项目监理机构应按照规定的关键部位、关键工序实施旁站。建设单位要求项目监理机构超出规定的范围实施旁站的，应当另行支付监理费用。具体费用标准由建设单位与工程监理单位在合同中约定。

6.2.3.3 旁站工作职责

旁站人员的主要工作职责包括但不限于以下内容。

（1）检查施工单位现场质量管理人员到岗、特殊工种人员持证上岗以及施工机械、建筑材料准备情况。

（2）在现场跟班监督关键部位、关键工序的施工单位执行施工方案以及工程建设强制性标准情况。

（3）核查进场建筑材料、建筑构配件、设备和商品混凝土的质量检验报告等，并可在现场监督施工单位进行检验或者委托具有资格的第三方进行复验。

（4）做好旁站记录和监理日记，保存旁站原始资料。旁站人员应当认真履行职责，对需要实施旁站的关键部位、关键工序在施工现场跟班监督，及时发现和处理旁站过程中出现的质量问题，如实准确地做好旁站记录。凡旁站监理人员未在旁站记录上签字的，不得进行下一道工序施工。

总监理工程师应当及时掌握旁站工作情况，并采取相应措施解决旁站过程中发现的问题。监理文件资料管理人员应妥善保管旁站方案、旁站记录等相关资料。

6.2.4　见证取样

见证取样是指项目监理机构对施工单位进行的涉及结构安全的试块、试件及工程材料现场取样、封样、送检工作的监督活动。

6.2.4.1　见证取样程序

项目监理机构应根据工程的特点和具体情况，制定工程见证取样送检工作制度，将材料进场报验、见证取样送检的范围、工作程序、见证人员和取样人员的职责、取样方法等内容纳入监理实施细则，并可召开见证取样工作专题会议，要求工程参建各方在施工中必须严格按制定的工作程序执行。

为保证试件能代表母体的质量状况和取样的真实性，禁止出具只对试件（来样）负责的检测报告，保证建设工程质量检测工作的科学性、公正性和准确性，以确保建设工程质量，根据建设部《关于印发〈房屋建筑工程和市政基础设施工程实行见证取样和送检制度的规定〉的通知》（建〔2000〕211号）的要求，在建设工程质量检测中实行见证取样和送检制度，即在建设单位或监理单位人员见证下，由施工人员在现场取样，送至试验室进行试验。

见证取样的通常要求和程序如下。

1. 一般规定

（1）见证取样涉及三方行为：施工方、见证方、试验方。

（2）试验室的资质资格管理。

1）各级工程质量监督检测机构（有 CMA 章，即计量认证，1年审查一次）。

2）建筑企业试验室应逐步转为企业内控机构，4年审查1次。

3）第三方试验室检查，①计量认证书，CMA 章。②查附件、备案证书。

CMA（中国计量认证/认可）是依据《中华人民共和国计量法》为社会提供公正数据的产品质量检验机构。

计量认证分为两级实施，一级为国家级，由国家认证认可监督管理委员会组织实施；一级为省级，实施的效力均完全一致。

见证人员必须取得《见证员证书》，且通过建设单位授权。授权后只能承担所授权工程的见证工作。对进入施工现场的所有建筑材料，必须按规范要求实行见证取样和送检试验，试验报告纳入质保资料。

2. 授权

建设单位或工程监理单位应向施工单位、工程质量监督站和工程检测单位递交《见证单位和见证人员授权书》。授权书应写明本工程见证人单位及见证人姓名、证号，见证人不得少于 2 人。

3. 取样

施工单位取样人员在现场抽取和制作试样时，见证人必须在旁见证，且应对试样进行监护，并和委托送检的送检人员一起采取有效的封样措施或将试样送至检测单位。

4. 送检

检测单位在接受委托检验任务时，须有送检单位填写委托单，见证人应出示《见证人员证书》，并在检验委托单上签名。检测单位均须实施密码管理制度。

5. 试验报告

检测单位应在检验报告上加盖有"见证取样送检"印章。发生试样不合格情况，应在 24 小时内上报质监站，并建立不合格项目台账。

应注意的是，对检验报告有 5 点要求：①试验报告应电脑打印；②试验报告采用统一用表；③试验报告签名一定要手签；④试验报告应有"见证检验专用章"统一格式；⑤注明见证人的姓名。

6.2.4.2　见证监理人员工作内容和职责

总监理工程师应督促专业（材料）监理工程师制定见证取样实施细则，细则中应包括材料进场报验、见证取样送检的范围、工作程序、见证人员和取样人员的职责、取样方法等内容。总监理工程师还应检查监理人员见证取样工作的实施情况，包括现场检查和资料检查，同时积极听取监理人员的汇报，发现问题应立即要求施工单位采取相应措施。

见证取样监理人员应根据见证取样实施细则要求、按程序实施见证取样工作，包括：在现场进行见证，监督施工单位取样人员按随机取样方法和试件制作方法进行取样；对试样进行监护、封样加锁；在检验委托单签字，并出示《见证员证书》；协助建立包括见证取样送检计划、台账等在内的见证取样档案等。

监理文件资料管理人员应全面、妥善、真实记录试块、试件及工程材料的见证取样台账以及材料监督台账（无需见证取样的材料、设备等）。

思　考　题

6.1　建设工程三大控制目标之间的关系是什么？

6.2　建设工程三大目标控制的任务和措施有哪些？

6.3　项目监理机构在处理工程暂停及复工、工程变更、索赔及施工合同争议、解除等方面的合同管理职责有哪些？

6.4　建设工程信息管理包括哪些基本环节？

6.5　建筑信息建模（BIM）技术有哪些特点？在工程项目管理中可应用于哪些方面？

6.6　项目监理机构组织协调的内容和方法有哪些？

6.7　安全生产管理的监理工作内容有哪些？

6.8　项目监理机构巡视工作内容和职责有哪些？

6.9　总监理工程师在巡视、旁站中应分别发挥什么作用？

6.10　平行检验工作内容和职责有哪些？

6.11　旁站人员主要工作内容和职责有哪些？

6.12　见证取样工作程序是什么？见证监理人员工作内容和职责有哪些？

第 7 章

建设工程监理文件资料管理

教学目标：

- 掌握建设工程监理基本表式、主要文件资料内容。
- 熟悉主要文件分类及编制要求。
- 熟悉建设工程监理文件资料管理职责和要求。

　　建设工程监理实施过程中会涉及大量文件资料，这些文件资料有的是实施建设工程监理的重要依据，更多的是建设工程监理的成果资料。《建设工程监理规范》（GB/T 50319—2013）明确了建设工程监理基本表式，也列明了建设工程监理主要文件资料。项目监理机构应明确监理文件资料管理人员职责，按照相关要求规范化地管理建设工程监理文件资料。

7.1 建设工程监理基本表式及主要文件资料内容

7.1.1 建设工程监理基本表式及其应用说明

7.1.1.1 基本表式

　　根据《建设工程监理规范》（GB/T 50319—2013），建设工程监理基本表式分为三大类，即 A 类表——工程监理单位用表（共 8 个表）；B 类表——施工单位报审、报验用表（共 14 个表）；C 类表——通用表（3 个表）（三类表式见附录）。

　　1. 工程监理单位用表（A 类表）

　　（1）总监理工程师任命书（表 A.0.1）。建设工程监理合同签订后，工程监理单位法定代表人要通过《总监理工程师任命书》委派具有类似建设工程监理经验的注册监理工程师担任总监理工程师。《总监理工程师任命书》需要由工程监理单位法定代表人签字，并加盖单位公章。

　　（2）工程开工令（表 A.0.2）。建设单位代表在施工单位报送的《工程开工报审表》（表 B.0.2）上签字同意开工后，总监理工程师可签发《工程开工令》，指令施工单位开工。《工程开工令》需要由总监理工程师签字，并加盖执业印章。《工程开工令》中应明确具体开工日期，并作为施工单位计算工期的起始日期。

（3）监理通知单（表 A.0.3）。《监理通知单》是项目监理机构在日常监理工作中常用的指令性文件。项目监理机构在建设工程监理合同约定的权限范围内，针对施工单位出现的各种问题所发出的指令、提出的要求等，除另有规定外，均应采用《监理通知单》。监理工程师现场发出的口头指令及要求，也应采用《监理通知单》予以确认。

施工单位发生下列情况时，项目监理机构应发出监理通知。

1）在施工过程中出现不符合设计要求、工程建设标准、合同约定。

2）使用不合格的工程材料、构配件和设备。

3）在工程质量、造价、进度等方面存在违规等行为。

《监理通知单》可由总监理工程师或专业监理工程师签发，对于一般问题可由专业监理工程师签发，对于重大问题应由总监理工程师或经其同意后签发。

（4）监理报告（表 A.0.4）。当项目监理机构对工程存在安全事故隐患发出《监理通知单》《工程暂停令》而施工单位拒不整改或不停止施工时，项目监理机构应及时向有关主管部门报送《监理报告》。项目监理机构报送《监理报告》时，应附相应《监理通知单》或《工程暂停令》等证明监理人员履行安全生产管理职责的相关文件资料。

（5）工程暂停令（表 A.0.5）。建设工程施工过程中出现《建设工程监理规范》（GB/T 50319—2013）规定的停工情形时，总监理工程师应签发《工程暂停令》。《工程暂停令》中应注明工程暂停的原因、部位和范围、停工期间应进行的工作等。《工程暂停令》需要由总监理工程师签字，并加盖执业印章。

（6）旁站记录（表 A.0.6）。项目监理机构监理人员对关键部位、关键工序的施工质量进行现场跟踪监督时，需要填写《旁站记录》。"关键部位、关键工序的施工情况"应记录所旁站部位（工序）的施工作业内容、主要施工机械、材料、人员和完成的工程数量等内容及监理人员检查旁站部位施工质量的情况；"发现的问题及处理情况"应说明旁站所发现的问题及其采取的处置措施。

（7）工程复工令（表 A.0.7）。当导致工程暂停施工的原因消失、具备复工条件时，建设单位代表在《工程复工报审表》（表 B.0.3）上签字同意复工后，总监理工程师应签发《工程复工令》指令施工单位复工；或者工程具备复工条件而施工单位未提出复工申请的，总监理工程师应根据工程实际情况直接签发《工程复工令》指令施工单位复工。《工程复工令》需要由总监理工程师签字，并加盖执业印章。

（8）工程款支付证书（表 A.0.8）。项目监理机构收到经建设单位签署审批意见的《工程款支付报审表》（表 B.0.11）后，总监理工程师应向施工单位签发《工程款支付证书》，同时抄报建设单位。《工程款支付证书》需要由总监理工程师签字，并加盖执业印章。

2. 施工单位报审、报验用表（B类表）

（1）施工组织设计或（专项）施工方案报审表（表 B.0.1）。施工单位编制的施工组织设计、施工方案、专项施工方案经其技术负责人审查后，需要连同《施工组织设计或（专项）施工方案报审表》一起报送项目监理机构。先由专业监理工程师审查后，再由总监理工程师审核签署意见。《施工组织设计或（专项）施工方案报审表》需要由总监理工程师签字，并加盖执业印章。对于超过一定规模的危险性较大的分部分项工程专项施工方案，还需要报送建设单位审批。

（2）工程开工报审表（表 B.0.2）。单位工程具备开工条件时，施工单位需要向项目监理机构报送《工程开工报审表》。同时具备下列条件时，由总监理工程师签署审查意见，并报建设单位批准后，总监理工程师方可签发《工程开工令》。

1）设计交底和图纸会审已完成。

2）施工组织设计已由总监理工程师签认。

3）施工单位现场质量、安全生产管理体系已建立，管理及施工人员已到位，施工机械已具备使用条件，主要工程材料已落实。

4）进场道路及水、电、通信等已满足开工要求。

《工程开工报审表》需要由总监理工程师签字，并加盖执业印章。

（3）工程复工报审表（表 B.0.3）。当导致工程暂停施工的原因消失、具备复工条件时，施工单位需要向项目监理机构报送《工程复工报审表》。总监理工程师签署审查意见，并报建设单位批准后，总监理工程师方可签发《工程复工令》。

（4）分包单位资格报审表（表 B.0.4）。施工单位按施工合同约定选择分包单位时，需要向项目监理机构报送《分包单位资格报审表》及相关证明材料。《分包单位资格报审表》由专业监理工程师提出审查意见后，由总监理工程师审核签认。

（5）施工控制测量成果报验表（表 B.0.5）。施工单位完成施工控制测量并自检合格需要向项目监理机构报送《施工控制测量成果报验表》及施工控制测量依据和成果表。专业监理工程师审查合格后予以签认。

（6）工程材料、构配件、设备报审表（表 B.0.6）。施工单位在对工程材料、构配件、设备自检合格后，应向项目监理机构报送《工程材料、构配件、设备报审表》及相关质量证明材料和自检报告。专业监理工程师审查合格后予以签认。

（7）____报验、报审表（表 B.0.7）。该表主要用于隐蔽工程、检验批、分项工程的报验，也可用于为施工单位提供服务的试验室的报审。专业监理工程师审查合格后予以签认。

（8）分部工程报验表（表 B.0.8）。分部工程所包含的分项工程全部自检合格后，施工单位应向项目监理机构报送《分部工程报验表》及分部工程质量控制资料。在专业监理工程师验收的基础上，由总监理工程师签署验收意见。

（9）监理通知回复单（表 B.0.9）。施工单位在收到《监理通知单》（表 A.0.3）后，按要求进行整改、自查合格后，应向项目监理机构报送《监理通知回复单》。项目监理机构收到施工单位报送的《监理通知回复单》后，一般可由原发出《监理通知单》的专业监理工程师进行核查，认可整改结果后予以签认。重大问题可由总监理工程师进行核查签认。

（10）单位工程竣工验收报审表（表 B.0.10）。单位（子单位）工程完成后，施工单位自检符合竣工验收条件后，应向项目监理机构报送《单位工程竣工验收报审表》及相关附件，申请竣工验收。总监理工程师在收到《单位工程竣工验收报审表》及相关附件后，应组织专业监理工程师进行审查并签署预验收意见。《单位工程竣工验收报审表》需要由总监理工程师签字，并加盖执业印章。

（11）工程款支付报审表（表 B.0.11）。该表适用于施工单位工程预付款、工程进度款、竣工结算款等的支付申请。项目监理机构对施工单位的申请事项进行审核并签署意见，经建设单位批准后方可作为总监理工程师签发《工程款支付证书》（表 A.0.8）的依据。

（12）施工进度计划报审表（表 B.0.12）。该表适用于施工总进度计划、阶段性施工进度计划的报审。施工进度计划在专业监理工程师审查的基础上，由总监理工程师审核签认。

（13）费用索赔报审表（表 B.0.13）。施工单位索赔工程费用时，需要向项目监理机构报送《费用索赔报审表》。项目监理机构对施工单位的申请事项进行审核并签署意见，经建设单位批准后方可作为支付索赔费用的依据。《费用索赔报审表》需要由总监理工程师签字，并加盖执业印章。

（14）工程临时或最终延期报审表（表 B.0.14）。施工单位申请工程延期时，需要向项目监理机构报送《工程临时或最终延期报审表》。项目监理机构对施工单位的申请事项进行审核并签署意见，经建设单位批准后方可延长合同工期。《工程临时或最终延期报审表》需要由总监理工程师签字，并加盖执业印章。

3. 通用表（C 类表）

（1）工作联系单（表 C.0.1）。该表用于项目监理机构与工程建设有关方（包括建设、施工、监理、勘察、设计等单位和上级主管部门）之间的日常工作联系。有权签发《工作联系单》的负责人有：建设单位现场代表、施工单位项目经理、工程监理单位项目总监理工程师、设计单位本工程设计负责人及工程项目其他参建单位的相关负责人等。

（2）工程变更单（表 C.0.2）。施工单位、建设单位、工程监理单位提出工程变更时，应填写《工程变更单》，由建设单位、设计单位、监理单位和施工单位共同签认。

（3）索赔意向通知书（表 C.0.3）施工过程中发生索赔事件后，受影响的单位依据法律法规和合同约定，向对方单位声明或告知索赔意向时，需要在合同约定的时间内报送《索赔意向通知书》。

7.1.1.2 基本表式应用说明

1. 基本要求

（1）应依照合同文件、法律法规及标准等规定的程序和时限签发、报送、回复各类表。

（2）应按有关规定，采用碳素墨水、蓝黑墨水书写或黑色碳素印墨打印各类表，不得使用易褪色的书写材料。

（3）应使用规范语言，法定计量单位，公历年、月、日填写各类表。各类表中相关人员的签字栏均须由本人签署。由施工单位提供附件的，应在附件上加盖骑缝章。

（4）各类表在实际使用中，应分类建立统一编码体系。各类表式应连续编号，不得重号、跳号。

（5）各类表中施工项目经理部用章的样章应在项目监理机构和建设单位备案，项目监理机构用章的样章应在建设单位和施工单位备案。

2. 由总监理工程师签字并加盖执业印章的表式

下列表式应由总监理工程师签字并加盖执业印章。

（1）工程开工令（表 A.0.2）。

（2）工程暂停令（表 A.0.5）。

（3）工程复工令（表 A.0.7）。

（4）工程款支付证书（表 A.0.8）。

（5）施工组织设计或（专项）施工方案报审表（表 B.0.1）。

（6）工程开工报审表（表 B.0.2）。

（7）单位工程竣工验收报审表（表 B.0.10）。

（8）工程款支付报审表（表 B.0.11）。

（9）费用索赔报审表（表 B.0.13）。

（10）工程临时或最终延期报审表（表 B.0.14）。

3. 需要建设单位审批同意的表式

下列表式需要建设单位审批同意。

（1）施工组织设计或（专项）施工方案报审表［仅对超过一定规模的危险性较大的分部分项工程专项施工方案（表 B.0.1）］。

（2）工程开工报审表（表 B.0.2）。

（3）工程复工报审表（表 B.0.3）。

（4）施工进度计划报审表（表 B.0.12）。

（5）费用索赔报审表（表 B.0.13）。

（6）工程临时或最终延期报审表（表 B.0.14）。

4. 需要工程监理单位法定代表人签字并加盖工程监理单位公章的表式

只有《总监理工程师任命书》（表 A.0.1）需要由工程监理单位法定代表人签字，并加盖工程监理单位公章。

5. 需要由施工项目经理签字并加盖施工单位公章的表式

《工程开工报审表》（表 B.0.2）、《单位工程竣工验收报审表》（表 B.0.10）必须由项目经理签字并加盖施工单位公章。

6. 其他说明

对于涉及工程质量方面的基本表式，由于各行业、各部门的专业要求不同，各类工程的质量验收应按相关专业验收规范及相关表式要求办理。如没有相应表式，工程开工前，项目监理机构应根据工程特点、质量要求、竣工及归档组卷要求，与建设单位、施工单位进行协商，定制工程质量验收相应表式。项目监理机构应事前使施工单位、建设单位明确定制各类表式的使用要求。

另外，一些地方监理协会也根据各地方的管理需要，制定了一些标准表式，如安徽省建设监理协会编制的《总监理工程师代表授权书》（表式见附录）等。

7.1.2　建设工程监理主要文件资料分类及编制要求

7.1.2.1　建设工程监理主要文件资料分类

1. 建设工程监理主要文件资料

（1）勘察设计文件、建设工程监理合同及其他合同文件。

（2）监理规划、监理实施细则。

（3）设计交底和图纸会审会议纪要。

（4）施工组织设计、（专项）施工方案、施工进度计划报审文件资料。

（5）分包单位资格报审会议纪要。

（6）施工控制测量成果报验文件资料。

（7）总监理工程师任命书，工程开工令、暂停令、复工令，开工或复工报审文件资料。

（8）工程材料、构配件、设备报验文件资料。

（9）见证取样和平行检验文件资料。

（10）工程质量检验报验资料及工程有关验收资料。

（11）工程变更、费用索赔及工程延期文件资料。

（12）工程计量、工程款支付文件资料。

（13）监理通知单、工程联系单与监理报告。

（14）第一次工地会议、监理例会、专题会议等会议纪要。

（15）监理月报、监理日志、旁站记录。

（16）工程质量或安全生产事故处理文件资料。

（17）工程质量评估报告及竣工验收监理文件资料。

（18）监理工作总结。

2. 其他

除了上述监理文件资料外，在设备采购和设备监造中还会形成监理文件资料，内容详见《建设工程监理规范》（GB/T 50319—2013）第 8.2.3 条和 8.3.14 条规定。

7.1.2.2　建设工程监理文件资料编制要求

《建设工程监理规范》（GB/T 50319—2013）明确规定了监理规划、监理实施细则、监理月报、监理日志和监理工作总结及工程质量评估报告等的编制内容和要求，其中，监理规划与监理实施细则的编制已在第 5 章详细阐述，故此处不再赘述。

1. 监理日志

监理日志是项目监理机构在实施建设工程监理过程中，每日对建设工程监理工作及施工进展情况所做的记录，由总监理工程师根据工程实际情况指定专业监理工程师负责记录。每天填写的监理日志内容必须真实、力求详细，主要反映监理工作情况。如涉及具体文件资料，应注明相应文件资料的出处和编号。

监理日志的主要内容包括：天气和施工环境情况；当日施工进展情况，包括工程进度情况、工程质量情况、安全生产情况等；当日监理工作情况，包括旁站、巡视、见证取样、平行检验等情况；当日存在的问题及协调解决情况；其他有关事项。

2. 监理例会会议纪要

监理例会是履约各方沟通情况、交流信息、研究解决合同履行中存在的各方面问题的主要协调方式。会议纪要由项目监理机构根据会议记录整理，主要内容包括以下几方面。

（1）会议地点及时间。

（2）会议主持人。

（3）与会人员姓名、单位、职务。

（4）会议主要内容、决议事项及其负责落实单位、负责人和时限要求。

（5）其他事项。

对于监理例会上意见不一致的重大问题，应将各方的主要观点，特别是相互对立的意见记入"其他事项"中。会议纪要的内容应真实准确，简明扼要，经总监理工程师审阅，与会各方代表会签，发至有关各方并应有签收手续。

3. 监理月报

监理月报是项目监理机构每月向建设单位和本监理单位提交的建设工程监理工作及建设工程实施情况等分析总结报告。监理月报既要反映建设工程监理工作及建设工程实施情况，也能确保建设工程监理工作的可追溯性。监理月报由总监理工程师组织编写、签认后报送建设单位和本监理单位。报送时间由监理单位与建设单位协商确定，一般在收到施工单位报送的工程进度，汇总本月已完工程量和本月计划完成工程量的工程量表、工程款支付申请表等相关资料后，在协商确定的时间内提交。

监理月报应包括以下主要内容。

（1）本月工程实施情况。

1）工程进展情况。实际进度与计划进度的比较，施工单位人、机、料进场及使用情况，本期在施部位的工程照片等。

2）工程质量情况。分部分项工程验收情况，工程材料、设备、构配件进场检验情况，主要施工、试验情况，本月工程质量分析。

3）施工单位安全生产管理工作评述。

4）已完工程量与已付工程款的统计及说明。

（2）本月监理工作情况。

1）工程进度控制方面的工作情况。

2）工程质量控制方面的工作情况。

3）安全生产管理方面的工作情况。

4）工程计量与工程款支付方面的工作情况。

5）合同及其他事项管理工作情况。

6）监理工作统计及工作照片。

（3）本月工程实施的主要问题分析及处理情况。

1）工程进度控制方面的主要问题分析及处理情况。

2）工程质量控制方面的主要问题分析及处理情况。

3）施工单位安全生产管理方面的主要问题分析及处理情况。

4）工程计量与工程款支付方面的主要问题分析及处理情况。

5）合同及其他事项管理方面的主要问题分析及处理情况。

（4）下月监理工作重点。

1）工程管理方面的监理工作重点。

2）项目监理机构内部管理方面的工作重点。

4. 工程质量评估报告

（1）工程质量评估报告编制的基本要求。

1）工程质量评估报告的编制应文字简练、准确、重点突出、内容完整。

2）工程竣工预验收合格后，由总监理工程师组织专业监理工程师编制工程质量评估报告。编制完成后，由项目总监理工程师及监理单位技术负责人审核签认并加盖监理单位公章后报建设单位。工程质量评估报告应在正式竣工验收前提交给建设单位。

（2）工程质量评估报告的主要内容。

1）工程概况。

2）工程参建单位。

3）工程质量验收情况。

4）工程质量事故及其处理情况。

5）竣工资料审查情况。

6）工程质量评估结论。

5. 监理工作总结

当监理工作结束时，项目监理机构应向建设单位和工程监理单位提交监理工作总结。监理工作总结由总监理工程师组织项目监理机构监理人员编写，由总监理工程师审核签字，并加盖工程监理单位公章后报建设单位。

监理工作总结应包括以下内容。

（1）工程概况。

1）工程名称、等级、建设地址、建设规模、结构形式以及主要设计参数。

2）工程建设单位、设计单位、勘察单位、施工单位（包括重点的专业分包单位）、检测单位等。

3）工程项目主要的分部、分项工程施工进度和质量情况。

4）监理工作的难点和特点。

（2）项目监理机构。监理过程中如有变动情况，应予以说明。

（3）建设工程监理合同履行情况。包括监理合同目标控制情况，监理合同履行情况，监理合同纠纷的处理情况等。

（4）监理工作成效。项目监理机构提出的合理化建议并被建设、设计、施工等单位采纳；发现施工中的差错，通过监理工作避免了工程质量事故、生产安全事故、累计核减工程款及为建设单位节约工程建设投资等事项的数据（可举典型事例和相关资料）。

（5）监理工作中发现的问题及其处理情况。监理过程中产生的监理通知单、监理报告、工作联系单及会议纪要等所提出问题的简要统计；由工程质量、安全生产等问题所引起的今后工程合理、有效使用的建议等。

（6）说明与建议。

7.2 建设工程监理文件资料管理职责和要求

7.2.1 管理职责

建设工程监理文件资料应以施工及验收规范、工程合同、设计文件、工程施工质量验收标准、建设工程监理规范等为依据填写，并随工程进度及时收集、整理、认真书写，项目齐全、准确、真实，无未了事项。表格应采用统一格式，特殊要求需增加的表格应统一归类，按要求归档。

根据《建设工程监理规范》（GB/T 50319—2013），项目监理机构文件资料管理的基本职责如下。

（1）应建立和完善监理文件资料管理制度，宜设专人管理监理文件资料。

（2）应及时、准确、完整地收集、整理、编制、传递监理文件资料，宜采用信息技术进行监理文件资料管理。

（3）应及时整理、分类汇总监理文件资料，并按规定组卷，形成监理档案。

（4）应根据工程特点和有关规定，保存监理档案，并应向有关单位、部门移交需要存档的监理文件资料。

7.2.2 管理要求

建设工程监理文件资料的管理要求体现在建设工程监理文件资料管理全过程，包括：监理文件资料收发文与登记、传阅、分类存放、组卷归档、验收与移交等。

7.2.2.1　建设工程监理文件资料收文与登记

项目监理机构所有收文应在收文登记表上按监理信息分类分别进行登记，应记录文件名称、文件摘要信息、文件发放单位（部门）、文件编号以及收文日期，必要时应注明接收文件的具体时间，最后由项目监理机构负责收文人员签字。

在监理文件资料有追溯性要求的情况下，应注意核查所填内容是否可追溯。如工程材料报审表中是否明确注明使用该工程材料的具体工程部位，以及该工程材料质量证明原件的保存处等。

当不同类型的监理文件资料之间存在相互对照或追溯关系（如监理通知与监理通知回复单）时，在分类存放的情况下，应在文件和记录上注明相关文件资料的编号和存放处。

项目监理机构文件资料管理人员应检查监理文件资料的各项内容填写和记录是否真实完整，签字认可人员应为符合相关规定的责任人员，并且不得以盖章和打印代替手写签认。建设工程监理文件资料以及存储介质的质量应符合要求，所有文件资料必须符合文件资料归档要求，如用碳素墨水填写或打印生成等，以满足长期保存的要求。

对于工程照片及声像资料等，应注明拍摄日期及所反映的工程部位等摘要信息。收文登记后应交给项目总监理工程师或由其授权的监理工程师进行处理，重要文件内容应记录在监理日志中。

涉及建设单位的指令、设计单位的技术核定单及其他重要文件等，应将其复印件公布在项目监理机构专栏中。

7.2.2.2　建设工程监理文件资料传阅与登记

建设工程监理文件资料需要由总监理工程师或其授权的监理工程师确定是否需要传阅。对于需要传阅的，应确定传阅人员名单和范围，并在文件传阅纸（表 7.1）上注明，将文件传阅纸随同文件资料一起进行传阅。也可按文件传阅纸样式刻制方形图章，盖在文件资料空白处，代替文件传阅纸。

表 7.1　　　　　　　　　　文 件 传 阅 纸 样 式

	文件名				
	收/发文日期				
	责任人			传阅期限	
传阅人员				签名：	
				签名：	
				签名：	
				签名：	
				签名：	

每一位传阅人员阅后应在文件传阅纸上签名，并注明日期。文件资料传阅期限不应超过该文件资料的处理期限。传阅完毕后，文件资料原件应交还信息管理人员存档。

7.2.2.3 建设工程监理文件资料发文与登记

建设工程监理文件资料发文应由总监理工程师或其授权的监理工程师签名，并加盖项目监理机构图章。若为紧急处理的文件，应在文件资料首页标注"急件"字样。

所有建设工程监理文件资料应要求进行分类编码，并在发文登记表上进行登记。登记内容包括：文件资料的分类编码、文件名称、摘要信息、接收文件的单位（部门）名称、发文日期（强调时效性的文件应注明发文的具体日期）。收件人收到文件后应签名。

发文应留有底稿，并附一份文件传阅纸，信息管理人员根据文件签发人指示确定文件责任人和相关传阅人员。文件传阅过程中，每位传阅人员阅后应签名并注明日期。发文的传阅期限不应超过其处理期限。重要文件的发文内容应记录在监理日志中。

项目监理机构的信息管理人员应及时将发文原件归入相应的资料柜（夹）中，并在文件资料目录中予以记录。

7.2.2.4 建设工程监理文件资料分类存放

建设工程监理文件资料经收/发文、登记和传阅工作程序后，必须进行科学的分类后进行存放。这样既可以满足工程项目实施过程中查阅、求证的需要，又便于工程竣工后文件资料的归档和移交。项目监理机构应备有存放监理文件资料的专用柜和用于监理文件资料分类存放的专用资料夹。大中型工程项目监理信息应采用计算机进行辅助管理。

建设工程监理文件资料的分类原则应根据工程特点及监理与相关服务内容确定，工程监理单位的技术管理部门应明确本单位文件档案资料管理的基本原则，以便统一管理并体现建设工程监理企业的特色。建设工程监理文件资料应保持清晰，不得随意涂改记录，保存过程中应保持记录介质的清洁和不破损。

建设工程监理文件资料的分类应根据工程项目的施工顺序、施工承包体系、单位工程的划分以及工程质量验收程序等，并结合项目监理机构自身的业务工作开展情况进行，原则上可按施工单位、专业施工部位、单位工程等进行分类，以保证建设工程监理文件资料检索和归档工作的顺利进行。项目监理机构信息管理部门应注意建立适宜的文件资料存放地点，防止文件资料受潮霉变或虫害侵蚀。

资料夹装满或工程项目某一分部工程或单位工程结束时，相应的文件资料应转存至档案袋，袋面应以相同编号予以标识。

7.2.2.5 建设工程监理文件资料组卷归档

建设工程监理文件资料归档内容、组卷方式及建设工程监理档案验收、移交和管理工作，应根据《建设工程监理规范》（GB/T 50319—2013）、《建设工程文件归档整理规范》（GB/T 50328—2014）以及工程所在地有关部门的规定执行。

1. 建设工程监理文件资料编制要求

（1）归档的文件资料一般应为原件。

（2）文件资料的内容及其深度须符合国家有关工程勘察、设计、施工、监理等方面的技术规范、标准的要求。

（3）文件资料的内容必须真实、准确，与工程实际相符。

（4）文件资料应采用耐久性强的书写材料，如碳素墨水、蓝黑墨水，不得使用易褪色的书写材料，如：红色墨水、纯蓝墨水、圆珠笔、复写纸、铅笔等。

（5）文件资料应字迹清楚，图样清晰，图表整洁，签字盖章手续完备。

（6）文件资料中文字材料幅面尺寸规格宜为 A4 幅面（297mm×210mm）。纸张应采用能够长时间保存的韧力大、耐久性强的纸张。

（7）文件资料的缩微制品，必须按国家缩微标准进行制作，主要技术指标（解像力、密度、海波残留量等）要符合国家标准，保证质量，以适应长期安全保管。

（8）文件资料中的照片及声像档案，要求图像清晰，声音清楚，文字说明或内容准确。

（9）文件资料应采用打印形式并使用档案规定用笔，手工签字，在不能使用原件时，应在复印件或抄件上加盖公章并注明原件保存处。

应用计算机辅助管理建设工程监理文件资料时，相关文件和记录经相关负责人员签字确定、正式生效并已存入项目监理机构相关资料夹时，信息管理人员应将储存在计算机中的相应文件和记录的属性改为"只读"，并将保存的目录名记录在书面文件上，以便于进行查阅。在建设工程监理文件资料归档前，不得删除计算机中保存的有效文件和记录。

2. 建设工程监理文件资料组卷方法及要求

（1）组卷原则及方法。

1）组卷应遵循监理文件资料的自然形成规律，保持卷内文件的有机联系，便于档案的保管和利用。

2）一项建设工程由多个单位工程组成时，应按单位工程组卷。

3）监理文件资料可按单位工程、分部工程、专业、阶段等组卷。

（2）组卷要求。

1）案卷不宜过厚，一般不超过 40mm。

2）案卷内不应有重份文件，不同载体的文件一般应分别组卷。

（3）卷内文件排列。

1）文字材料按事项、专业顺序排列。同一事项的请示与批复、同一文件的印本与定稿、主件与附件不能分开，并按批复在前、请示在后，印本在前、定稿在后，主件在前附件在后的顺序排列。

2）图纸按专业排列，同专业图纸按图号顺序排列。

3）既有文字材料又有图纸的案卷，文字材料排前，图纸排后。

3. 建设工程监理文件资料归档范围和保管

建设工程监理文件资料的归档保存应严格遵循保存原件为主、复印件为辅和按照一定顺序归档的原则。《建设工程文件归档整理规范》（GB/T 50328——2014）规定的监理文件资料必须归档和可选择性归档的范围见表7.2。

表 7.2　　建设工程监理文件资料必须归档和选择性归档范围

序号	归档文件		保存单位		
			建设单位	监理单位	城建档案馆
1	招标文件	工程监理招标文件	▲		
2		监理合同	▲	▲	▲
3	工程建设基本信息	监理单位工程项目总监及监理人员名册	▲	▲	▲
4	监理管理文件	监理规划	▲	▲	▲
5		监理实施细则	▲	▲	▲
6		监理月报	△	▲	
7		监理会议纪要	▲	▲	
8		监理工作日志		▲	
9		监理工作总结		▲	▲
10		工作联系单	▲	△	
11		监理工程师通知	▲	△	△
12		监理工程师通知回复	▲	△	△
13		工程暂停令	▲	△	▲
14		工程复工报审表	▲	▲	▲
15	进度控制文件	工程开工报审表	▲	▲	▲
16		施工进度计划报审表	▲	△	
17	质量控制文件	质量事故报告及处理资料	▲	▲	▲
18		旁站监理记录	△	▲	
19		见证取样和送检人员备案表	▲	▲	
20		见证记录	▲	▲	
21	造价控制文件	工程款支付	▲	△	
22		工程款支付证书	▲	△	
23		工程变更费用报审表	▲	△	
24		费用索赔申请表	▲	△	
25		费用索赔审批表	▲	△	
26	工期管理文件	工程延期申请表	▲	▲	▲
27		工程延期审批表	▲	▲	▲
28	监理验收文件	竣工移交证书	▲	▲	▲
29		监理资料移交书	▲	▲	

注　表中符号"▲"表示必须归档保存；"△"表示选择性归档保存。

4. 其他

与建设工程有关的监理单位必须归档的文件还包括：建设工程施工许可证，工程概况表，分包单位资质报审表，图纸会审记录，设计变更通知单，工程洽商记录（技术核定单），原材料出厂质量证明及检测报告，节能工程材料复试报告，隐蔽工程验收记录，工程定位测量记录，基槽验线记录，地基验槽记录，分项工程质量验收记录，分部（子分部）工程质量验收记录，建筑节能分部工程质量验收记录，工程竣工验收报告，工程竣工验收会议纪要，专家组竣工验收意见，工程竣工验收证书，规划、消防、环保、民防、防雷等部门出具的认可文件或使用文件，建设工程竣工验收备案表等。

7.2.2.6 建设工程监理文件资料验收与移交

1. 验收

城建档案管理部门对需要归档的建设工程监理文件资料验收要求包括以下几方面。

（1）监理文件资料分类齐全，系统完整。

（2）监理文件资料的内容真实，准确反映了建设工程监理活动和工程实际状况。

（3）监理文件资料已整理组卷，组卷符合《建设工程文件归档整理规范》（GB/T 50328—2014）的规定。

（4）监理文件资料的形成、来源符合实际，要求单位或个人签章的文件，签章手续完备。

（5）文件材质、幅面、书写、绘图、用墨、托裱等符合要求。

对国家、省市重点工程项目或一些特大型、大型工程项目的预验收和验收，必须有地方城建档案管理部门参加。

为确保监理文件资料的质量，编制单位、地方城建档案管理部门、建设行政管理部门等要对归档的监理文件资料进行严格检查、验收。对不符合要求的，一律退回编制单位进行改正、补齐。

2. 移交

（1）列入城建档案管理部门接收范围的工程，建设单位在工程竣工验收后3个月内向城建档案管理部门移交一套符合规定的工程档案（含监理文件资料）。

（2）停建、缓建工程的监理文件资料暂由建设单位保管。

（3）对改建、扩建和维修工程，建设单位应组织工程监理单位据实修改、补充和完善监理文件资料，对改变的部位，应当重新编写，并在工程竣工验收后3个月内向城建档案管理部门移交。

（4）建设单位向城建档案管理部门移交工程档案（含监理文件资料），应办理移交手续，填写移交目录，双方签字、盖章后交接。

（5）工程监理单位应在工程竣工验收前将监理文件资料按合同约定的时间、套数移交给建设单位，办理移交手续。

思 考 题

7.1 建设工程监理基本表式有哪几类？应用时应注意什么？

7.2 主要的监理文件资料有哪些？编制时应注意什么？

7.3 项目监理机构对监理文件资料的管理职责有哪些？

7.4 监理文件资料的编制质量要求有哪些？

7.5 根据《建设工程文件归档整理规范》（GB/T 50328—2014），监理文件资料归档范围有哪些？

7.6 需要归档的监理文件资料的验收有哪些要求？

第8章

建设工程监理相关服务

教学目标：

- 熟悉相关服务的内容、程序、措施、制度。
- 熟悉建设工程勘察、设计、保修阶段服务内容。
- 了解建设工程监理与项目管理一体化。

8.1 建设工程监理相关服务概述

《建设工程监理合同（示范文本）》（GF—2012—0202）将施工监理以外的，建设单位需要工程监理单位在工程勘察、设计、招标、保修等阶段提供的服务及其他咨询服务定义为"相关服务"。之所以称为相关服务，是因为这些服务与建设工程监理相关，即这些服务是以建设工程监理为基础的服务，是建设单位在委托建设工程监理的同时委托给监理单位的服务。如果建设单位不委托监理单位实施施工监理而只要求其提供项目管理服务或技术咨询服务，则双方不必签订建设工程监理合同，而只需签订项目管理合同或技术咨询合同即可。建设单位可以委托其中的一项、多项或全部服务。相关服务有别于施工阶段的强制性监理，属于非强制性的管理咨询服务范畴，是工程监理企业将服务范围从施工监理阶段向工程建设的两端延伸，是监理企业需要拓展的业务领域。

在《建设工程监理合同（示范文本）》（GF—2012—0202）（附录 A）中，双方应约定相关服务的范围和内容，服务方式、人员要求、工作依据、双方责任和义务、成果形式、服务期限、服务酬金、质量要求等内容，避免漏项和歧义。工程监理单位应根据建设工程监理合同的约定，开展相关服务工作，编制相关服务工作计划。

8.1.1 相关服务工作计划

相关服务工作计划应包括相关服务工作的内容、程序、措施、制度等。

1. 相关服务工作内容

相关服务工作计划中列出的工作内容应与建设工程监理合同约定的内容相符。如协助建设单位编制勘察设计任务书、选择勘察设计单位、编制勘察成果评估报告等，并根据项目监理机构人员情况和项目情况将相关服务内容进行细分，以便于进一步落实计划。

2. 相关服务程序

可按照管理工作的不同特性和具体任务进行编制，一般用工作流程图的形式表示，以表明各项工作之间的逻辑关系。相关服务程序主要包括：质量控制程序、进度控制程序、费用控制程序、合同管理程序等。

3. 相关服务措施

针对相关服务内容和程序制定落实措施，包括内容、手段、工具及其他保障措施等。

4. 相关服务制度

主要包括工作检查制度、计划执行制度、人员岗位职责、协调制度、考核制度等。

8.1.2 相关服务的文件资料

工程监理单位应按规定汇总整理、分类管理相关服务工作的文件资料。相关服务的文件资料分类应根据服务的阶段和内容在相关服务工作计划中确定，一般应包括以下几方面。

（1）监理合同及补充协议。

（2）相关服务工作计划。

（3）相关服务的依据性文件。

（4）相关服务的过程性文件（会议纪要、工作日志、检查和审核记录、通知和联系单、支付证书、月报、谈判纪要、调查和考察报告、来往文件等）。

（5）工作成果或评估报告。

（6）回访记录、工程质量缺陷检查及修复复查记录等。

（7）相关服务工作总结。

8.2 建设工程勘察设计、保修阶段服务

8.2.1 勘察设计阶段服务

8.2.1.1 协助委托单位编制工程勘察设计任务书

工程监理单位应协助建设单位编制工程勘察设计任务书和选择工程勘察设计单位，并应协助建设单位签订工程勘察设计合同。

1. 工程勘察设计任务书的编制

工程勘察设计任务书应包括以下主要内容。

（1）工程勘察设计范围：工程名称、工程性质、拟建地点、相关政府部门对项目的限制条件等。

（2）工程项目的建设目标和建设标准。

（3）对建设勘察设计成果的要求，包括提交内容、提交质量和深度要求、提交时间、提交方式等。

2. 选择工程勘察设计单位时的注意事项

（1）选择方式。根据相关法律法规要求，采用招标或直接委托方式。如果是采用招标方式，需要明确是公开招标还是邀请招标；是国际招标还是国内招标；是设计竞赛还是方案征集等。

（2）拟委托的勘察设计任务的范围和内容。包括各阶段设计的深度，各阶段设计的设计者、优化者和相互间的衔接方式，与专业设计的关系和管理模式。

（3）勘察设计单位的资质条件及信誉度。

（4）团队经验和人员资格要求。

（5）质量的保证措施和服务。

（6）各阶段工作的进度要求。

（7）费用预算和使用计划。

（8）合同类型。

3. 工程勘察设计合同谈判与签订

（1）合同谈判。根据勘察设计招标文件和设计任务书的要求，在合同谈判过程中，进一步对工程勘察设计工作范围、深度、质量、进度要求予以细化。

（2）合同签订应注意的事项。

1）合同中应界定由于地质情况、工程变化或政府审查导致的工程勘察、设计范围的变更，工程勘察单位的相应义务。

2）合同中应明确工程勘察费用涵盖的工作范围，并根据工程特点确定付款节点和方式。

3）在合同中应明确工程勘察设计单位与其他工程参建单位的配合义务。

4）强调限额设计，将施工图预算控制在工程概算内。鼓励设计单位应用价值工程等管理手段优化设计方案，并制定奖励措施。

8.2.1.2 工程勘察过程中的服务

1. 工程勘察方案的审查

工程监理单位应审查勘察单位提交的勘察方案（勘察方案报审表可按附录中表B.0.1的要求填写），提出审查意见，并报建设单位。变更勘察方案时，应按原程序重新审查。

工程监理单位在审查勘察单位提交的勘察方案前，应事先掌握工程特点、设计要求及现场地质概况，运用综合分析手段，对方案进行详细审查。重点审查以下内容。

（1）勘察技术方案中工作内容与勘察合同及设计要求是否相符，是否存在漏项或冗余。

（2）勘察点的布置是否合理，其数量、深度是否满足规范和设计要求。

（3）各类相应的工程地质勘察手段、方法和程序是否合理，是否符合有关规范的要求。

（4）勘察重点是否符合勘察项目特点，技术与质量保证措施是否还需要细化，以确保勘察成果的有效性。

（5）勘察方案中配备的勘察设备是否满足本项目勘察技术要求。

（6）勘察单位现场勘察组织及人员安排是否合理，是否与勘察进度计划相匹配。

（7）勘察进度计划是否满足工程总进度计划。

2. 工程勘察现场及室内实验人员、设备及仪器的检查

工程监理单位应检查工程勘察现场及室内试验主要操作人员的资格，以及所使用设备、仪器计量的检定情况。根据《建设工程勘察设计管理条例》的规定，国家对从事建设工程勘察、设计活动的专业技术人员，实行执业资格注册管理制度。

（1）主要岗位操作人员。现场及室内试验主要岗位操作人员是指钻探设备操作人员、记录人员和室内实验的数据签字和审核人员。一般情况下，要求具有上岗证的操作人员包括岩土工程原位测试检测员、室内试验检测员和土工试验上岗人员等。工程监理单位应在工程勘察工作开始前，对主要岗位操作人员进行审查，核对上岗证，并要求勘察作业时随身携带上岗证备查。

（2）工程勘察设备、仪器。工程勘察企业应当确保仪器、设备的完好，钻探、取样的机具设备，原样测试，室内试验及测量仪器等应符合有关规范、规程的要求。对于工程现场勘察使用的设备、仪器计量，要求勘察单位做好使用和检定台账。工程监理单位不定期检查相应的检定证书，发现问题时应要求工程勘察单位停止使用不合格的勘察设备、仪器，直至提供相关检定证书方可继续使用。

3. 工程勘察过程控制

（1）工程监理单位应检查工程勘察进度计划执行情况、督促勘察单位完成勘察合同约定的工作内容、审核勘察单位提交的勘察费用支付申请表（按附录表 B.0.11 的要求填写），以及签发勘察费用支付证书（按附录表 A.0.8 要求填写），并报建设单位。

1）工程监理单位在检查勘察进度计划执行情况时的主要工作。

a. 审核勘察进度计划是否符合勘察合同的约定，是否与勘察设计方案相符。

b. 记录实际勘察进度，对不符合进度计划的现象或遗漏处予以分析，必要时下发通知，要求勘察单位进行调整。

c. 定期召开会议，及时解决勘察中存在的问题。

2）必须满足下列条件，工程监理单位方可签署勘察费用支付申请表及勘察费用支付证书。

a. 勘察成果进度、质量符合勘察合同及规范标准的相关要求。

b. 勘察变更内容的增补费用具有相应的文件，如补充协议、工程变更单、工程联系单和监理通知等。

c. 各项支付款项符合勘察合同支付条款的规定。

d. 勘察费用支付申请符合程序要求。

（2）工程监理单位应检查工程勘察单位执行勘察方案的情况，对重要点位的勘探与测试进行现场检查，必要时可实施旁站。发现问题时，应及时通知勘察单位一起到现场进行核查。当监理单位与勘察单位对重大工程地质问题认识不一致时，工程监理单位应提出书面意见供工程勘察单位参考，必要时可建议邀请有关专家进行专题论证，并及时报告建设单位。

工程监理单位在检查勘察单位执行勘察方案情况时，应重点检查以下内容。

1）工程地质勘察范围、内容是否准确、齐全。

2）钻探及原位测试等勘探点的数量、深度及勘探操作工艺、现场记录和勘探测试成果是否符合规范要求。

3）水、土、石样的数量和质量是否符合要求。

4）取样运输和保管方法是否得当。

5）试验项目、试验方法和成果资料是否全面。

6）物探方法的选择、操作过程和解释成果资料是否准确、完整。

7）水文地质试验方法、试验过程及成果资料是否准确、完整。

8）勘察单位操作是否符合安全操作规章制度。

9）勘察单位内业是否规范。

4. 工程勘察成果审查

工程监理单位应审查工程勘察单位提交的勘察成果报告（按附录中表 B.0.7 的要求填写），并向建设单位提交工程勘察成果评估报告，同时应参与工程勘察成果的验收。

（1）勘察文件深度的要求。勘察报告的深度、与勘察标准的符合情况是审查和评估报告的重点。勘察报告深度应符合国家、地方及有关政府部门的相关文件要求，同时必须满足工程设计和勘察合同约定的要求。此外，勘察文件需符合国家法律法规和现行工程建设标准规范的规定，尤其是工程建设强制性标准必须严格执行。勘察文件深度的一般要求如下。

1）岩土工程勘察应正确反映场地工程地质条件、查明不良地质作用和地质灾害，并通过对原始资料的整理、检查、分析，提出资料完整、评价正确、建议合理的勘察报告。

2）勘察报告应有明确的针对性。详勘阶段报告应满足施工图设计的要求。

3）勘察报告一般由文字部分和图表构成。

4）勘察报告应采用计算机辅助编制。勘察文件的文字、标点、术语、代号、符号、数字应符合有关标准、规范的要求。

5）勘察报告应有完成单位的公章（法人公章或资料专用章），应有法人代表（或其委托代理人）和项目主要负责人签章。图表应有完成人、检查人或审核人签字。各种原位测试和室内试验，其成果应有试验人、检查人或审核人签字，当测试、试验项目委托其他单位完成时，受托单位提交的成果还应有该单位公章、单位负责人签章。

（2）工程勘察成果评估报告。勘察评估报告由总监理工程师组织各专业监理工程师编制，必要时可邀请相关专家参加。在评估报告编制过程中，应以项目的审批意见、设计要求，标准规范、勘察合同和监理合同等文件为依据，与勘察、设计单位保持沟通，在监理合同约定的时限内完成评估，并提交建设单位。勘察成果评估报告应包括下列内容：①勘察工作概况；②勘察报告编制深度、与勘察标准的符合情况；③勘察任务书的完成情况；④存在的问题及建议；⑤评估结论。

评估结论是对勘察成果质量及完成情况的总体性判断和结论性意见，是建设单位支付勘察款项的依据。勘察成果评估结论一般包括：勘察成果是否符合相关规定；勘察成果是否符合勘察任务书要求；勘察成果依据是否充分；勘察成果是否真实、准确、可靠；存在问题汇总及解决方案建议；勘察成果是否可以验收等。

8.2.1.3 工程设计过程中的服务

1. 工程设计进度计划的审查

工程监理单位应依据设计合同及项目总体计划要求审查各专业、各阶段设计进度计划。审查内容包括。

（1）计划中各个节点是否存在漏项。

（2）出图节点是否符合建设工程总体计划进度节点要求。

（3）分析各阶段、各专业工种设计工作量和工作难度，并审查相应设计人员的配置安排是否合理。

（4）各专业计划的衔接是否合理，是否满足工程需要。

2. 工程设计过程控制

工程监理单位应检查设计进度执行情况，督促设计单位完成设计合同约定的工作内容、审核设计单位提交的设计费用支付申请表，以及签认设计费用支付证书，并报建设单位。工程监理单位检查设计进度执行情况时的主要工作与检查勘察单位进度执行情况的工作相同。

3. 工程设计成果审查

工程监理单位应审查设计单位提交的设计成果，并提出评估报告。评估报告应包括下列内容：设计工作概况；设计深度、与设计标准的符合情况；设计任务书的完成情况；有关部门审查意见的落实情况；存在问题及建议。

（1）审查设计成果主要审查方案设计是否符合规划设计要点，初步设计是否符合方案设计要求，施工图设计是否符合初步设计要求。

（2）设计成果评估报告一般包括以下内容。

1）对设计深度及与设计标准符合情况的评估。

2）对设计任务书完成情况的评估。

a. 设计成果内容范围是否全面，是否有遗漏。

b. 设计成果的功能项目和设备设施配套情况是否符合设计任务书提出的工程使用功能和建设标准的要求。

c. 设计成果是否满足设计基础资料中的基本要求，如气象、地形地貌、水文地质、地震基本烈度、区域位置等。

d. 设计成果质量是否满足设计任务书要求，是否科学、合理、可实施，是否符合相关标准和规范要求，各专业设计文件之间是否存在冲突和遗漏。

e. 设计成果是否满足设计任务书中提出的相关政府部门对项目的限制条件，尤其是主要经济指标，如总用地面积、总建筑面积、容积率、建筑密度、绿地率、建筑高度等。

f. 设计概算、预算是否满足建设单位既定投资目标要求。

g. 设计成果提交的时间是否符合设计任务书要求。

3）对有关部门审查意见的落实情况的评估。一般是指对规划、国土资源、环保、卫生、交通、消防、抗震、水务、民防、绿化市容、气象等相关政府管理部门意见的落实情况的评估。

4）存在的问题及建议。工程监理单位在评估报告最后，需将各阶段设计成果审查过程中发现的问题和薄弱环节进行汇总，提交设计单位，在下阶段设计中予以调整或修改，以确保设计文件的质量。此外，工程监理单位还应根据自身经验、专家意见，针对项目特点及设计成果提出建议，供建设单位决策。工程监理单位在评估报告中提出的问题，宜分门别类，便于各方有针对性的提出解决方案。

工程监理单位提出的建议应从经济合理性、技术先进性、可实施性等几个方面进行综合考虑。在提出建议的同时，宜提出该建议对项目投资、进度、质量目标的影响程度，便于建设单位决策。

4. 工程设计"四新"的审查

工程监理单位应审查设计单位提出的新材料、新工艺、新技术、新设备在相关部门的备案情况，必要时应协助建设单位组织专家评审。"四新"评审时需注意以下几方面。

（1）审查工作主要针对目前尚未经过国家、地方、行业组织评审、鉴定的新材料、新工艺、新技术、新设备。因为《建筑工程勘察设计管理条例》第二十九条规定，建设工程勘察、设计文件中采用的新技术、新材料，可能影响建筑工程质量和安全，又没有国家技术标准的，应当由国家认可的检测机构进行试验、论证，出具检测报告，并报国务院有关部门或者省、自治区、直辖市人民政府有关部门组织的建筑工程技术专家委员会审定后方可使用。

（2）审查设计中的新技术、新工艺、新材料、新设备是否受到当前施工条件和施工机械设备能力以及安全施工等因素限制。如存在，则组织设计单位、施工单位以及相关专家共同研讨，提出可实施的解决方案。

（3）凡涉及"四新"的设计内容宜提前向有关部门报审，以免影响后续工作。

5. 工程设计概算、施工图预算的审查

为将工程投资控制在投资目标内，防止投资规模扩大或出现漏项现象，减少投资风险带来的负面影响，工程监理单位应审查设计单位提出的设计概算、施工图预算，提出审查意见，并报建设单位。设计概算和施工图预算的审查内容包括以下几方面。

（1）工程设计概算和施工图预算的编制依据是否准确。

（2）工程设计概算和施工图预算内容是否充分反映自然条件、技术条件、经济条件，是否合理运用各种原始资料提供的数据，编制说明是否齐全等。

（3）各类取费项目是否符合规定，是否符合工程实际，有无遗漏或在规定之外取费。

（4）工程量计算是否正确，有无漏算、重复计算和计算错误，对计算工程量中各种系数的选用是否有合理依据。

（5）各分部分项套用的定额单价是否正确，定额中参考价是否恰当。编制的补充定额，取值是否合理。

（6）若建设单位有限额设计要求，则还应审查设计概算和施工图预算是否控制在规定的限额范围内。

8.2.1.4 工程勘察设计阶段其他相关服务

1. 工程索赔事件防范

工程勘察合同履行过程中，一旦发生约定的工作、责任范围变化或工程内容、环境、法规等变化，势必导致相关方索赔事件的发生。因此，工程监理单位应对工程参建各方可能提出的索赔事件进行分析，在合同签订和履行过程中采取防范措施，尽可能减少索赔事件的发生，避免对后续工作造成影响。

工程监理单位对勘察设计阶段索赔事件进行防范的对策包括以下几方面。

（1）协助建设单位编制符合工程特点及建设单位实际需要的勘察设计任务书、勘察设计合同等勘察设计依据性文件。

（2）加强对工程设计勘察方案和勘察设计进度计划的审查。

（3）协助建设单位及时提供勘察设计工作必需的基础性文件。

（4）保持与工程勘察设计单位沟通，定期组织勘察设计会议，及时解决勘察设计单位提出的合理要求。

（5）检查工程勘察设计工作情况，发现问题及时提出，减少错误。

（6）及时检查工程勘察设计文件及勘察设计成果，并报建设单位。

（7）严格遵循变更流程，谨慎对待变更事宜，减少不必要的工程变更。

2. 协助建设单位组织工程设计成果评审

工程监理单位应协助建设单位组织专家对工程设计成果进行评审。工程设计成果评审的程序如下。

（1）事先建立评审制度和程序，并编制设计成果评审计划，列出预评审的设计成果清单。

（2）根据设计成果特点，确定相应的专家人选。

（3）邀请专家参与评审，并提供专家所需评审的设计成果资料、建设单位的需求及相关部门的规定等。

（4）组织专家对设计成果评审的会议，收集各专家的评审意见。

（5）整理、分析专家评审意见，提出相关建议或解决方案，形成会议纪要或报告，作为设计优化或下一阶段设计的依据，并报建设单位或相关部门。

3. 协助建设单位报审工程设计文件

为保证各阶段设计文件的设计深度和质量，保证设计文件的完整性和合规性，相关政府部门需对设计方案、初步设计文件进行审查，并对施工图实行委托审查制度。设计文件由建设单位提交相关政府部门或机构审核，工程监理单位可协助建设单位进行报审，并督促设计单位按照审批意见进行完善，以确保设计文件的质量。

工程监理单位协助建设单位报审工程设计文件时，①要了解政府设计文件审批程序、报审条件及所需提供的资料等信息，以做好充分准备；②应提前向相关部门进行咨询，获得相关部门的咨询意见，以提高设计文件质量；③应事先检查设计文件及附件的完整性、合规性；④及时与相关政府部门联系，及时根据审批意见进行反馈和督促设计单位予以完善。

4. 处理工程勘察设计延期、费用索赔

由于工程情况复杂，容易造成勘察设计工作任务、内容发生变化，导致勘察设计单位对工作时间延误、费用增加等进行索赔。工程监理单位应根据勘察设计合同，妥善处理相关索赔事宜。

勘察设计的索赔原因一般包括：建设单位未及时提供设计工作所需的基础性资料；建设单位变更工程内容、功能需求；建设单位资金安排不当，影响设计工作；建设单位确认设计文件的时间延迟；相关法律法规的重大变化；工程环境变化或不可抗力产生等。《勘察设计延期报审表》可按附录表 B. 0. 14、《勘察设计费用索赔报审表》可按附录表 B. 0. 13 的要求填写。

工程监理单位处理索赔事件时，可借鉴施工阶段索赔处理程序和方法，遵循"谁索赔，谁举证"的原则，以勘察设计合同和有效证据为依据，出具索赔审查报告。

8.2.2 工程保修阶段服务

工程保修阶段的服务工作一般宜委托施工阶段同一家监理单位承担，保修阶段相关服务的范围和内容、服务期限和服务酬金应在监理合同中明确。这里的服务期限指的是工程缺陷责任期，不是国家法定的建设工程保修期限。

8.2.2.1 定期回访

工程监理单位承担保修阶段的服务时，应进行定期回访。所以履行保修期相关服务的监理单位，事先应制定工程保修期回访计划明确检查内容，并报建设单位批准。保修期间，应按保修期回访计划及检查内容开展工作，做好记录，定期向建设单位汇报。遇到突发事件时，应及时到场，分析原因和责任，并妥善处理，将处理结果报建设单位。保修期相关服务结束前，监理单位应组织建设单位、使用单位、勘察设计单位、施工单位等相关单位对工程进行全面检查，编制检查报告，作为保修期相关服务工作总结的内容一起报建设单位。

8.2.2.2 工程质量缺陷处理

对建设单位或使用单位提出的工程质量缺陷，工程监理单位应安排监理人员进行现场检查和记录，对工程质量缺陷原因进行调查，并与建设单位、施工单位协商确定责任归属。同时，要求施工单位予以修复，并监督实施过程，合格后予以签认。对于非施工单位原因造成的工程质量缺陷，监理单位应核实施工单位申报的修复工程费用，并应签认工程款支付证书，同时报建设单位。为保证工作的连续性，工程监理单位宜在施工阶段监理人员中保留必要的专业监理工程师，对施工单位的修复工程进行验收和签认。

对于一般工程质量缺陷，可由工程监理单位直接通知施工单位保修人员进行保修；对于比较严重的质量缺陷或问题，则由工程监理单位组织建设单位、勘察设计单位、施工单位共同分析原因，确定修复处理方案，经总监理工程师批准后，由监理人员监督施工单位实施。若修复处理方案不能得到及时实施，工程监理单位应书面通知建设单位，并建议建设单位委托其他施工单位实施，费用由责任者承担。

工程监理单位对非施工单位原因造成的工程质量缺陷修复费用核实过程中，应注意以下几个方面。

（1）修复费用核实应以各方确定的修复方案为依据。

（2）修复质量合格验收后，方可计取全部修复费用。

（3）修复工程的建筑材料费、人工费、机械费等价格应按正常的市场价格计取，所发生的材料、人工、机械台班数量一般按实结算，也可按相关定额或事先约定的方式结算。

8.3 建设工程监理与项目管理一体化

8.3.1 建设工程监理与项目管理服务的区别

尽管建设工程监理与项目管理服务都是社会化的专业单位为建设单位（业主）提供服务，但在服务性质、范围和侧重点等方面有着本质区别。

8.3.1.1 服务性质不同

建设工程监理是一种强制实施的制度。属于国家规定强制实施监理的工程，建设单位必须委托建设工程监理，工程监理单位不仅要承担建设单位委托的工程项目管理任务，还需要承担法律法规所赋予的社会责任，如安全生产管理方面的职责和义务。工程项目管理服务属于自愿委托性质，建设单位的人力资源有限、专业性不能满足工程建设管理需要时，才会委托工程项目管理单位协助其实施项目管理。

8.3.1.2　服务范围不同

目前，建设工程监理定位于工程施工阶段，而工程项目管理服务可以覆盖项目策划决策、建设实施（设计、施工）的全过程。

8.3.1.3　服务侧重点不同

建设工程监理单位尽管也要采用规划、控制、协调等方法为建设单位提供专业化服务，但其中心任务是目标控制。工程项目管理单位能够在项目策划决策阶段为建设单位提供专业化的项目管理服务，更能体现项目策划的重要性，更有利于实现工程项目的全寿命期、全过程管理。

8.3.2　建设工程监理与项目管理一体化的实施条件和组织职责

建设工程监理与项目管理一体化是指工程监理单位在实施建设工程监理的同时，为建设单位提供项目管理服务。由同一家工程监理单位为建设单位同时提供建设工程监理与项目管理服务，既符合国家推行建设工程监理制度的要求，又能满足建设单位对于工程项目管理专业化服务的需求，而且从根本上避免了建设工程监理与项目管理职责的交叉重叠。推行建设工程监理与项目管理一体化，对于深化我国工程项目管理体制和工程项目实施组织方式的改革，促进工程监理企业的持续健康发展具有十分重要的意义。

8.3.2.1　实施条件

实施建设工程监理与项目管理一体化，须具备以下条件。

1. 建设单位的信任和支持是前提

建设单位的信任和支持是顺利推进建设工程监理与项目管理一体化的前提。首先，建设单位要有建设工程监理与项目管理一体化的需求；其次，建设单位要严格履行合同，充分信任工程监理单位，全力支持工程监理与项目管理机构的工作，尊重建设监理与项目管理机构的意见和建议，这是鼓舞和激发建设工程监理与项目管理机构人员积极主动开展工作的重要条件。

2. 建设工程监理与项目管理队伍素质是基础

高素质的专业队伍是提供建设工程监理与项目管理一体化服务的基础。建设工程监理与项目管理一体化服务对建设工程监理与项目管理人员提出了更高的要求，专业管理人员必须是复合型人才，需要懂技术、会管理、善协调。如果没有集工程技术、工程经济、项目管理、法规标准于一体的综合素质，不具有工程项目集成化管理能力，很难得到建设单位的认可和信任。

3. 建立健全相关制度和标准是保证

建设工程监理与项目管理一体化模式的实施，需要相关制度和标准加以规范。对建设工程监理与项目管理机构而言，需要在总监理工程师的全面管理和指导下，建立健全相关规章制度，并进一步明确建设工程监理与项目管理一体化服务的工作流程，不断完善建设工程监理与项目管理一体化服务的工作指南，实现建设工程监理与项目管理一体化服务的规范化、标准化。

8.3.2.2　组织机构及岗位职责

对于工程监理企业而言，实施建设工程监理与项目管理一体化，首先需要结合工程项目特点、建设工程监理与项目管理要求，建立科学的组织机构，合理划分管理部门和岗位职责。

1. 组织机构设置

实施建设工程监理与项目管理一体化，仍应实行总监理工程师负责制。在总监理工程师全面管理下，工程监理单位派驻工程现场的机构可下设工程监理部、规划设计部、合同信息部、工程管理部等。

2. 部门及岗位职责

总监理工程师是工程监理单位在建设工程项目的代表人。总监理工程师将全面负责履行建设工程监理与项目管理合同、主持建设工程监理与项目管理机构的工作。

总监理工程师负责确定建设工程监理与项目管理机构的人员分工和岗位职责；组织编写工程监理与项目管理计划大纲，并负责建设工程监理与项目管理机构的日常工作；负责对建设工程监理与项目管理情况进行监控和指导；组织制定和实施建设工程监理与项目管理制度；组织建设工程监理与项目管理会议；定期组织形成工程监理与项目管理报告；发布有关建设工程监理与项目管理指令；协调有关各方之间的关系等。

除建设工程监理部负责完成建设工程监理合同和《建设工程监理规范》（GB/T 50319—2013）中规定的监理工作外，规划设计、合同信息、工程管理等部门将分别负责承担工程项目管理服务相关职责。

（1）规划设计部职责。规划设计部负责协调建设单位进行工程项目策划以及设计管理工作。工程项目策划包括：项目方案策划、融资策划、项目组织实施策划、项目目标论证及控制策划等。工程设计管理工作包括：协助建设单位组织重大技术问题的论证；组织审查各阶段设计方案；组织工程设计变更的审核和咨询；协助建设单位组织设计交底和图纸会审会议等。

（2）合同信息部职责。合同信息部协助建设单位组织工程勘察、设计、施工及材料设备的招标工作；协助建设单位进行各类合同管理工作；审核与合同有关的实施方案、变更申请、结算申请；协助建设单位进行材料设备的采购管理工作；负责工程项目信息管理工作等。

（3）工程管理部职责。协助建设单位编制工程项目管理计划、办理前期有关报批手续、进行外部协调工作，为建设单位顺利实施创造条件。

思 考 题

8.1 建设工程勘察、设计、保修阶段服务内容有哪些？

8.2 建设工程监理与项目管理服务有哪些区别？

8.3 建设工程监理与项目管理一体化管理组织的职责有哪些？

8.4 建设工程监理与项目管理一体化的实施条件有哪些？

8.5 对勘察单位执行勘察方案的情况的检查，工程监理单位应重点检查哪些内容？

8.6 工程监理单位防范勘察设计阶段索赔事件的对策有哪些？

附录 建设工程监理相关合同 示范文本及标准

《建设工程监理合同（示范文本）》（GF—2012—0202）

第一部分 协 议 书

委托人（全称）：_____

监理人（全称）：_____

根据《中华人民共和国合同法》《中华人民共和国建筑法》及其他有关法律、法规，遵循平等、自愿、公平和诚信的原则，双方就下述工程委托监理与相关服务事项协商一致，订立本合同。

一、工程概况

1. 工程名称：_____；

2. 工程地点：_____；

3. 工程规模：_____；

4. 工程概算投资额或建筑安装工程费：_____。

二、词语限定

协议书中相关词语的含义与通用条件中的定义与解释相同。

三、组成本合同的文件

1. 协议书；

2. 中标通知书（适用于招标工程）或委托书（适用于非招标工程）；

3. 投标文件（适用于招标工程）或监理与相关服务建议书（适用于非招标工程）；

4. 专用条件；

5. 通用条件；

6. 附录，即：

附录A 相关服务的范围和内容

附录B 委托人派遣的人员和提供的房屋、资料、设备

本合同签订后，双方依法签订的补充协议也是本合同文件的组成部分。

四、总监理工程师

总监理工程师姓名：_____，身份证号码：_____，注册号：_____。

五、签约酬金

签约酬金（大写）：_____元（￥_____）。

包括：

1. 监理酬金：_____。

2. 相关服务酬金：_____。

其中：

（1）勘察阶段服务酬金：_____。

（2）设计阶段服务酬金：_____。

（3）保修阶段服务酬金：_____。

（4）其他相关服务酬金：_____。

六、期限

1. 监理期限：

自____年____月____日始，至____年____月____日止。

2. 相关服务期限：

（1）勘察阶段服务期限自____年____月____日始，至____年____月____日止。

（2）设计阶段服务期限自____年____月____日始，至____年____月____日止。

（3）保修阶段服务期限自____年____月____日始，至____年____月____日止。

（4）其他相关服务期限自____年____月____日始，至____年____月____日止。

七、双方承诺

1. 监理人向委托人承诺，按照本合同约定提供监理与相关服务。

2. 委托人向监理人承诺，按照本合同约定派遣相应的人员，提供房屋、资料、设备，并按本合同约定支付酬金。

八、合同订立

1. 订立时间：_____年_____月_____日。

2. 订立地点：_____。

3. 本合同一式_____份，具有同等法律效力，双方各执_____份。

委托人：_____（盖章）　　　　监理人：_____（盖章）

住所：_____　　　　　　　　　住所：_____

邮政编码：_____　　　　　　　邮政编码：_____

法定代表人或其授权　　　　　　　　　法定代表人或其授权

的代理人：_____（签字）　　　　的代理人：_____（签字）

开户银行：_____　　　　　　　开户银行：_____

账号：_____　　　　　　　　　账号：_____

电话：_____　　　　　　　　　电话：_____

传真：_____　　　　　　　　　传真：_____

电子邮箱：_____　　　　　　　电子邮箱：_____

第二部分　通　用　条　件

1. 定义与解释

1.1　定义

除根据上下文另有其意义外，组成本合同的全部文件中的下列名词和用语应具有本款所赋予的含义：

1.1.1　"工程"是指按照本合同约定实施监理与相关服务的建设工程。

1.1.2　"委托人"是指本合同中委托监理与相关服务的一方，及其合法的继承人或受让人。

1.1.3　"监理人"是指本合同中提供监理与相关服务的一方，及其合法的继承人。

1.1.4　"承包人"是指在工程范围内与委托人签订勘察、设计、施工等有关合同的当事人，及其合法的继承人。

1.1.5　"监理"是指监理人受委托人的委托，依照法律法规、工程建设标准、勘察设计文件及合同，在施工阶段对建设工程质量、进度、造价进行控制，对合同、信息进行管理，对工程建设相关方的关系进行协调，并履行建设工程安全生产管理法定职责的服务活动。

1.1.6　"相关服务"是指监理人受委托人的委托，按照本合同约定，在勘察、设计、保修等阶段提供的服务活动。

1.1.7　"正常工作"指本合同订立时通用条件和专用条件中约定的监理人的工作。

1.1.8　"附加工作"是指本合同约定的正常工作以外监理人的工作。

1.1.9　"项目监理机构"是指监理人派驻工程负责履行本合同的组织机构。

1.1.10　"总监理工程师"是指由监理人的法定代表人书面授权，全面负责履行本合同、主持项目监理机构工作的注册监理工程师。

1.1.11　"酬金"是指监理人履行本合同义务，委托人按照本合同约定给付监理人的金额。

1.1.12　"正常工作酬金"是指监理人完成正常工作，委托人应给付监理人并在协议书中载明的签约酬金额。

1.1.13　"附加工作酬金"是指监理人完成附加工作，委托人应给付监理人的金额。

1.1.14　"一方"是指委托人或监理人；"双方"是指委托人和监理人；"第三方"是指除委托人和监理人以外的有关方。

1.1.15　"书面形式"是指合同书、信件和数据电文（包括电报、电传、传真、电子数据交换和电子邮件）等可以有形地表现所载内容的形式。

1.1.16　"天"是指第一天零时至第二天零时的时间。

1.1.17　"月"是指按公历从一个月中任何一天开始的一个公历月时间。

1.1.18　"不可抗力"是指委托人和监理人在订立本合同时不可预见，在工程施工过程中不可避免发生并不能克服的自然灾害和社会性突发事件，如地震、海啸、瘟疫、水灾、骚乱、暴动、战争和专用条件约定的其他情形。

1.2 解释

1.2.1 本合同使用中文书写、解释和说明。如专用条件约定使用两种及以上语言文字时，应以中文为准。

1.2.2 组成本合同的下列文件彼此应能相互解释、互为说明。除专用条件另有约定外，本合同文件的解释顺序如下：

（1）协议书；

（2）中标通知书（适用于招标工程）或委托书（适用于非招标工程）；

（3）专用条件及附录A、附录B；

（4）通用条件；

（5）投标文件（适用于招标工程）或监理与相关服务建议书（适用于非招标工程）。

双方签订的补充协议与其他文件发生矛盾或歧义时，属于同一类内容的文件，应以最新签署的为准。

2. 监理人的义务

2.1 监理的范围和工作内容

2.1.1 监理范围在专用条件中约定。

2.1.2 除专用条件另有约定外，监理工作内容包括：

（1）收到工程设计文件后编制监理规划，并在第一次工地会议7天前报委托人。根据有关规定和监理工作需要，编制监理实施细则；

（2）熟悉工程设计文件，并参加由委托人主持的图纸会审和设计交底会议；

（3）参加由委托人主持的第一次工地会议；主持监理例会并根据工程需要主持或参加专题会议；

（4）审查施工承包人提交的施工组织设计，重点审查其中的质量安全技术措施、专项施工方案与工程建设强制性标准的符合性；

（5）检查施工承包人工程质量、安全生产管理制度及组织机构和人员资格；

（6）检查施工承包人专职安全生产管理人员的配备情况；

（7）审查施工承包人提交的施工进度计划，核查承包人对施工进度计划的调整；

（8）检查施工承包人的试验室；

（9）审核施工分包人资质条件；

（10）查验施工承包人的施工测量放线成果；

（11）审查工程开工条件，对条件具备的签发开工令；

（12）审查施工承包人报送的工程材料、构配件、设备质量证明文件的有效性和符合性，并按规定对用于工程的材料采取平行检验或见证取样方式进行抽检；

（13）审核施工承包人提交的工程款支付申请，签发或出具工程款支付证书，并报委托人审核、批准；

（14）在巡视、旁站和检验过程中，发现工程质量、施工安全存在事故隐患的，要求施工承包人整改并报委托人；

（15）经委托人同意，签发工程暂停令和复工令；

（16）审查施工承包人提交的采用新材料、新工艺、新技术、新设备的论证材料及相关验收标准；

（17）验收隐蔽工程、分部分项工程；

（18）审查施工承包人提交的工程变更申请，协调处理施工进度调整、费用索赔、合同争议等事项；

（19）审查施工承包人提交的竣工验收申请，编写工程质量评估报告；

（20）参加工程竣工验收，签署竣工验收意见；

（21）审查施工承包人提交的竣工结算申请并报委托人；

（22）编制、整理工程监理归档文件并报委托人。

2.1.3   相关服务的范围和内容在附录 A 中约定。

2.2   监理与相关服务依据

2.2.1   监理依据包括：

（1）适用的法律、行政法规及部门规章；

（2）与工程有关的标准；

（3）工程设计及有关文件；

（4）本合同及委托人与第三方签订的与实施工程有关的其他合同。

双方根据工程的行业和地域特点，在专用条件中具体约定监理依据。

2.2.2   相关服务依据在专用条件中约定。

2.3   项目监理机构和人员

2.3.1   监理人应组建满足工作需要的项目监理机构，配备必要的检测设备。项目监理机构的主要人员应具有相应的资格条件。

2.3.2   本合同履行过程中，总监理工程师及重要岗位监理人员应保持相对稳定，以保证监理工作正常进行。

2.3.3   监理人可根据工程进展和工作需要调整项目监理机构人员。监理人更换总监理工程师时，应提前 7 天向委托人书面报告，经委托人同意后方可更换；监理人更换项目监理机构其他监理人员，应以相当资格与能力的人员替换，并通知委托人。

2.3.4   监理人应及时更换有下列情形之一的监理人员：

（1）严重过失行为的；

（2）有违法行为不能履行职责的；

（3）涉嫌犯罪的；

（4）不能胜任岗位职责的；

（5）严重违反职业道德的；

（6）专用条件约定的其他情形。

2.3.5   委托人可要求监理人更换不能胜任本职工作的项目监理机构人员。

2.4 履行职责

监理人应遵循职业道德准则和行为规范，严格按照法律法规、工程建设有关标准及本合同履行职责。

2.4.1 在监理与相关服务范围内，委托人和承包人提出的意见和要求，监理人应及时提出处置意见。当委托人与承包人之间发生合同争议时，监理人应协助委托人、承包人协商解决。

2.4.2 当委托人与承包人之间的合同争议提交仲裁机构仲裁或人民法院审理时，监理人应提供必要的证明资料。

2.4.3 监理人应在专用条件约定的授权范围内，处理委托人与承包人所签订合同的变更事宜。如果变更超过授权范围，应以书面形式报委托人批准。

在紧急情况下，为了保护财产和人身安全，监理人所发出的指令未能事先报委托人批准时，应在发出指令后的 24 小时内以书面形式报委托人。

2.4.4 除专用条件另有约定外，监理人发现承包人的人员不能胜任本职工作的，有权要求承包人予以调换。

2.5 提交报告

监理人应按专用条件约定的种类、时间和份数向委托人提交监理与相关服务的报告。

2.6 文件资料

在本合同履行期内，监理人应在现场保留工作所用的图纸、报告及记录监理工作的相关文件。工程竣工后，应当按照档案管理规定将监理有关文件归档。

2.7 使用委托人的财产

监理人无偿使用附录 B 中由委托人派遣的人员和提供的房屋、资料、设备。除专用条件另有约定外，委托人提供的房屋、设备属于委托人的财产，监理人应妥善使用和保管，在本合同终止时将这些房屋、设备的清单提交委托人，并按专用条件约定的时间和方式移交。

3. 委托人的义务

3.1 告知

委托人应在委托人与承包人签订的合同中明确监理人、总监理工程师和授予项目监理机构的权限。如有变更，应及时通知承包人。

3.2 提供资料

委托人应按照附录 B 约定，无偿向监理人提供工程有关的资料。在本合同履行过程中，委托人应及时向监理人提供最新的与工程有关的资料。

3.3 提供工作条件

委托人应为监理人完成监理与相关服务提供必要的条件。

3.3.1 委托人应按照附录 B 约定，派遣相应的人员，提供房屋、设备，供监理人无偿使用。

3.3.2 委托人应负责协调工程建设中所有外部关系，为监理人履行本合同提供必要的外部条件。

3.4 委托人代表

委托人应授权一名熟悉工程情况的代表，负责与监理人联系。委托人应在双方签订本合同后 7 天内，将委托人代表的姓名和职责书面告知监理人。当委托人更换委托人代表时，应提前 7 天通知监理人。

3.5 委托人意见或要求

在本合同约定的监理与相关服务工作范围内，委托人对承包人的任何意见或要求应通知监理人，由监理人向承包人发出相应指令。

3.6 答复

委托人应在专用条件约定的时间内，对监理人以书面形式提交并要求作出决定的事宜，给予书面答复。逾期未答复的，视为委托人认可。

3.7 支付

委托人应按本合同约定，向监理人支付酬金。

4. 违约责任

4.1 监理人的违约责任

监理人未履行本合同义务的，应承担相应的责任。

4.1.1 因监理人违反本合同约定给委托人造成损失的，监理人应当赔偿委托人损失。赔偿金额的确定方法在专用条件中约定。监理人承担部分赔偿责任的，其承担赔偿金额由双方协商确定。

4.1.2 监理人向委托人的索赔不成立时，监理人应赔偿委托人由此发生的费用。

4.2 委托人的违约责任

委托人未履行本合同义务的，应承担相应的责任。

4.2.1 委托人违反本合同约定造成监理人损失的，委托人应予以赔偿。

4.2.2 委托人向监理人的索赔不成立时，应赔偿监理人由此引起的费用。

4.2.3 委托人未能按期支付酬金超过 28 天，应按专用条件约定支付逾期付款利息。

4.3 除外责任

因非监理人的原因，且监理人无过错，发生工程质量事故、安全事故、工期延误等造成的损失，监理人不承担赔偿责任。

因不可抗力导致本合同全部或部分不能履行时，双方各自承担其因此而造成的损失、损害。

5. 支付

5.1 支付货币

除专用条件另有约定外，酬金均以人民币支付。涉及外币支付的，所采用的货币种类、比例和汇率在专用条件中约定。

5.2 支付申请

监理人应在本合同约定的每次应付款时间的 7 天前，向委托人提交支付申请书。

支付申请书应当说明当期应付款总额，并列出当期应支付的款项及其金额。

5.3 支付酬金

支付的酬金包括正常工作酬金、附加工作酬金、合理化建议奖励金额及费用。

5.4 有争议部分的付款

委托人对监理人提交的支付申请书有异议时，应当在收到监理人提交的支付申请书后 7 天内，以书面形式向监理人发出异议通知。无异议部分的款项应按期支付，有异议部分的款项按第 7 条约定办理。

6. 合同生效、变更、暂停、解除与终止

6.1 生效

除法律另有规定或者专用条件另有约定外，委托人和监理人的法定代表人或其授权代理人在协议书上签字并盖单位章后本合同生效。

6.2 变更

6.2.1 任何一方提出变更请求时，双方经协商一致后可进行变更。

6.2.2 除不可抗力外，因非监理人原因导致监理人履行合同期限延长、内容增加时，监理人应当将此情况与可能产生的影响及时通知委托人。增加的监理工作时间、工作内容应视为附加工作。附加工作酬金的确定方法在专用条件中约定。

6.2.3 合同生效后，如果实际情况发生变化使得监理人不能完成全部或部分工作时，监理人应立即通知委托人。除不可抗力外，其善后工作以及恢复服务的准备工作应为附加工作，附加工作酬金的确定方法在专用条件中约定。监理人用于恢复服务的准备时间不应超过 28 天。

6.2.4 合同签订后，遇有与工程相关的法律法规、标准颁布或修订的，双方应遵照执行。由此引起监理与相关服务的范围、时间、酬金变化的，双方应通过协商进行相应调整。

6.2.5 因非监理人原因造成工程概算投资额或建筑安装工程费增加时，正常工作酬金应作相应调整。调整方法在专用条件中约定。

6.2.6 因工程规模、监理范围的变化导致监理人的正常工作量减少时，正常工作酬金应作相应调整。调整方法在专用条件中约定。

6.3 暂停与解除

除双方协商一致可以解除本合同外，当一方无正当理由未履行本合同约定的义务时，另一方可以根据本合同约定暂停履行本合同直至解除本合同。

6.3.1 在本合同有效期内，由于双方无法预见和控制的原因导致本合同全部或部分无法继续履行或继续履行已无意义，经双方协商一致，可以解除本合同或监理人的部分义务。在解除之前，监理人应作出合理安排，使开支减至最小。

因解除本合同或解除监理人的部分义务导致监理人遭受的损失，除依法可以免除责任的情况外，应由委托人予以补偿，补偿金额由双方协商确定。

解除本合同的协议必须采取书面形式，协议未达成之前，本合同仍然有效。

6.3.2　在本合同有效期内，因非监理人的原因导致工程施工全部或部分暂停，委托人可通知监理人要求暂停全部或部分工作。监理人应立即安排停止工作，并将开支减至最小。除不可抗力外，由此导致监理人遭受的损失应由委托人予以补偿。

暂停部分监理与相关服务时间超过182天，监理人可发出解除本合同约定的该部分义务的通知；暂停全部工作时间超过182天，监理人可发出解除本合同的通知，本合同自通知到达委托人时解除。委托人应将监理与相关服务的酬金支付至本合同解除日，且应承担第4.2款约定的责任。

6.3.3　当监理人无正当理由未履行本合同约定的义务时，委托人应通知监理人限期改正。若委托人在监理人接到通知后的7天内未收到监理人书面形式的合理解释，则可在7天内发出解除本合同的通知，自通知到达监理人时本合同解除。委托人应将监理与相关服务的酬金支付至限期改正通知到达监理人之日，但监理人应承担第4.1款约定的责任。

6.3.4　监理人在专用条件5.3中约定的支付之日起28天后仍未收到委托人按本合同约定应付的款项，可向委托人发出催付通知。委托人接到通知14天后仍未支付或未提出监理人可以接受的延期支付安排，监理人可向委托人发出暂停工作的通知并可自行暂停全部或部分工作。暂停工作后14天内监理人仍未获得委托人应付酬金或委托人的合理答复，监理人可向委托人发出解除本合同的通知，自通知到达委托人时本合同解除。委托人应承担第4.2.3款约定的责任。

6.3.5　因不可抗力致使本合同部分或全部不能履行时，一方应立即通知另一方，可暂停或解除本合同。

6.3.6　本合同解除后，本合同约定的有关结算、清理、争议解决方式的条件仍然有效。

6.4　终止

以下条件全部满足时，本合同即告终止：

（1）监理人完成本合同约定的全部工作；

（2）委托人与监理人结清并支付全部酬金。

7. 争议解决

7.1　协商

双方应本着诚信原则协商解决彼此间的争议。

7.2　调解

如果双方不能在14天内或双方商定的其他时间内解决本合同争议，可以将其提交给专用条件约定的或事后达成协议的调解人进行调解。

7.3　仲裁或诉讼

双方均有权不经调解直接向专用条件约定的仲裁机构申请仲裁或向有管辖权的人民法院提起诉讼。

8. 其他

8.1　外出考察费用

经委托人同意，监理人员外出考察发生的费用由委托人审核后支付。

8.2　检测费用

委托人要求监理人进行的材料和设备检测所发生的费用，由委托人支付，支付时间在专用条件中约定。

8.3　咨询费用

经委托人同意，根据工程需要由监理人组织的相关咨询论证会以及聘请相关专家等发生的费用由委托人支付，支付时间在专用条件中约定。

8.4　奖励

监理人在服务过程中提出的合理化建议，使委托人获得经济效益的，双方在专用条件中约定奖励金额的确定方法。奖励金额在合理化建议被采纳后，与最近一期的正常工作酬金同期支付。

8.5　守法诚信

监理人及其工作人员不得从与实施工程有关的第三方处获得任何经济利益。

8.6　保密

双方不得泄露对方申明的保密资料，亦不得泄露与实施工程有关的第三方所提供的保密资料，保密事项在专用条件中约定。

8.7　通知

本合同涉及的通知均应当采用书面形式，并在送达对方时生效，收件人应书面签收。

8.8　著作权

监理人对其编制的文件拥有著作权。

监理人可单独或与他人联合出版有关监理与相关服务的资料。除专用条件另有约定外，如果监理人在本合同履行期间及本合同终止后两年内出版涉及本工程的有关监理与相关服务的资料，应当征得委托人的同意。

第三部分 专 用 条 件

1. 定义与解释

1.2 解释

1.2.1 本合同文件除使用中文外，还可用_____。

1.2.2 约定本合同文件的解释顺序为：_____。

2. 监理人义务

2.1 监理的范围和内容

2.1.1 监理范围包括：_____
_____。

2.1.2 监理工作内容还包括：_____
_____

2.2 监理与相关服务依据

2.2.1 监理依据包括：_____
_____

2.2.2 相关服务依据包括：_____。

2.3 项目监理机构和人员

2.3.4 更换监理人员的其他情形：_____。

2.4 履行职责

2.4.3 对监理人的授权范围：_____
_____

　　在涉及工程延期_____天内和（或）金额_____万元内的变更，监理人不需请示委托人即可向承包人发布变更通知。

2.4.4 监理人有权要求承包人调换其人员的限制条件：_____。

2.5 提交报告

　　监理人应提交报告的种类（包括监理规划、监理月报及约定的专项报告）、时间和份数：_____。

2.7 使用委托人的财产

　　附录 B 中由委托人无偿提供的房屋、设备的所有权属于：_____。

　　监理人应在本合同终止后_____天内移交委托人无偿提供的房屋、设备，移交的时间和方式为：_____。

3. 委托人义务

3.4 委托人代表

　　委托人代表为：_____。

3.6 答复

　　委托人同意在_____天内，对监理人书面提交并要求做出决定的事宜给予书面答复。

4. 违约责任

4.1 监理人的违约责任

4.1.1 监理人赔偿金额按下列方法确定：

赔偿金＝直接经济损失×正常工作酬金÷工程概算投资额（或建筑安装工程费）

4.2 委托人的违约责任

4.2.3 委托人逾期付款利息按下列方法确定：

逾期付款利息＝当期应付款总额×银行同期贷款利率×拖延支付天数

5. 支付

5.1 支付货币

币种为：＿＿＿＿＿＿＿＿，比例为：＿＿＿＿＿＿＿＿，汇率为：＿＿＿＿＿。

5.3 支付酬金

正常工作酬金的支付：

支付次数	支付时间	支付比例	支付金额（万元）
首付款	本合同签订后 7 天内		
第二次付款			
第三次付款			
……			
最后付款	监理与相关服务期届满 14 天内		

6. 合同生效、变更、暂停、解除与终止

6.1 生效

本合同生效条件：＿＿＿＿＿＿＿＿＿＿＿＿＿＿＿＿＿。

6.2 变更

6.2.2 除不可抗力外，因非监理人原因导致本合同期限延长时，附加工作酬金按下列方法确定：

附加工作酬金＝本合同期限延长时间（天）×正常工作酬金÷协议书约定的监理与相关服务期限（天）

6.2.3 附加工作酬金按下列方法确定：

附加工作酬金＝善后工作及恢复服务的准备工作时间（天）×正常工作酬金÷协议书约定的监理与相关服务期限（天）

6.2.5 正常工作酬金增加额按下列方法确定：

正常工作酬金增加额＝工程投资额或建筑安装工程费增加额×正常工作酬金÷工程概算投资额（或建筑安装工程费）

6.2.6 因工程规模、监理范围的变化导致监理人的正常工作量减少时，按减少工作量的比例从协议书约定的正常工作酬金中扣减相同比例的酬金。

7. 争议解决

7.2 调解

本合同争议进行调解时，可提交_____进行调解。

7.3 仲裁或诉讼

合同争议的最终解决方式为下列第_____种方式：

（1）提请_____仲裁委员会进行仲裁。

（2）向_____人民法院提起诉讼。

8. 其他

8.2 检测费用

委托人应在检测工作完成后_____天内支付检测费用。

8.3 咨询费用

委托人应在咨询工作完成后_____天内支付咨询费用。

8.4 奖励

合理化建议的奖励金额按下列方法确定为：

奖励金额＝工程投资节省额×奖励金额的比率；

奖励金额的比率为_____％。

8.6 保密

委托人申明的保密事项和期限：_____。

监理人申明的保密事项和期限：_____。

第三方申明的保密事项和期限：_____。

8.8 著作权

监理人在本合同履行期间及本合同终止后两年内出版涉及本工程的有关监理与相关服务的资料的限制条件：_____

_____。

9. 补充条款

_____

_____。

附录 A 相关服务的范围和内容

A-1 勘察阶段：_____

_____。

A-2 设计阶段：_____

_____。

A-3 保修阶段：_____

_____。

A-4 其他（专业技术咨询、外部协调工作等）：_____

_____。

附录 B 委托人派遣的人员和提供的房屋、资料、设备

B-1 委托人派遣的人员

名称	数量	工作要求	提供时间
1. 工程技术人员			
2. 辅助工作人员			
3. 其他人员			

B-2 委托人提供的房屋

名称	数量	面积	提供时间
1. 办公用房			
2. 生活用房			
3. 试验用房			
4. 样品用房			
用餐及其他生活条件			

B-3 委托人提供的资料

名称	份数	提供时间	备注
1. 工程立项文件			
2. 工程勘察文件			
3. 工程设计及施工图纸			
4. 工程承包合同及其他相关合同			
5. 施工许可文件			
6. 其他文件			

B-4 委托人提供的设备

名称	数量	型号与规格	提供时间
1. 通信设备			
2. 办公设备			
3. 交通工具			
4. 检测和试验设备			

上海市建设工程咨询行业协会、江苏省建设监理协会、浙江省建设工程监理管理协会
《建设工程施工监理服务费计费规则》

1 总 则

1.1 为切实加强工程质量和安全生产管理，维护人民生命财产安全，提高工程建设管理水平，提升建设工程监理服务品质，结合苏浙沪三地实际，制定建设工程监理服务费计费规则。

1.2 本计费规则可作为苏浙沪三地行政区域内房屋建筑工程和市政基础设施工程施工阶段监理服务费概算编制及监理合同洽谈的参考依据。

1.3 施工阶段监理是指，监理单位受建设单位委托对工程施工准备阶段、施工实施阶段监理及工程竣工验收实施的监理服务。

1.4 建设工程施工监理服务费计费规则分人工综合单价计算法和费率计算法两种形式。根据合同双方意愿，监理服务费可按人工综合单价法计算，也可按费率法计算。

建设工程施工监理服务费所包含的内容参见附录 A。

1.5 建设工程施工监理服务的范围和工作内容，由建设单位与监理单位在建设工程监理合同中约定。

监理单位工程施工阶段监理可提供的监理服务主要工作内容参见附录 B。

1.6 施工监理服务应严格按照国家、省（市）相关法律法规和标准实施。按照工程建设不同阶段，根据监理合同约定，配备与监理服务内容相适应的、具备相应执业资格的人员，保证工作质量，提升服务品质，满足建设单位和政府主管部门工程建设管理的需要。

2 人工综合单价计算法

2.1 按人工综合单价法计算监理服务费 $=\Sigma$（各类监理人员服务期×相应监理人员综合单价）。

2.2 人工综合单价包括现场监理人员费用、企业管理费用、利润和税金。

2.3 各类现场监理人员费用及人工综合单价可按表 2.3 参考计算。

表 2.3   监理人员费用参考价及人工综合单价计算表

监理人员类别		人员费用参考价/（万元/年）	企业管理费用	企业利润	税金	人工综合单价
		Ⅰ	Ⅱ	Ⅲ	Ⅳ	Ⅴ
总监理工程师	高级总监	35 以上				
	一般总监	25～35				

续表

监理人员类别		人员费用参考价/（万元/年）	企业管理费用	企业利润	税金	人工综合单价
		Ⅰ	Ⅱ	Ⅲ	Ⅳ	Ⅴ
专业监理 工程师	高级专监	17～25				
	中级专监	12～17				
	一般专监	7～12				
监理员		6～10				

注 1. Ⅴ＝Ⅰ＋Ⅱ＋Ⅲ＋Ⅳ。其中：Ⅱ＝Ⅰ×企业管理费率；Ⅲ＝（Ⅰ＋Ⅱ）×利润费率；Ⅳ＝（Ⅰ＋Ⅱ＋Ⅲ）×税金费率。

2. 专业监理工程师包括造价工程师、安全管理人员等；监理员包括见证员、资料员等。

3. 监理人员费用测算的工作时间以国家法定工作日为准。

4. 以上费用不包括可报销费用。

2.4 企业管理费率，综合资质企业一般为35％～50％，其他资质企业一般为30％～45％计取；利润费率由各企业自行确定；税金费率按国家规定计取。

3 费率计算法

3.1 按费率法计算的建设工程监理服务费＝计费额×费率×工程难度调整系数。

3.2 "计费额"是指经过批准的建设项目初步设计概算中的建筑安装工程费、设备与工器具购置费和联合试运转费之和。

3.3 监理服务费费率见表3.3。

表3.3 监 理 服 务 费 费 率 表

序号	工程规模区间计费额/万元	费率/%
1	≤1000	4.5
2	5000	4.0
3	10000	3.5
4	20000	3.0
5	40000	2.6
6	60000	2.4
7	80000	2.2
8	100000	2.0
9	200000	1.6
10	400000	1.4
11	600000	1.2
12	＞600000	1.1

注 1. 以上费用不包括可报销费用。

2. 计费额处于两个数值区间的，可采用直线内插法计算。

3.4 工程难度调整系数分房屋建筑工程难度调整系数和市政基础设施工程难度

调整系数。

3.4.1 房屋建筑工程难度调整系数见表 3.4.1。

表 3.4.1 房屋建筑工程难度调整系数表

序号	工程特征	工程难度调整系数
1	普通厂房工程	0.90
2	住宅工程	1.00
3	综合商业用房	1.10
4	按四星级及以上标准建设的酒店（含精装修）	1.15
5	大跨度钢结构的建筑（体育场馆、文化场馆、会展中心等）	1.25
6	综合性医院	1.15
7	地下四层及以上或基坑深度≥18m	1.20
8	100m≤建筑高度＜200m	1.20
9	200m≤建筑高度＜300m	1.30
10	建筑高度≥300m	1.35

注 1. 不适合本表特征的工程，难度系数按 1.00 计算。
　　2. 当工程特征适用两个及以上难度系数时，取最大值。

3.4.2 市政基础设施工程难度调整系数见表 3.4.2。

表 3.4.2 市政基础设施工程难度调整系数表

序号	工程特征	工程难度调整系数
1	普通道路工程；人行天桥	1.00
2	城市快速路；分离式立交桥；人行地下通道	1.15
3	互通式立交桥；地下通道；城市地铁、轻轨	1.20
4	单孔跨径≥100m 的桥梁	1.20
5	单孔跨径≥200m 的桥梁	1.30
6	长度＜1000m 隧道工程	1.10
7	1000m≤长度＜3000m 隧道工程；跨度≥12m 的隧道工程	1.20
8	长度≥3000m 的隧道工程；连拱隧道；水底隧道；浅埋暗挖隧道	1.30
9	直径＜1m 的管道工程	0.90
10	直径≥1m 的管道工程；＜3m³/s 的泵站；＜5 万 t/日水厂（污水处理厂）工程	1.00
11	埋深≥5m 的管道工程；顶管工程；≥3m³/s 的泵站；≥5 万 t/日水厂（污水处理厂）工程	1.20
12	海（江）底排污管道；海水取排水、淡化及处理工程	1.30
13	园林工程；城市广场	0.90

续表

序号	工程特征	工程难度调整系数
14	古建筑	1.10
15	中低压燃气；小区供热工程	1.00
16	高压燃气管网；液化储气站	1.15
17	垃圾中转站；垃圾填埋工程	1.00
18	垃圾焚烧工程	1.20

注 1. 不适合本表特征的工程，难度系数按 1.00 计算。
　　2. 当工程特征适用两个及以上难度系数时，取最大值。

　　3.5 建设单位将施工阶段监理服务中的某一部分工作（质量、造价、进度控制及安全生产管理）单独发包给监理单位，按照其占施工监理服务工作量的比例计算施工监理服务费。其中单独委托工程质量控制和安全生产管理服务的，监理服务费不宜低于施工阶段监理服务费的 80%。

　　3.6 建设单位将施工阶段某一分部工程（如地下工程）监理服务单独发包给监理单位，按照其相应部分概算造价为计费额，计算监理服务费。

4 附 则

　　4.1 超出监理合同服务期，建设单位需要监理企业继续提供服务的；发生工程延期、停工或工程量增加，其费用计算方法应在建设工程监理合同中另行约定。

　　4.2 因工作需要，建设单位要求监理企业邀请相关专家进行专题论证、方案审查或其他工作的，宜按不同级别专家工日费用计费。工日费用建议按表 4.1 计取。

表 4.1　　　　　　　　专 家 工 日 费 计 算 表

建设工程监理与相关服务人员职级	工日费用/元
特聘专家（院士或省部级）	10000
高级专家（教授级或厅局级）	5000
高级专业技术职称人员	3000

　　4.3 交通、水利、电力等专业工程可结合专业特点参照使用。

　　4.4 可报销费用是指：根据建设工程监理合同的约定，经建设单位同意，监理单位聘请的咨询专家费、专项测试费、对外委托检验费、组团外出考察费及其他费用。

　　4.5 根据苏浙沪三地监理市场变化的实际情况以及每年居民消费价格指数（CPI）变动情况，可通过实际调查统计，不定期发布监理服务费费率和监理人员费用信息。

附录 A：

建设工程施工监理服务费组成表

现场监理人员费用	1. 现场人员应付工资（含个人应缴纳的社保五险、公积金和个人所得税）
	2. 现场人员工资性补贴（含交通、伙食、流动驻外工地等补贴）
	3. 现场人员社会保险和公积金（公司为现场监理人员缴纳的社保五险和公积金）
	4. 意外伤害保险（商业）
企业管理费用	1. 现场日常办公费（含电脑、复印、文具、相机、通信、水电气、车辆折旧等）
	2. 临时设施费（为实施现场服务所必须搭设的生活和生产用的临时建筑物、构筑物和其他临时设施或租赁费用，包括临时设施搭设、维修、拆除、清理费或摊销费，水电气费用，空调、桌椅、厨具，租金等）
	3. 工具用具使用费（包括不属于固定资产的生产工具、器具、家具、交通工具和检验、试验、测绘、消防用具等的购置、维修和摊销费）
	4. 经营管理后勤人员应付工资和工资性补贴（含人个应缴纳的社保五险、公积金和个人所得税，交通、伙食、流动驻外工地等补贴）
	5. 劳动保险费（包括公司应缴纳的社保五险和公积金，应支付的离退休职工的补助费、六个月以上的长病假人员工资、职工死亡丧葬补助费、抚恤费、按规定支付给离休干部等的各项经费）
	6. 特殊性工资（包括监理人员学习、培训期间、休假及探亲期间，停工期间工资，女性孕期及哺乳期，6 个月内病假期间的工资等）
	7. 劳动保护费（含工作鞋、安全帽和制服等）
	8. 职工福利费（含防暑降温、过节慰问等）
	9. 经营管理后勤人员办公费（含会议、电脑、打印、复印、文具、账表、通信、印刷和通信等）
	10. 职工教育经费（包括为职工学习先进技术和提高文化水平，按职工工资总额计提的费用，用于岗位培训、业务培训和继续再教育等）
	11. 固定资产费（包括属于固定资产的房屋、设备仪器和车辆等的折旧、大修、维修或租赁费，房产税、物管费、年检等）
	12. 差旅交通费用（包括职工因公出差、调动工作的差旅费、住勤补助费，市内交通费和午餐补助费，职工探亲路费、劳动力招募费，职工退休、退职一次性路费，工伤人员就医路费，以及单位管理部门使用的交通工具的油料、燃料、养路费、停车费及牌照费等）
	13. 业务经营费
	14. 财产保险费（含不动产和动产保险费）
	15. 工会经费（公司按职工工资总额计提的工会经费）
	16. 研发费（含技术转让费和技术开发费）
	17. 其他费用（含投标经费、质量认证审核费、广告、财务费用、法律顾问咨询费和会费等）
利润	
税金	

附录 B:

建设工程施工监理服务主要工作内容

1. 收到工程设计文件后编制监理规划,并在第一次工地会议 7 天前报委托人。根据有关规定和监理工作需要,编制监理实施细则;

2. 熟悉工程设计文件,并参加由委托人主持的图纸会审和设计交底会议;

3. 参加由委托人主持的第一次工地会议;主持监理例会并根据工程需要主持或参加专题会议;

4. 审查施工承包人提交的施工组织设计,重点审查其中的质量安全技术措施、专项施工方案与工程建设强制性标准的符合性;

5. 检查施工承包人工程质量、安全生产管理制度及组织机构和人员资格;

6. 检查施工承包人专职安全生产管理人员的配备情况;

7. 审查施工承包人提交的施工进度计划,核查承包人对施工进度计划的调整;

8. 检查施工承包人的试验室;

9. 审核施工分包人资质条件;

10. 查验施工承包人的施工测量放线成果;

11. 审查工程开工条件,对条件具备的签发开工令;

12. 审查施工承包人报送的工程材料、构配件、设备质量证明文件有有效性和符合性,并按规定对用于工程的材料采取平行检验或见证取样方式进行抽检;

13. 审核施工承包人提交的工程款支付申请,签发或出具工程款支付证书,并报委托人审核、批准;

14. 在巡视、旁站和检验过程中,发现工程质量、施工安全存在事故隐患的,要求施工承包人整改并报委托人;

15. 经委托人同意,签发工程暂停令和复工令;

16. 审查施工承包人提交的采用新材料、新工艺、新技术、新设备的论证材料及相关验收标准;

17. 验收隐蔽工程、分部分项工程;

18. 审查施工承包人提交的工程变更申请,协调处理施工进度调整、费用索赔、合同争议等事项;

19. 审查施工承包人提交的竣工验收申请,编写工程质量评估报告;

20. 参加工程竣工验收,签署竣工验收意见;

21. 审查施工承包人提交的竣工结算申请并报委托人;

22. 编制、整理工程监理归档文件并报委托人。

中国建设监理协会《建设监理人员职业道德行为准则》

一、遵法守规，诚实守信。遵守法规和行业公约，讲信誉，守承诺，坚持实事求是，"公平、独立、诚信、科学"开展监理工作。

二、严格监理，优质服务。履行合同义务，执行工程建设标准，提供专业化服务，保障工程质量和投资效益，提高服务水平，维护业主权益和公共利益。

三、恪尽职守，爱岗敬业。履行岗位职责，做好本职工作，热爱监理事业，维护行业信誉。

四、团结协作，尊重他人。树立团队意识，加强沟通交流，团结互助，不损害各方的利益。

五、加强学习，提升能力。积极参加专业培训，不断更新知识，提高业务能力和工作水平。

六、维护形象，保守秘密。抵制不正之风，廉洁从业，不谋取不正当利益，树立良好的职业形象。保守商业秘密，不泄露保密事项。

《建设工程监理规范》（GB/T 50319—2013）附表

A 类表　工程监理单位用表

表 A.0.1　总监理工程师任命书

工程名称：　　　　　　　　　　　　　　　　　　　　　　　　　　　　　编号：

致：＿＿＿＿＿＿＿＿＿＿（建设单位）

　　兹任命＿＿＿＿＿＿＿＿＿（注册监理工程师注册号：＿＿＿＿＿＿＿＿）为我单位＿＿＿＿＿＿＿＿项目总监理工程师。负责履行建设工程监理合同、主持项目监理机构工作。

　　　　　　　　　　　　　　　　　　　　　　　　　　工程监理单位（盖章）

　　　　　　　　　　　　　　　　　　　　　　　　　　法定代表人（签字）

　　　　　　　　　　　　　　　　　　　　　　　　　　　　　年　月　日

注　本表一式三份，项目监理机构、建设单位、施工单位各一份。

表 A.0.1-1 总监理工程师代表授权书

工程名称：_____ 编号：_____

致：_____（建设单位）

　　根据工程需要，委派_____（监理工程师证号：_____）为_____项目总监理工程师代表，授予其行使本工程监理合同规定的下列一项或多项的权力。

　　□1. 检查监理人员工作；

　　□2. 主持监理工作交底和分部分项工程安全技术交底；

　　□3. 组织召开监理例会；

　　□4. 组织审核分包单位资格；

　　□5. 审查开/复工报审表；

　　□6. 组织审查施工单位现场质量、安全生产管理体系的建立及运行情况；

　　□7. 组织审核施工单位的付款申请；

　　□8. 组织审查和处理工程变更；

　　□9. 组织验收分部工程，组织审查单位工程质量检验资料；

　　□10. 组织编写监理月报、监理工作总结，组织整理监理文件资料。

总监理工程师代表（签字）：　　　　　　　　　总监理工程师（签字、加盖执业印章）：

　　　　　年　月　日　　　　　　　　　　　　　　　　　　年　月　日

　　　　　　　　　　　　　　　　　　　　　　　　　　　工程监理单位（盖章）

　　　　　　　　　　　　　　　　　　　　　　　　　　　法定代表人（签字）

　　　　　　　　　　　　　　　　　　　　　　　　　　　　　　年　月　日

注　1. 本表一式三份，项目监理机构、建设单位、施工单位各一份。

　　2. 本表选自《安徽省建设工程监理工作标准》附表。

表 A.0.2 工程开工令

工程名称：　　　　　　　　　　　　　　　　　　　　　　　编号：

致：　　　　　　　　　　（施工单位）

　　经审查，本工程已具备施工合同约定的开工条件，现同意你方开始施工，开工日期为：　　年　　月　　日。

　　附件：工程开工报审表

项目监理机构（盖章）

总监理工程师（签字、加盖执业印章）

年　月　日

注　本表一式三份，项目监理机构、建设单位、施工单位各一份。

表 A.0.3 监 理 通 知 单

工程名称： 编号：

致： _____（施工项目经理部）

事由： _____

内容： _____

项目监理机构（盖章）

总/专业监理工程师（签字）

年 月 日

注 本表一式三份，项目监理机构、建设单位、施工单位各一份。

表 A.0.4 监 理 报 告

工程名称：　　　　　　　　　　　　　　　　　　　　　　　　编号：

致：＿＿＿＿＿＿＿＿＿＿＿＿（主管部门）

　　由＿＿＿＿＿＿＿＿＿（施工单位）施工的＿＿＿＿＿＿＿＿＿（工程部位），存在安全事故隐患。我方已于＿＿＿＿年＿＿＿月＿＿＿日发出编号为＿＿＿＿＿＿＿＿＿的《监理通知单》/《工程暂停令》，但施工单位未整改/停工。

　　特此报告。

　　附件：□监理通知单

　　　　　□工程暂停令

　　　　　□其他

　　　　　　　　　　　　　　　　　　　　　　　项目监理机构（盖章）

　　　　　　　　　　　　　　　　　　　　　　　总监理工程师（签字）

　　　　　　　　　　　　　　　　　　　　　　　　　　年　月　日

注 本表一式四份，主管部门、建设单位、工程监理单位、项目监理机构各一份。

A.0.5 工 程 暂 停 令

工程名称： 编号：

致：_____（施工项目经理部）

由于_____原因，现通知你方于_____年_____月_____日_____时起，暂

停_____部位（工序）施工，并按下述要求做好后续工作。

要求：_____

项目监理机构（盖章）

总监理工程师（签字、加盖执业印章）

年 月 日

注 本表一式三份，项目监理机构、建设单位、施工单位各一份。

表 A.0.6 旁 站 记 录

工程名称：   编号：

旁站的关键部位、关键工序		施工单位	
旁站开始时间	年 月 日 时 分	旁站结束时间	年 月 日 时 分
旁站的关键部位、关键工序施工情况：			
发现的问题及处理情况：			

旁站监理人员（签字）

年 月 日

注 本表一式一份，项目监理机构留存。

表 A.0.7 工程复工令

工程名称：
编号：

致：＿＿＿＿＿＿＿＿＿＿（施工项目经理部）

　　我方发出的编号为＿＿＿＿＿＿＿＿＿《工程暂停令》，要求暂停施工的＿＿＿＿＿＿＿部位（工序），经查已具备复工条件。经建设单位同意，现通知你方于＿＿＿年＿＿＿月＿＿＿日＿＿＿时起恢复施工。

　　　附件：工程复工报审表

　　　　　　　　　　　　　　　　　　　　　　　项目监理机构（盖章）

　　　　　　　　　　　　　　　　　　　　　　　总监理工程师（签字、加盖执业印章）

　　　　　　　　　　　　　　　　　　　　　　　　　　　　　年　月　日

注　本表一式三份，项目监理机构、建设单位、施工单位各一份。

表 A.0.8 工程款支付证书

工程名称：　　　　　　　　　　　　　　　　　　　　　　　　编号：

致：＿＿＿＿＿＿＿＿＿＿＿＿＿＿（施工单位）

　　根据施工合同约定，经审核编号为＿＿＿＿＿＿＿＿＿＿＿＿工程款支付报审表，扣除有关款项后，同意支付工程款共计（大写）＿＿＿＿＿＿＿＿＿＿＿＿（小写：＿＿＿＿＿＿＿＿＿＿）。

其中：
1. 施工单位申报款为：
2. 经审核施工单位应得款为：
3. 本期应扣款为：
4. 本期应付款为：

附件：工程款支付报审表及附件

　　　　　　　　　　　　　　　　　　　　　　项目监理机构（盖章）

　　　　　　　　　　　　　　　　　　　　　　总监理工程师（签字、加盖执业印章）

　　　　　　　　　　　　　　　　　　　　　　　　　　　　年　月　日

注　本表一式三份，项目监理机构、建设单位、施工单位各一份。

B 类表 施工单位报审、报验用表

表 B.0.1 施工组织设计/（专项）施工方案报审表

工程名称： 编号：

致：_____（项目监理机构）
    我方已完成工程施工组织设计/（专项）施工方案的编制和审批，请予以审查。
    附件：□施工组织设计
          □专项施工方案
          □施工方案
 	
<div align="right">施工项目经理部（盖章）
项目经理（签字）
年 月 日</div>

审查意见：   <div align="right">专业监理工程师（签字） 年 月 日</div>
审核意见：   <div align="right">项目监理机构（盖章） 总监理工程师（签字、加盖执业印章） 年 月 日</div>
审批意见（仅对超过一定规模的危险性较大的分部分项工程专项施工方案）：   <div align="right">建设单位（盖章） 建设单位代表（签字） 年 月 日</div>

注 本表一式三份，项目监理机构、建设单位、施工单位各一份。

表 B.0.2 工程开工报审表

工程名称： 编号：

致： _____（建设单位）

_____（项目监理机构）

　　我方承担的 _____ 工程，已完成相关准备工作，具备开工条件，申请于 _____ 年 _____ 月 _____ 日开工，请予以审批。

　　附件：证明文件资料

施工单位（盖章）

项目经理（签字）

年 月 日

审核意见：

项目监理机构（盖章）

总监理工程师（签字、加盖执业印章）

年 月 日

审批意见：

建设单位（盖章）

建设单位代表（签字）

年 月 日

注　本表一式三份，项目监理机构、建设单位、施工单位各一份。

表 B.0.3 工程复工报审表

工程名称： 编号：

致：_____（项目监理机构）

　　编号为_____《工程暂停令》所停工的_____部位（工序）已满足复工条件，我方申请于_____年_____月_____日复工，请予审批。

　　附件：证明文件资料

施工项目经理部（盖章）

项目经理（签字）

年 月 日

审核意见：

项目监理机构（盖章）

总监理工程师（签字）

年 月 日

审批意见：

建设单位（盖章）

建设单位代表（签字）

年 月 日

注 本表一式三份，项目监理机构、建设单位、施工单位各一份。

表 B.0.4 分包单位资格报审表

工程名称： 编号：

致： _____（项目监理机构）
经考察，我方认为拟选择的 _____（分包单位）具有承担下列工程的施工或安装资质和能力，可以保证本工程按施工合同第_____条款的约定进行施工或安装。请予以审查。

分包工程名称（部位）	分包工程量	分包工程合同额
合　计		

附件：1. 分包单位资质材料
　　　2. 分包单位业绩资料
　　　3. 分包单位专职管理人员和特种作业人员的资格证书
　　　4. 施工单位对分包单位的管理制度

施工项目经理部（盖章）

项目经理（签字）

年　月　日

审查意见：

专业监理工程师（签字）

年　月　日

审核意见：

项目监理机构（盖章）

总监理工程师（签字）

年　月　日

注　本表一式三份，项目监理机构、建设单位、施工单位各一份。

表 B.0.5 施工控制测量成果报验表

工程名称： 编号：

致：_____（项目监理机构）

我方已完成_____的施工控制测量，经自检合格，请予以查验。

附件：1. 施工控制测量依据资料
2. 施工控制测量成果表

施工项目经理部（盖章）
项目技术负责人（签字）
年 月 日

审查意见：

项目监理机构（盖章）
专业监理工程师（签字）
年 月 日

注 本表一式三份，项目监理机构、建设单位、施工单位各一份。

表 B.0.6 工程材料、构配件、设备报审表

工程名称： 　　　　　　　　　　　　　　　　　　　编号：

致： ＿＿＿＿＿＿＿＿＿＿＿＿＿（项目监理机构）

于＿＿＿年＿＿＿月＿＿＿日进场的拟用于工程＿＿＿＿＿＿部位＿＿＿＿＿＿的，经我方检验合格，现将相关资料报上，请予以审查。

附件：1. 工程材料、构配件或设备清单
2. 质量证明文件
3. 自检结果

施工项目经理部（盖章）

项目经理（签字）

年 月 日

审查意见：

项目监理机构（盖章）

专业监理工程师（签字）

年 月 日

注　本表一式两份，项目监理机构、施工单位各一份。

表 B.0.7 报 审、报 验 表

工程名称：_____ 编号：_____

致： _____ （项目监理机构） 我方已完成工作，经自检合格，请予以审查或验收。 附件：□隐蔽工程质量检验资料 □检验批质量检验资料 □分项工程质量检验资料 □施工试验室证明资料 □其他   <div align="right">施工项目经理部（盖章） 项目经理或项目技术负责人（签字） 年 月 日</div>
审查或验收意见：   <div align="right">项目监理机构（盖章） 专业监理工程师（签字） 年 月 日</div>

注 本表一式两份，项目监理机构、施工单位各一份。

表 B.0.8 分 部 工 程 报 验 表

工程名称：   编号：

致：＿＿＿＿＿＿＿＿＿＿＿（项目监理机构） 　　我方已完成＿＿＿＿＿＿＿＿＿＿＿（分部工程），经自检合格，请予以验收。 　　附件：分部工程质量资料   　　　　　　　　　　　　　　　　　　　　　　　施工项目经理部（盖章） 　　　　　　　　　　　　　　　　　　　　　　　项目技术负责人（签字） 　　　　　　　　　　　　　　　　　　　　　　　　　　　年　月　日
验收意见：   　　　　　　　　　　　　　　　　　　　　　　　专业监理工程师（签字） 　　　　　　　　　　　　　　　　　　　　　　　　　　年　月　日
验收意见：   　　　　　　　　　　　　　　　　　　　　　　　项目监理机构（盖章） 　　　　　　　　　　　　　　　　　　　　　　　总监理工程师（签字） 　　　　　　　　　　　　　　　　　　　　　　　　　　年　月　日

注 本表一式三份，项目监理机构、建设单位、施工单位各一份。

表 B.0.9 监 理 通 知 回 复 单

工程名称： 编号：

致：_____（项目监理机构）
　　我方接到编号为_____的监理通知单后，已按要求完成相关工作，请予以复查。

　　附件：需要说明的情况

施工项目经理部（盖章）

项目经理（签字）

年 月 日

复查意见：

项目监理机构（盖章）

总监理工程师/专业监理工程师（签字）

年 月 日

注 本表一式三份，项目监理机构、建设单位、施工单位各一份。

表 B.0.10 单位工程竣工验收报审表

工程名称：　　　　　　　　　　　　　　　　　　　　　编号：

致：＿＿＿＿＿＿＿＿＿＿＿＿（项目监理机构）
我方已按施工合同要求完成＿＿＿＿＿＿＿＿＿＿＿＿工程，经自检合格，现将有关资料报上，请予以验收。 附件：1. 工程质量验收报告 　　　2. 工程功能检验资料   施工单位（盖章） 项目经理（签字） 年　月　日
预验收意见： 　　经预验收，该工程合格/不合格，可以/不可以组织正式验收。   项目监理机构（盖章） 总监理工程师（签字、加盖执业印章） 年　月　日

注　本表一式三份，项目监理机构、建设单位、施工单位各一份。

表 B. 0. 11 工程款支付申请表

工程名称： 编号：

致：_____（项目监理机构）

根据施工合同约定，我方已完成_____工作，建设单位应在_____年_____月_____日前支付工程款共计（大写）_____（小写：_____），请予以审核。

附件：□已完成工程量报表
□工程竣工结算证明材料
□相应支持证明文件

施工项目经理部（盖章）
项目经理（签字）
年 月 日

审查意见：

1. 施工单位应得款为：

2. 本期应扣款为：

3. 本期应付款为：

附件：相应支持材料

专业监理工程师（签字）
年 月 日

审核意见：

项目监理机构（盖章）
总监理工程师（签字、加盖执业印章）
年 月 日

审批意见：

建设单位（盖章）
建设单位代表（签字）
年 月 日

注 本表一式三份，项目监理机构、建设单位、施工单位各一份；工程竣工结算报审时本表一式四份，项目监理机构、建设单位各一份、施工单位两份。

表 B.0.12 施工进度计划报审表

工程名称：   编号：

致：＿＿＿＿＿＿＿＿＿＿（项目监理机构） 　　根据施工合同约定，我方已完成＿＿＿＿＿＿＿＿＿＿工程施工进度计划的编制和批准，请予以审查。 　　附件：□施工总进度计划 　　　　　□阶段性进度计划   施工项目经理部（盖章） 项目经理（签字） 年　月　日
审查意见：   专业监理工程师（签字） 年　月　日
审核意见：   项目监理机构（盖章） 总监理工程师（签字） 年　月　日

注　本表一式三份，项目监理机构、建设单位、施工单位各一份。

表 B.0.13 费 用 索 赔 报 审 表

工程名称：   编号：

致：_____（项目监理机构）

　　根据施工合同_____条款，由于_____
的原因，我方申请索赔金额（大写）_____，请予批准。

　　索赔理由：

　　附件：□索赔金额计算
　　　　　□证明材料

施工项目经理部（盖章）

项目经理（签字）

年　月　日

审核意见：
　　□不同意此项索赔
　　□同意此项索赔，索赔金额为_____（大写_____）。
　　同意/不同意索赔的理由：

　　附件：□索赔审查报告

项目监理机构（盖章）

总监理工程师（签字、加盖执业印章）

年　月　日

审批意见：

建设单位（盖章）

建设单位代表（签字）

年　月　日

　　注　本表一式三份，项目监理机构、建设单位、施工单位各一份。

表 B.0.14 工程临时/最终延期报审表

工程名称：   编号：

致：＿＿＿＿＿＿＿＿＿＿＿（项目监理机构） 　　根据施工合同＿＿＿＿＿＿＿＿＿＿＿（条款），由于＿＿＿＿＿＿＿＿＿＿＿＿＿＿＿ 原因，我方申请工程临时/最终延期＿＿＿＿＿＿＿＿＿＿（日历天），请予批准。 　　附件：1. 工程延期依据及工期计算 　　　　　2. 证明材料   　　　　　　　　　　　　　　　　　　　　　　　施工项目经理部（盖章） 　　　　　　　　　　　　　　　　　　　　　　　项目经理（签字） 　　　　　　　　　　　　　　　　　　　　　　　　　年　月　日
审核意见： 　　□同意工程临时/最终延期＿＿＿＿＿＿＿＿＿（日历天）。工程竣工日期从施工合同约定的＿＿＿＿年＿＿＿＿月 ＿＿＿＿日延迟到＿＿＿＿年＿＿＿＿月＿＿＿＿日。 　　□不同意延期，请按约定竣工日期组织施工。   　　　　　　　　　　　　　　　　　　　　　　　项目监理机构（盖章） 　　　　　　　　　　　　　　　　　　　　　　　总监理工程师（签字、加盖执业印章） 　　　　　　　　　　　　　　　　　　　　　　　　　年　月　日
审批意见：   　　　　　　　　　　　　　　　　　　　　　　　建设单位（盖章） 　　　　　　　　　　　　　　　　　　　　　　　建设单位代表（签字） 　　　　　　　　　　　　　　　　　　　　　　　　　年　月　日

注 本表一式三份，项目监理机构、建设单位、施工单位各一份。

C 类 表　通 用 表

表 C.0.1　工 作 联 系 单

工程名称：　　　　　　　　　　　　　　　　　　　　　　编号：

致：＿＿＿＿＿＿＿＿＿＿＿＿＿＿＿＿＿＿＿＿

发文单位

负责人（签字）

年　月　日

表 C.0.2 工 程 变 更 单

工程名称：　　　　　　　　　　　　　　　　　　　　　　编号：

致：＿＿＿＿＿＿＿＿＿＿＿

　由于＿＿＿＿＿＿＿＿＿＿＿＿＿＿＿＿＿＿＿＿＿＿＿＿＿＿＿＿＿＿＿＿＿＿原因，

兹提出＿＿＿＿＿＿＿＿＿＿＿＿＿＿＿工程变更，请予以审批。

　附件：
　□变更内容
　□变更设计图
　□相关会议纪要
　□其他

　　　　　　　　　　　　　　　　　　　　变更提出单位：
　　　　　　　　　　　　　　　　　　　　负责人：
　　　　　　　　　　　　　　　　　　　　　　年　月　日

工程量增/减	
费用增/减	
工期变化	

施工项目经理部（盖章） 项目经理（签字）	设计单位（盖章） 设计负责人（签字）
项目监理机构（盖章） 总监理工程师（签字）	建设单位（盖章） 负责人（签字）

注 本表一式四份，建设单位、项目监理机构、设计单位、施工单位各一份。

表 C.0.3 索 赔 意 向 通 知 书

工程名称： 编号：

致：＿＿＿＿＿＿＿＿＿＿＿＿
　　根据施工合同＿＿＿＿＿＿＿＿＿＿＿＿（条款）约定，由于发生了＿＿＿＿＿＿＿＿＿＿＿＿＿＿＿＿＿＿
事件，且该事件的发生非我方原因所致。为此，我方向＿＿＿＿＿＿＿＿＿（单位）提出索赔要求。

附件：索赔事件资料

提出单位（盖章）

负责人（签字）

年　月　日

《建设工程施工合同（示范文本）》（GF—2017—0201）

说　明

为了指导建设工程施工合同当事人的签约行为，维护合同当事人的合法权益，依据《中华人民共和国合同法》《中华人民共和国建筑法》《中华人民共和国招标投标法》以及相关法律法规，住房和城乡建设部、国家工商行政管理总局对《建设工程施工合同（示范文本）》（GF—2013—0201）进行了修订，制定了《建设工程施工合同（示范文本）》（GF—2017—0201）（以下简称《示范文本》）。为了便于合同当事人使用《示范文本》，现就有关问题说明如下：

一、《示范文本》的组成

《示范文本》由合同协议书、通用合同条款和专用合同条款三部分组成。

（一）合同协议书

《示范文本》合同协议书共计 13 条，主要包括：工程概况、合同工期、质量标准、签约合同价和合同价格形式、项目经理、合同文件构成、承诺以及合同生效条件等重要内容，集中约定了合同当事人基本的合同权利义务。

（二）通用合同条款

通用合同条款是合同当事人根据《中华人民共和国建筑法》《中华人民共和国合同法》等法律法规的规定，就工程建设的实施及相关事项，对合同当事人的权利义务作出的原则性约定。

通用合同条款共计 20 条，具体条款分别为：一般约定、发包人、承包人、监理人、工程质量、安全文明施工与环境保护、工期和进度、材料与设备、试验与检验、变更、价格调整、合同价格、计量与支付、验收和工程试车、竣工结算、缺陷责任与保修、违约、不可抗力、保险、索赔和争议解决。前述条款安排既考虑了现行法律法规对工程建设的有关要求，也考虑了建设工程施工管理的特殊需要。

（三）专用合同条款

专用合同条款是对通用合同条款原则性约定的细化、完善、补充、修改或另行约定的条款。合同当事人可以根据不同建设工程的特点及具体情况，通过双方的谈判、协商对相应的专用合同条款进行修改补充。在使用专用合同条款时，应注意以下事项：

1. 专用合同条款的编号应与相应的通用合同条款的编号一致；

2. 合同当事人可以通过对专用合同条款的修改，满足具体建设工程的特殊要求，避免直接修改通用合同条款；

3. 在专用合同条款中有横道线的地方，合同当事人可针对相应的通用合同条款进行细化、完善、补充、修改或另行约定；如无细化、完善、补充、修改或另行约定，则填写"无"或划"/"。

二、《示范文本》的性质和适用范围

《示范文本》为非强制性使用文本。《示范文本》适用于房屋建筑工程、土木工程、线路管道和设备安装工程、装修工程等建设工程的施工承发包活动，合同当事人可结合建设工程具体情况，根据《示范文本》订立合同，并按照法律法规规定和合同约定承担相应的法律责任及合同权利义务。

第一部分　合同协议书

发包人（全称）：＿＿＿＿＿＿＿＿＿＿＿＿＿＿＿＿＿＿＿＿

承包人（全称）：＿＿＿＿＿＿＿＿＿＿＿＿＿＿＿＿＿＿＿＿

根据《中华人民共和国合同法》《中华人民共和国建筑法》及有关法律规定，遵循平等、自愿、公平和诚实信用的原则，双方就＿＿＿＿＿＿＿＿＿＿＿＿＿＿＿＿＿工程施工及有关事项协商一致，共同达成如下协议：

一、工程概况

1. 工程名称：＿＿＿＿＿＿＿＿＿＿＿＿＿＿＿＿＿＿。

2. 工程地点：＿＿＿＿＿＿＿＿＿＿＿＿＿＿＿＿＿。

3. 工程立项批准文号：＿＿＿＿＿＿＿＿＿＿＿＿＿。

4. 资金来源：＿＿＿＿＿＿＿＿＿＿＿＿＿＿＿＿＿。

5. 工程内容：＿＿＿＿＿＿＿＿＿＿＿＿＿＿＿＿＿。

群体工程应附《承包人承揽工程项目一览表》（附件1）。

6. 工程承包范围：＿＿。

二、合同工期

计划开工日期：＿＿＿＿年＿＿＿＿月＿＿＿＿日。

计划竣工日期：＿＿＿＿年＿＿＿＿月＿＿＿＿日。

工期总日历天数：＿＿＿＿天。工期总日历天数与根据前述计划开竣工日期计算的工期天数不一致的，以工期总日历天数为准。

三、质量标准

工程质量符合＿＿＿＿＿＿＿＿＿＿＿＿＿＿＿＿＿＿标准。

四、签约合同价与合同价格形式

1. 签约合同价为：

人民币（大写）＿＿＿＿＿＿＿＿＿＿＿＿（￥＿＿＿＿＿元）；

其中：

（1）安全文明施工费：

人民币（大写）＿＿＿＿＿＿＿＿＿＿＿＿（￥＿＿＿＿＿元）；

（2）材料和工程设备暂估价金额：

人民币（大写）＿＿＿＿＿＿＿＿＿＿＿＿（￥＿＿＿＿＿元）；

（3）专业工程暂估价金额：

人民币（大写）＿＿＿＿＿＿＿＿＿＿＿＿（￥＿＿＿＿＿元）；

（4）暂列金额：

人民币（大写）＿＿＿＿＿＿＿＿＿＿＿＿（￥＿＿＿＿＿元）。

2. 合同价格形式：＿＿＿＿＿＿＿＿＿＿＿＿＿＿＿＿＿＿＿＿＿＿。

五、项目经理

承包人项目经理：＿＿＿＿＿＿＿＿＿＿＿＿＿＿＿。

六、合同文件构成

本协议书与下列文件一起构成合同文件：

（1）中标通知书（如果有）；

（2）投标函及其附录（如果有）；

（3）专用合同条款及其附件；

（4）通用合同条款；

（5）技术标准和要求；

（6）图纸；

（7）已标价工程量清单或预算书；

（8）其他合同文件。

在合同订立及履行过程中形成的与合同有关的文件均构成合同文件组成部分。

上述各项合同文件包括合同当事人就该项合同文件所作出的补充和修改，属于同一类内容的文件，应以最新签署的为准。专用合同条款及其附件须经合同当事人签字或盖章。

七、承诺

1. 发包人承诺按照法律规定履行项目审批手续、筹集工程建设资金并按照合同约定的期限和方式支付合同价款。

2. 承包人承诺按照法律规定及合同约定组织完成工程施工，确保工程质量和安全，不进行转包及违法分包，并在缺陷责任期及保修期内承担相应的工程维修责任。

3. 发包人和承包人通过招投标形式签订合同的，双方理解并承诺不再就同一工程另行签订与合同实质性内容相背离的协议。

八、词语含义

本协议书中词语含义与第二部分通用合同条款中赋予的含义相同。

九、签订时间

本合同于＿＿＿＿＿年＿＿＿＿月＿＿＿＿日签订。

十、签订地点

本合同在＿＿＿＿＿＿＿＿＿＿＿＿＿＿＿＿＿＿签订。

十一、补充协议

合同未尽事宜，合同当事人另行签订补充协议，补充协议是合同的组成部分。

十二、合同生效

本合同自＿＿＿＿＿＿＿＿＿＿＿＿＿＿＿＿＿生效。

十三、合同份数

本合同一式_____份，均具有同等法律效力，发包人执_____份，承包人执_____份。

发包人：　　　（公章）　　　　　承包人：　　　（公章）

法定代表人或其委托代理人：　　　　法定代表人或其委托代理人：
　　　　（签字）　　　　　　　　　　　　（签字）

组织机构代码：_____　　组织机构代码：_____

地　　　址：_____　　地　　　址：_____

邮 政 编 码：_____　　邮 政 编 码：_____

法 定 代 表 人：_____　　法 定 代 表 人：_____

委 托 代 理 人：_____　　委 托 代 理 人：_____

电　　　话：_____　　电　　　话：_____

传　　　真：_____　　传　　　真：_____

电 子 信 箱：_____　　电 子 信 箱：_____

开 户 银 行：_____　　开 户 银 行：_____

账　　　号：_____　　账　　　号：_____

第二部分 通用合同条款

1. 一般约定

1.1 词语定义与解释

合同协议书、通用合同条款、专用合同条款中的下列词语具有本款所赋予的含义：

1.1.1 合同

1.1.1.1 合同：是指根据法律规定和合同当事人约定具有约束力的文件，构成合同的文件包括合同协议书、中标通知书（如果有）、投标函及其附录（如果有）、专用合同条款及其附件、通用合同条款、技术标准和要求、图纸、已标价工程量清单或预算书以及其他合同文件。

1.1.1.2 合同协议书：是指构成合同的由发包人和承包人共同签署的称为"合同协议书"的书面文件。

1.1.1.3 中标通知书：是指构成合同的由发包人通知承包人中标的书面文件。

1.1.1.4 投标函：是指构成合同的由承包人填写并签署的用于投标的称为"投标函"的文件。

1.1.1.5 投标函附录：是指构成合同的附在投标函后的称为"投标函附录"的文件。

1.1.1.6 技术标准和要求：是指构成合同的施工应当遵守的或指导施工的国家、行业或地方的技术标准和要求，以及合同约定的技术标准和要求。

1.1.1.7 图纸：是指构成合同的图纸，包括由发包人按照合同约定提供或经发包人批准的设计文件、施工图、鸟瞰图及模型等，以及在合同履行过程中形成的图纸文件。图纸应当按照法律规定审查合格。

1.1.1.8 已标价工程量清单：是指构成合同的由承包人按照规定的格式和要求填写并标明价格的工程量清单，包括说明和表格。

1.1.1.9 预算书：是指构成合同的由承包人按照发包人规定的格式和要求编制的工程预算文件。

1.1.1.10 其他合同文件：是指经合同当事人约定的与工程施工有关的具有合同约束力的文件或书面协议。合同当事人可以在专用合同条款中进行约定。

1.1.2 合同当事人及其他相关方

1.1.2.1 合同当事人：是指发包人和（或）承包人。

1.1.2.2 发包人：是指与承包人签订合同协议书的当事人及取得该当事人资格的合法继承人。

1.1.2.3 承包人：是指与发包人签订合同协议书的，具有相应工程施工承包资质的当事人及取得该当事人资格的合法继承人。

1.1.2.4 监理人：是指在专用合同条款中指明的，受发包人委托按照法律规定进行工程监督管理的法人或其他组织。

1.1.2.5 设计人：是指在专用合同条款中指明的，受发包人委托负责工程设计并具备相应工程设计资质的法人或其他组织。

1.1.2.6 分包人：是指按照法律规定和合同约定，分包部分工程或工作，并与承包人签订分包合同的具有相应资质的法人。

1.1.2.7 发包人代表：是指由发包人任命并派驻施工现场在发包人授权范围内行使发包人权利的人。

1.1.2.8 项目经理：是指由承包人任命并派驻施工现场，在承包人授权范围内负责合同履行，且按照法律规定具有相应资格的项目负责人。

1.1.2.9 总监理工程师：是指由监理人任命并派驻施工现场进行工程监理的总负责人。

1.1.3 工程和设备

1.1.3.1 工程：是指与合同协议书中工程承包范围对应的永久工程和（或）临时工程。

1.1.3.2 永久工程：是指按合同约定建造并移交给发包人的工程，包括工程设备。

1.1.3.3 临时工程：是指为完成合同约定的永久工程所修建的各类临时性工程，不包括施工设备。

1.1.3.4 单位工程：是指在合同协议书中指明的，具备独立施工条件并能形成独立使用功能的永久工程。

1.1.3.5 工程设备：是指构成永久工程的机电设备、金属结构设备、仪器及其他类似的设备和装置。

1.1.3.6 施工设备：是指为完成合同约定的各项工作所需的设备、器具和其他物品，但不包括工程设备、临时工程和材料。

1.1.3.7 施工现场：是指用于工程施工的场所，以及在专用合同条款中指明作为施工场所组成部分的其他场所，包括永久占地和临时占地。

1.1.3.8 临时设施：是指为完成合同约定的各项工作所服务的临时性生产和生活设施。

1.1.3.9 永久占地：是指专用合同条款中指明为实施工程需永久占用的土地。

1.1.3.10 临时占地：是指专用合同条款中指明为实施工程需要临时占用的土地。

1.1.4 日期和期限

1.1.4.1 开工日期：包括计划开工日期和实际开工日期。计划开工日期是指合同协议书约定的开工日期；实际开工日期是指监理人按照第7.3.2项〔开工通知〕约定发出的符合法律规定的开工通知中载明的开工日期。

1.1.4.2 竣工日期：包括计划竣工日期和实际竣工日期。计划竣工日期是指合同协议书约定的竣工日期；实际竣工日期按照第13.2.3项〔竣工日期〕的约定确定。

1.1.4.3 工期：是指在合同协议书约定的承包人完成工程所需的期限，包括按照合同约定所作的期限变更。

1.1.4.4　缺陷责任期：是指承包人按照合同约定承担缺陷修复义务，且发包人预留质量保证金（已缴纳履约保证金的除外）的期限，自工程实际竣工日期起计算。

1.1.4.5　保修期：是指承包人按照合同约定对工程承担保修责任的期限，从工程竣工验收合格之日起计算。

1.1.4.6　基准日期：招标发包的工程以投标截止日前 28 天的日期为基准日期，直接发包的工程以合同签订日前 28 天的日期为基准日期。

1.1.4.7　天：除特别指明外，均指日历天。合同中按天计算时间的，开始当天不计入，从次日开始计算，期限最后一天的截止时间为当天 24：00 时。

1.1.5　合同价格和费用

1.1.5.1　签约合同价：是指发包人和承包人在合同协议书中确定的总金额，包括安全文明施工费、暂估价及暂列金额等。

1.1.5.2　合同价格：是指发包人用于支付承包人按照合同约定完成承包范围内全部工作的金额，包括合同履行过程中按合同约定发生的价格变化。

1.1.5.3　费用：是指为履行合同所发生的或将要发生的所有必需的开支，包括管理费和应分摊的其他费用，但不包括利润。

1.1.5.4　暂估价：是指发包人在工程量清单或预算书中提供的用于支付必然发生但暂时不能确定价格的材料、工程设备的单价、专业工程以及服务工作的金额。

1.1.5.5　暂列金额：是指发包人在工程量清单或预算书中暂定并包括在合同价格中的一笔款项，用于工程合同签订时尚未确定或者不可预见的所需材料、工程设备、服务的采购，施工中可能发生的工程变更、合同约定调整因素出现时的合同价格调整以及发生的索赔、现场签证确认等的费用。

1.1.5.6　计日工：是指合同履行过程中，承包人完成发包人提出的零星工作或需要采用计日工计价的变更工作时，按合同中约定的单价计价的一种方式。

1.1.5.7　质量保证金：是指按照第 15.3 款〔质量保证金〕约定承包人用于保证其在缺陷责任期内履行缺陷修补义务的担保。

1.1.5.8　总价项目：是指在现行国家、行业以及地方的计量规则中无工程量计算规则，在已标价工程量清单或预算书中以总价或以费率形式计算的项目。

1.1.6　其他

1.1.6.1　书面形式：是指合同文件、信函、电报、传真等可以有形地表现所载内容的形式。

1.2　语言文字

合同以中国的汉语简体文字编写、解释和说明。合同当事人在专用合同条款中约定使用两种以上语言时，汉语为优先解释和说明合同的语言。

1.3　法律

合同所称法律是指中华人民共和国法律、行政法规、部门规章，以及工程所在地的地方性法规、自治条例、单行条例和地方政府规章等。

合同当事人可以在专用合同条款中约定合同适用的其他规范性文件。

1.4 标准和规范

1.4.1 适用于工程的国家标准、行业标准、工程所在地的地方性标准，以及相应的规范、规程等，合同当事人有特别要求的，应在专用合同条款中约定。

1.4.2 发包人要求使用国外标准、规范的，发包人负责提供原文版本和中文译本，并在专用合同条款中约定提供标准规范的名称、份数和时间。

1.4.3 发包人对工程的技术标准、功能要求高于或严于现行国家、行业或地方标准的，应当在专用合同条款中予以明确。除专用合同条款另有约定外，应视为承包人在签订合同前已充分预见前述技术标准和功能要求的复杂程度，签约合同价中已包含由此产生的费用。

1.5 合同文件的优先顺序

组成合同的各项文件应互相解释，互为说明。除专用合同条款另有约定外，解释合同文件的优先顺序如下：

（1）合同协议书；

（2）中标通知书（如果有）；

（3）投标函及其附录（如果有）；

（4）专用合同条款及其附件；

（5）通用合同条款；

（6）技术标准和要求；

（7）图纸；

（8）已标价工程量清单或预算书；

（9）其他合同文件。

上述各项合同文件包括合同当事人就该项合同文件所作出的补充和修改，属于同一类内容的文件，应以最新签署的为准。

在合同订立及履行过程中形成的与合同有关的文件均构成合同文件组成部分，并根据其性质确定优先解释顺序。

1.6 图纸和承包人文件

1.6.1 图纸的提供和交底

发包人应按照专用合同条款约定的期限、数量和内容向承包人免费提供图纸，并组织承包人、监理人和设计人进行图纸会审和设计交底。发包人至迟不得晚于第7.3.2项〔开工通知〕载明的开工日期前14天向承包人提供图纸。

因发包人未按合同约定提供图纸导致承包人费用增加和（或）工期延误的，按照第7.5.1项〔因发包人原因导致工期延误〕约定办理。

1.6.2 图纸的错误

承包人在收到发包人提供的图纸后，发现图纸存在差错、遗漏或缺陷的，应及时通知监理人。监理人接到该通知后，应附具相关意见并立即报送发包人，发包人应在收到监理人报送的通知后的合理时间内作出决定。合理时间是指发包人在收到监理人的报送通知后，尽其努力且不懈怠地完成图纸修改补充所需的时间。

1.6.3 图纸的修改和补充

图纸需要修改和补充的，应经图纸原设计人及审批部门同意，并由监理人在工程或工程相应部位施工前将修改后的图纸或补充图纸提交给承包人，承包人应按修改或补充后的图纸施工。

1.6.4 承包人文件

承包人应按照专用合同条款的约定提供应当由其编制的与工程施工有关的文件，并按照专用合同条款约定的期限、数量和形式提交监理人，并由监理人报送发包人。

除专用合同条款另有约定外，监理人应在收到承包人文件后 7 天内审查完毕，监理人对承包人文件有异议的，承包人应予以修改，并重新报送监理人。监理人的审查并不减轻或免除承包人根据合同约定应当承担的责任。

1.6.5 图纸和承包人文件的保管

除专用合同条款另有约定外，承包人应在施工现场另外保存一套完整的图纸和承包人文件，供发包人、监理人及有关人员进行工程检查时使用。

1.7 联络

1.7.1 与合同有关的通知、批准、证明、证书、指示、指令、要求、请求、同意、意见、确定和决定等，均应采用书面形式，并应在合同约定的期限内送达接收人和送达地点。

1.7.2 发包人和承包人应在专用合同条款中约定各自的送达接收人和送达地点。任何一方合同当事人指定的接收人或送达地点发生变动的，应提前 3 天以书面形式通知对方。

1.7.3 发包人和承包人应当及时签收另一方送达至送达地点和指定接收人的来往信函。拒不签收的，由此增加的费用和（或）延误的工期由拒绝接收一方承担。

1.8 严禁贿赂

合同当事人不得以贿赂或变相贿赂的方式，谋取非法利益或损害对方权益。因一方合同当事人的贿赂造成对方损失的，应赔偿损失，并承担相应的法律责任。

承包人不得与监理人或发包人聘请的第三方串通损害发包人利益。未经发包人书面同意，承包人不得为监理人提供合同约定以外的通讯设备、交通工具及其他任何形式的利益，不得向监理人支付报酬。

1.9 化石、文物

在施工现场发掘的所有文物、古迹以及具有地质研究或考古价值的其他遗迹、化石、钱币或物品属于国家所有。一旦发现上述文物，承包人应采取合理有效的保护措施，防止任何人员移动或损坏上述物品，并立即报告有关政府行政管理部门，同时通知监理人。

发包人、监理人和承包人应按有关政府行政管理部门要求采取妥善的保护措施，由此增加的费用和（或）延误的工期由发包人承担。

承包人发现文物后不及时报告或隐瞒不报，致使文物丢失或损坏的，应赔偿损失，并承担相应的法律责任。

1.10 交通运输

1.10.1 出入现场的权利

除专用合同条款另有约定外，发包人应根据施工需要，负责取得出入施工现场所需的批准手续和全部权利，以及取得因施工所需修建道路、桥梁以及其他基础设施的权利，并承担相关手续费用和建设费用。承包人应协助发包人办理修建场内外道路、桥梁以及其他基础设施的手续。

承包人应在订立合同前查勘施工现场，并根据工程规模及技术参数合理预见工程施工所需的进出施工现场的方式、手段、路径等。因承包人未合理预见所增加的费用和（或）延误的工期由承包人承担。

1.10.2 场外交通

发包人应提供场外交通设施的技术参数和具体条件，承包人应遵守有关交通法规，严格按照道路和桥梁的限制荷载行驶，执行有关道路限速、限行、禁止超载的规定，并配合交通管理部门的监督和检查。场外交通设施无法满足工程施工需要的，由发包人负责完善并承担相关费用。

1.10.3 场内交通

发包人应提供场内交通设施的技术参数和具体条件，并应按照专用合同条款的约定向承包人免费提供满足工程施工所需的场内道路和交通设施。因承包人原因造成上述道路或交通设施损坏的，承包人负责修复并承担由此增加的费用。

除发包人按照合同约定提供的场内道路和交通设施外，承包人负责修建、维修、养护和管理施工所需的其他场内临时道路和交通设施。发包人和监理人可以为实现合同目的使用承包人修建的场内临时道路和交通设施。

场外交通和场内交通的边界由合同当事人在专用合同条款中约定。

1.10.4 超大件和超重件的运输

由承包人负责运输的超大件或超重件，应由承包人负责向交通管理部门办理申请手续，发包人给予协助。运输超大件或超重件所需的道路和桥梁临时加固改造费用和其他有关费用，由承包人承担，但专用合同条款另有约定除外。

1.10.5 道路和桥梁的损坏责任

因承包人运输造成施工场地内外公共道路和桥梁损坏的，由承包人承担修复损坏的全部费用和可能引起的赔偿。

1.10.6 水路和航空运输

本款前述各项的内容适用于水路运输和航空运输，其中"道路"一词的涵义包括河道、航线、船闸、机场、码头、堤防以及水路或航空运输中其他相似结构物；"车辆"一词的涵义包括船舶和飞机等。

1.11 知识产权

1.11.1 除专用合同条款另有约定外，发包人提供给承包人的图纸、发包人为实施工程自行编制或委托编制的技术规范以及反映发包人要求的或其他类似性质的文件的著作权属于发包人，承包人可以为实现合同目的而复制、使用此类文件，但不能用于与合同无关的其他事项。未经发包人书面同意，承包人不得为了合同以外的目的而复制、使用上述文件或将之提供给任何第三方。

1.11.2 除专用合同条款另有约定外，承包人为实施工程所编制的文件，除署名权以外的著作权属于发包人，承包人可因实施工程的运行、调试、维修、改造等目的而复制、使用此类文件，但不能用于与合同无关的其他事项。未经发包人书面同意，承包人不得为了合同以外的目的而复制、使用上述文件或将之提供给任何第三方。

1.11.3 合同当事人保证在履行合同过程中不侵犯对方及第三方的知识产权。承包人在使用材料、施工设备、工程设备或采用施工工艺时，因侵犯他人的专利权或其他知识产权所引起的责任，由承包人承担；因发包人提供的材料、施工设备、工程设备或施工工艺导致侵权的，由发包人承担责任。

1.11.4 除专用合同条款另有约定外，承包人在合同签订前和签订时已确定采用的专利、专有技术、技术秘密的使用费已包含在签约合同价中。

1.12 保密

除法律规定或合同另有约定外，未经发包人同意，承包人不得将发包人提供的图纸、文件以及声明需要保密的资料信息等商业秘密泄露给第三方。

除法律规定或合同另有约定外，未经承包人同意，发包人不得将承包人提供的技术秘密及声明需要保密的资料信息等商业秘密泄露给第三方。

1.13 工程量清单错误的修正

除专用合同条款另有约定外，发包人提供的工程量清单，应被认为是准确的和完整的。出现下列情形之一时，发包人应予以修正，并相应调整合同价格：

（1）工程量清单存在缺项、漏项的；

（2）工程量清单偏差超出专用合同条款约定的工程量偏差范围的；

（3）未按照国家现行计量规范强制性规定计量的。

2. 发包人

2.1 许可或批准

发包人应遵守法律，并办理法律规定由其办理的许可、批准或备案，包括但不限于建设用地规划许可证、建设工程规划许可证、建设工程施工许可证、施工所需临时用水、临时用电、中断道路交通、临时占用土地等许可和批准。发包人应协助承包人办理法律规定的有关施工证件和批件。

因发包人原因未能及时办理完毕前述许可、批准或备案，由发包人承担由此增加的费用和（或）延误的工期，并支付承包人合理的利润。

2.2 发包人代表

发包人应在专用合同条款中明确其派驻施工现场的发包人代表的姓名、职务、联系方式及授权范围等事项。发包人代表在发包人的授权范围内，负责处理合同履行过程中与发包人有关的具体事宜。发包人代表在授权范围内的行为由发包人承担法律责任。发包人更换发包人代表的，应提前7天书面通知承包人。

发包人代表不能按照合同约定履行其职责及义务，并导致合同无法继续正常履行的，承包人可以要求发包人撤换发包人代表。

不属于法定必须监理的工程，监理人的职权可以由发包人代表或发包人指定的其他人员行使。

2.3 发包人人员

发包人应要求在施工现场的发包人人员遵守法律及有关安全、质量、环境保护、文明施工等规定，并保障承包人免于承受因发包人人员未遵守上述要求给承包人造成的损失和责任。

发包人人员包括发包人代表及其他由发包人派驻施工现场的人员。

2.4 施工现场、施工条件和基础资料的提供

2.4.1 提供施工现场

除专用合同条款另有约定外，发包人应最迟于开工日期7天前向承包人移交施工现场。

2.4.2 提供施工条件

除专用合同条款另有约定外，发包人应负责提供施工所需要的条件，包括：

（1）将施工用水、电力、通讯线路等施工所必需的条件接至施工现场内；

（2）保证向承包人提供正常施工所需要的进入施工现场的交通条件；

（3）协调处理施工现场周围地下管线和邻近建筑物、构筑物、古树名木的保护工作，并承担相关费用；

（4）按照专用合同条款约定应提供的其他设施和条件。

2.4.3 提供基础资料

发包人应当在移交施工现场前向承包人提供施工现场及工程施工所必需的毗邻区域内供水、排水、供电、供气、供热、通信、广播电视等地下管线资料，气象和水文观测资料，地质勘察资料，相邻建筑物、构筑物和地下工程等有关基础资料，并对所提供资料的真实性、准确性和完整性负责。

按照法律规定确需在开工后方能提供的基础资料，发包人应尽其努力及时地在相应工程施工前的合理期限内提供，合理期限应以不影响承包人的正常施工为限。

2.4.4 逾期提供的责任

因发包人原因未能按合同约定及时向承包人提供施工现场、施工条件、基础资料的，由发包人承担由此增加的费用和（或）延误的工期。

2.5　资金来源证明及支付担保

除专用合同条款另有约定外，发包人应在收到承包人要求提供资金来源证明的书面通知后 28 天内，向承包人提供能够按照合同约定支付合同价款的相应资金来源证明。

除专用合同条款另有约定外，发包人要求承包人提供履约担保的，发包人应当向承包人提供支付担保。支付担保可以采用银行保函或担保公司担保等形式，具体由合同当事人在专用合同条款中约定。

2.6　支付合同价款

发包人应按合同约定向承包人及时支付合同价款。

2.7　组织竣工验收

发包人应按合同约定及时组织竣工验收。

2.8　现场统一管理协议

发包人应与承包人、由发包人直接发包的专业工程的承包人签订施工现场统一管理协议，明确各方的权利义务。施工现场统一管理协议作为专用合同条款的附件。

3.　承包人

3.1　承包人的一般义务

承包人在履行合同过程中应遵守法律和工程建设标准规范，并履行以下义务：

（1）办理法律规定应由承包人办理的许可和批准，并将办理结果书面报送发包人留存；

（2）按法律规定和合同约定完成工程，并在保修期内承担保修义务；

（3）按法律规定和合同约定采取施工安全和环境保护措施，办理工伤保险，确保工程及人员、材料、设备和设施的安全；

（4）按合同约定的工作内容和施工进度要求，编制施工组织设计和施工措施计划，并对所有施工作业和施工方法的完备性和安全可靠性负责；

（5）在进行合同约定的各项工作时，不得侵害发包人与他人使用公用道路、水源、市政管网等公共设施的权利，避免对邻近的公共设施产生干扰。承包人占用或使用他人的施工场地，影响他人作业或生活的，应承担相应责任；

（6）按照第 6.3 款〔环境保护〕约定负责施工场地及其周边环境与生态的保护工作；

（7）按第 6.1 款〔安全文明施工〕约定采取施工安全措施，确保工程及其人员、材料、设备和设施的安全，防止因工程施工造成的人身伤害和财产损失；

（8）将发包人按合同约定支付的各项价款专用于合同工程，且应及时支付其雇用人员工资，并及时向分包人支付合同价款；

（9）按照法律规定和合同约定编制竣工资料，完成竣工资料立卷及归档，并按专用合同条款约定的竣工资料的套数、内容、时间等要求移交发包人；

（10）应履行的其他义务。

3.2 项目经理

3.2.1 项目经理应为合同当事人所确认的人选，并在专用合同条款中明确项目经理的姓名、职称、注册执业证书编号、联系方式及授权范围等事项，项目经理经承包人授权后代表承包人负责履行合同。项目经理应是承包人正式聘用的员工，承包人应向发包人提交项目经理与承包人之间的劳动合同，以及承包人为项目经理缴纳社会保险的有效证明。承包人不提交上述文件的，项目经理无权履行职责，发包人有权要求更换项目经理，由此增加的费用和（或）延误的工期由承包人承担。

项目经理应常驻施工现场，且每月在施工现场时间不得少于专用合同条款约定的天数。项目经理不得同时担任其他项目的项目经理。项目经理确需离开施工现场时，应事先通知监理人，并取得发包人的书面同意。项目经理的通知中应当载明临时代行其职责的人员的注册执业资格、管理经验等资料，该人员应具备履行相应职责的能力。

承包人违反上述约定的，应按照专用合同条款的约定，承担违约责任。

3.2.2 项目经理按合同约定组织工程实施。在紧急情况下为确保施工安全和人员安全，在无法与发包人代表和总监理工程师及时取得联系时，项目经理有权采取必要的措施保证与工程有关的人身、财产和工程的安全，但应在 48 小时内向发包人代表和总监理工程师提交书面报告。

3.2.3 承包人需要更换项目经理的，应提前 14 天书面通知发包人和监理人，并征得发包人书面同意。通知中应当载明继任项目经理的注册执业资格、管理经验等资料，继任项目经理继续履行第 3.2.1 项约定的职责。未经发包人书面同意，承包人不得擅自更换项目经理。承包人擅自更换项目经理的，应按照专用合同条款的约定承担违约责任。

3.2.4 发包人有权书面通知承包人更换其认为不称职的项目经理，通知中应当载明要求更换的理由。承包人应在接到更换通知后 14 天内向发包人提出书面的改进报告。发包人收到改进报告后仍要求更换的，承包人应在接到第二次更换通知的 28 天内进行更换，并将新任命的项目经理的注册执业资格、管理经验等资料书面通知发包人。继任项目经理继续履行第 3.2.1 项约定的职责。承包人无正当理由拒绝更换项目经理的，应按照专用合同条款的约定承担违约责任。

3.2.5 项目经理因特殊情况授权其下属人员履行其某项工作职责的，该下属人员应具备履行相应职责的能力，并应提前 7 天将上述人员的姓名和授权范围书面通知监理人，并征得发包人书面同意。

3.3 承包人人员

3.3.1 除专用合同条款另有约定外，承包人应在接到开工通知后 7 天内，向监理人提交承包人项目管理机构及施工现场人员安排的报告，其内容应包括合同管理、施工、技术、材料、质量、安全、财务等主要施工管理人员名单及其岗位、注册执业资格等，以及各工种技术工人的安排情况，并同时提交主要施工管理人员与承包人之间的劳动关系证明和缴纳社会保险的有效证明。

3.3.2 承包人派驻到施工现场的主要施工管理人员应相对稳定。施工过程中如有变动，承包人应及时向监理人提交施工现场人员变动情况的报告。承包人更换主要施工管理人员时，应提前7天书面通知监理人，并征得发包人书面同意。通知中应当载明继任人员的注册执业资格、管理经验等资料。

特殊工种作业人员均应持有相应的资格证明，监理人可以随时检查。

3.3.3 发包人对于承包人主要施工管理人员的资格或能力有异议的，承包人应提供资料证明被质疑人员有能力完成其岗位工作或不存在发包人所质疑的情形。发包人要求撤换不能按照合同约定履行职责及义务的主要施工管理人员的，承包人应当撤换。承包人无正当理由拒绝撤换的，应按照专用合同条款的约定承担违约责任。

3.3.4 除专用合同条款另有约定外，承包人的主要施工管理人员离开施工现场每月累计不超过5天的，应报监理人同意；离开施工现场每月累计超过5天的，应通知监理人，并征得发包人书面同意。主要施工管理人员离开施工现场前应指定一名有经验的人员临时代行其职责，该人员应具备履行相应职责的资格和能力，且应征得监理人或发包人的同意。

3.3.5 承包人擅自更换主要施工管理人员，或前述人员未经监理人或发包人同意擅自离开施工现场的，应按照专用合同条款约定承担违约责任。

3.4 承包人现场查勘

承包人应对基于发包人按照第2.4.3项〔提供基础资料〕提交的基础资料所做出的解释和推断负责，但因基础资料存在错误、遗漏导致承包人解释或推断失实的，由发包人承担责任。

承包人应对施工现场和施工条件进行查勘，并充分了解工程所在地的气象条件、交通条件、风俗习惯以及其他与完成合同工作有关的其他资料。因承包人未能充分查勘、了解前述情况或未能充分估计前述情况所可能产生后果的，承包人承担由此增加的费用和（或）延误的工期。

3.5 分包

3.5.1 分包的一般约定

承包人不得将其承包的全部工程转包给第三人，或将其承包的全部工程肢解后以分包的名义转包给第三人。承包人不得将工程主体结构、关键性工作及专用合同条款中禁止分包的专业工程分包给第三人，主体结构、关键性工作的范围由合同当事人按照法律规定在专用合同条款中予以明确。

承包人不得以劳务分包的名义转包或违法分包工程。

3.5.2 分包的确定

承包人应按专用合同条款的约定进行分包，确定分包人。已标价工程量清单或预算书中给定暂估价的专业工程，按照第10.7款〔暂估价〕确定分包人。按照合同约定进行分包的，承包人应确保分包人具有相应的资质和能力。工程分包不减轻或免除承包人的责任和义务，承包人和分包人就分包工程向发包人承担连带责任。除合同另有约定外，承包人应在分包合同签订后 7 天内向发包人和监理人提交分包合同副本。

3.5.3　分包管理

承包人应向监理人提交分包人的主要施工管理人员表，并对分包人的施工人员进行实名制管理，包括但不限于进出场管理、登记造册以及各种证照的办理。

3.5.4　分包合同价款

（1）除本项第（2）目约定的情况或专用合同条款另有约定外，分包合同价款由承包人与分包人结算，未经承包人同意，发包人不得向分包人支付分包工程价款；

（2）生效法律文书要求发包人向分包人支付分包合同价款的，发包人有权从应付承包人工程款中扣除该部分款项。

3.5.5　分包合同权益的转让

分包人在分包合同项下的义务持续到缺陷责任期届满以后的，发包人有权在缺陷责任期届满前，要求承包人将其在分包合同项下的权益转让给发包人，承包人应当转让。除转让合同另有约定外，转让合同生效后，由分包人向发包人履行义务。

3.6　工程照管与成品、半成品保护

（1）除专用合同条款另有约定外，自发包人向承包人移交施工现场之日起，承包人应负责照管工程及工程相关的材料、工程设备，直到颁发工程接收证书之日止。

（2）在承包人负责照管期间，因承包人原因造成工程、材料、工程设备损坏的，由承包人负责修复或更换，并承担由此增加的费用和（或）延误的工期。

（3）对合同内分期完成的成品和半成品，在工程接收证书颁发前，由承包人承担保护责任。因承包人原因造成成品或半成品损坏的，由承包人负责修复或更换，并承担由此增加的费用和（或）延误的工期。

3.7　履约担保

发包人需要承包人提供履约担保的，由合同当事人在专用合同条款中约定履约担保的方式、金额及期限等。履约担保可以采用银行保函或担保公司担保等形式，具体由合同当事人在专用合同条款中约定。

因承包人原因导致工期延长的，继续提供履约担保所增加的费用由承包人承担；非因承包人原因导致工期延长的，继续提供履约担保所增加的费用由发包人承担。

3.8　联合体

3.8.1　联合体各方应共同与发包人签订合同协议书。联合体各方应为履行合同向发包人承担连带责任。

3.8.2　联合体协议经发包人确认后作为合同附件。在履行合同过程中，未经发包人同意，不得修改联合体协议。

3.8.3　联合体牵头人负责与发包人和监理人联系，并接受指示，负责组织联合体各成员全面履行合同。

4. 监理人

4.1 监理人的一般规定

工程实行监理的，发包人和承包人应在专用合同条款中明确监理人的监理内容及监理权限等事项。监理人应当根据发包人授权及法律规定，代表发包人对工程施工相关事项进行检查、查验、审核、验收，并签发相关指示，但监理人无权修改合同，且无权减轻或免除合同约定的承包人的任何责任与义务。

除专用合同条款另有约定外，监理人在施工现场的办公场所、生活场所由承包人提供，所发生的费用由发包人承担。

4.2 监理人员

发包人授予监理人对工程实施监理的权利由监理人派驻施工现场的监理人员行使，监理人员包括总监理工程师及监理工程师。监理人应将授权的总监理工程师和监理工程师的姓名及授权范围以书面形式提前通知承包人。更换总监理工程师的，监理人应提前 7 天书面通知承包人；更换其他监理人员，监理人应提前 48 小时书面通知承包人。

4.3 监理人的指示

监理人应按照发包人的授权发出监理指示。监理人的指示应采用书面形式，并经其授权的监理人员签字。紧急情况下，为了保证施工人员的安全或避免工程受损，监理人员可以口头形式发出指示，该指示与书面形式的指示具有同等法律效力，但必须在发出口头指示后 24 小时内补发书面监理指示，补发的书面监理指示应与口头指示一致。

监理人发出的指示应送达承包人项目经理或经项目经理授权接收的人员。因监理人未能按合同约定发出指示、指示延误或发出了错误指示而导致承包人费用增加和（或）工期延误的，由发包人承担相应责任。除专用合同条款另有约定外，总监理工程师不应将第 4.4 款〔商定或确定〕约定应由总监理工程师作出确定的权力授权或委托给其他监理人员。

承包人对监理人发出的指示有疑问的，应向监理人提出书面异议，监理人应在 48 小时内对该指示予以确认、更改或撤销，监理人逾期未回复的，承包人有权拒绝执行上述指示。

监理人对承包人的任何工作、工程或其采用的材料和工程设备未在约定的或合理期限内提出意见的，视为批准，但不免除或减轻承包人对该工作、工程、材料、工程设备等应承担的责任和义务。

4.4 商定或确定

合同当事人进行商定或确定时，总监理工程师应当会同合同当事人尽量通过协商达成一致，不能达成一致的，由总监理工程师按照合同约定审慎做出公正的确定。

总监理工程师应将确定以书面形式通知发包人和承包人，并附详细依据。合同当事人对总监理工程师的确定没有异议的，按照总监理工程师的确定执行。任何一方合同当事人有异议，按照第 20 条〔争议解决〕约定处理。争议解决前，合同当事人暂按总监理工程师的确定执行；争议解决后，争议解决的结果与总监理工程师的确定不一致的，按照争议解决的结果执行，由此造成的损失由责任人承担。

5. 工程质量

5.1 质量要求

5.1.1 工程质量标准必须符合现行国家有关工程施工质量验收规范和标准的要求。有关工程质量的特殊标准或要求由合同当事人在专用合同条款中约定。

5.1.2 因发包人原因造成工程质量未达到合同约定标准的，由发包人承担由此增加的费用和（或）延误的工期，并支付承包人合理的利润。

5.1.3 因承包人原因造成工程质量未达到合同约定标准的，发包人有权要求承包人返工直至工程质量达到合同约定的标准为止，并由承包人承担由此增加的费用和（或）延误的工期。

5.2 质量保证措施

5.2.1 发包人的质量管理

发包人应按照法律规定及合同约定完成与工程质量有关的各项工作。

5.2.2 承包人的质量管理

承包人按照第 7.1 款〔施工组织设计〕约定向发包人和监理人提交工程质量保证体系及措施文件，建立完善的质量检查制度，并提交相应的工程质量文件。对于发包人和监理人违反法律规定和合同约定的错误指示，承包人有权拒绝实施。

承包人应对施工人员进行质量教育和技术培训，定期考核施工人员的劳动技能，严格执行施工规范和操作规程。

承包人应按照法律规定和发包人的要求，对材料、工程设备以及工程的所有部位及其施工工艺进行全过程的质量检查和检验，并作详细记录，编制工程质量报表，报送监理人审查。此外，承包人还应按照法律规定和发包人的要求，进行施工现场取样试验、工程复核测量和设备性能检测，提供试验样品、提交试验报告和测量成果以及其他工作。

5.2.3 监理人的质量检查和检验

监理人按照法律规定和发包人授权对工程的所有部位及其施工工艺、材料和工程设备进行检查和检验。承包人应为监理人的检查和检验提供方便，包括监理人到施工现场，或制造、加工地点，或合同约定的其他地方进行察看和查阅施工原始记录。监理人为此进行的检查和检验，不免除或减轻承包人按照合同约定应当承担的责任。

监理人的检查和检验不应影响施工正常进行。监理人的检查和检验影响施工正常进行的，且经检查检验不合格的，影响正常施工的费用由承包人承担，工期不予顺延；经检查检验合格的，由此增加的费用和（或）延误的工期由发包人承担。

5.3　隐蔽工程检查

5.3.1　承包人自检

承包人应当对工程隐蔽部位进行自检，并经自检确认是否具备覆盖条件。

5.3.2　检查程序

除专用合同条款另有约定外，工程隐蔽部位经承包人自检确认具备覆盖条件的，承包人应在共同检查前48小时书面通知监理人检查，通知中应载明隐蔽检查的内容、时间和地点，并应附有自检记录和必要的检查资料。

监理人应按时到场并对隐蔽工程及其施工工艺、材料和工程设备进行检查。经监理人检查确认质量符合隐蔽要求，并在验收记录上签字后，承包人才能进行覆盖。经监理人检查质量不合格的，承包人应在监理人指示的时间内完成修复，并由监理人重新检查，由此增加的费用和（或）延误的工期由承包人承担。

除专用合同条款另有约定外，监理人不能按时进行检查的，应在检查前24小时向承包人提交书面延期要求，但延期不能超过48小时，由此导致工期延误的，工期应予以顺延。监理人未按时进行检查，也未提出延期要求的，视为隐蔽工程检查合格，承包人可自行完成覆盖工作，并作相应记录报送监理人，监理人应签字确认。监理人事后对检查记录有疑问的，可按第5.3.3项〔重新检查〕的约定重新检查。

5.3.3　重新检查

承包人覆盖工程隐蔽部位后，发包人或监理人对质量有疑问的，可要求承包人对已覆盖的部位进行钻孔探测或揭开重新检查，承包人应遵照执行，并在检查后重新覆盖恢复原状。经检查证明工程质量符合合同要求的，由发包人承担由此增加的费用和（或）延误的工期，并支付承包人合理的利润；经检查证明工程质量不符合合同要求的，由此增加的费用和（或）延误的工期由承包人承担。

5.3.4　承包人私自覆盖

承包人未通知监理人到场检查，私自将工程隐蔽部位覆盖的，监理人有权指示承包人钻孔探测或揭开检查，无论工程隐蔽部位质量是否合格，由此增加的费用和（或）延误的工期均由承包人承担。

5.4　不合格工程的处理

5.4.1　因承包人原因造成工程不合格的，发包人有权随时要求承包人采取补救措施，直至达到合同要求的质量标准，由此增加的费用和（或）延误的工期由承包人承担。无法补救的，按照第13.2.4项〔拒绝接收全部或部分工程〕约定执行。

5.4.2　因发包人原因造成工程不合格的，由此增加的费用和（或）延误的工期由发包人承担，并支付承包人合理的利润。

5.5　质量争议检测

合同当事人对工程质量有争议的，由双方协商确定的工程质量检测机构鉴定，由此产生的费用及因此造成的损失，由责任方承担。

合同当事人均有责任的，由双方根据其责任分别承担。合同当事人无法达成一致的，按照第4.4款〔商定或确定〕执行。

6. 安全文明施工与环境保护

6.1 安全文明施工

6.1.1 安全生产要求

合同履行期间，合同当事人均应当遵守国家和工程所在地有关安全生产的要求，合同当事人有特别要求的，应在专用合同条款中明确施工项目安全生产标准化达标目标及相应事项。承包人有权拒绝发包人及监理人强令承包人违章作业、冒险施工的任何指示。

在施工过程中，如遇到突发的地质变动、事先未知的地下施工障碍等影响施工安全的紧急情况，承包人应及时报告监理人和发包人，发包人应当及时下令停工并报政府有关行政管理部门采取应急措施。

因安全生产需要暂停施工的，按照第7.8款〔暂停施工〕的约定执行。

6.1.2 安全生产保证措施

承包人应当按照有关规定编制安全技术措施或者专项施工方案，建立安全生产责任制度、治安保卫制度及安全生产教育培训制度，并按安全生产法律规定及合同约定履行安全职责，如实编制工程安全生产的有关记录，接受发包人、监理人及政府安全监督部门的检查与监督。

6.1.3 特别安全生产事项

承包人应按照法律规定进行施工，开工前做好安全技术交底工作，施工过程中做好各项安全防护措施。承包人为实施合同而雇用的特殊工种的人员应受过专门的培训并已取得政府有关管理机构颁发的上岗证书。

承包人在动力设备、输电线路、地下管道、密封防震车间、易燃易爆地段以及临街交通要道附近施工时，施工开始前应向发包人和监理人提出安全防护措施，经发包人认可后实施。

实施爆破作业，在放射、毒害性环境中施工（含储存、运输、使用）及使用毒害性、腐蚀性物品施工时，承包人应在施工前7天以书面通知发包人和监理人，并报送相应的安全防护措施，经发包人认可后实施。

需单独编制危险性较大分部分项专项工程施工方案的，及要求进行专家论证的超过一定规模的危险性较大的分部分项工程，承包人应及时编制和组织论证。

6.1.4 治安保卫

除专用合同条款另有约定外，发包人应与当地公安部门协商，在现场建立治安管理机构或联防组织，统一管理施工场地的治安保卫事项，履行合同工程的治安保卫职责。

发包人和承包人除应协助现场治安管理机构或联防组织维护施工场地的社会治安外，还应做好包括生活区在内的各自管辖区的治安保卫工作。

除专用合同条款另有约定外，发包人和承包人应在工程开工后7天内共同编制施工场地治安管理计划，并制定应对突发治安事件的紧急预案。在工程施工过程中，发生暴乱、爆炸等恐怖事件，以及群殴、械斗等群体性突发治安事件的，发包人和承包人应立即向当地政府报告。发包人和承包人应积极协助当地有关部门采取措施平息事态，防止事态扩大，尽量避免人员伤亡和财产损失。

6.1.5　文明施工

承包人在工程施工期间，应当采取措施保持施工现场平整，物料堆放整齐。工程所在地有关政府行政管理部门有特殊要求的，按照其要求执行。合同当事人对文明施工有其他要求的，可以在专用合同条款中明确。

在工程移交之前，承包人应当从施工现场清除承包人的全部工程设备、多余材料、垃圾和各种临时工程，并保持施工现场清洁整齐。经发包人书面同意，承包人可在发包人指定的地点保留承包人履行保修期内的各项义务所需要的材料、施工设备和临时工程。

6.1.6　安全文明施工费

安全文明施工费由发包人承担，发包人不得以任何形式扣减该部分费用。因基准日期后合同所适用的法律或政府有关规定发生变化，增加的安全文明施工费由发包人承担。

承包人经发包人同意采取合同约定以外的安全措施所产生的费用，由发包人承担。未经发包人同意的，如果该措施避免了发包人的损失，则发包人在避免损失的额度内承担该措施费。如果该措施避免了承包人的损失，由承包人承担该措施费。

除专用合同条款另有约定外，发包人应在开工后 28 天内预付安全文明施工费总额的 50%，其余部分与进度款同期支付。发包人逾期支付安全文明施工费超过 7 天的，承包人有权向发包人发出要求预付的催告通知，发包人收到通知后 7 天内仍未支付的，承包人有权暂停施工，并按第 16.1.1 项〔发包人违约的情形〕执行。

承包人对安全文明施工费应专款专用，承包人应在财务账目中单独列项备查，不得挪作他用，否则发包人有权责令其限期改正；逾期未改正的，可以责令其暂停施工，由此增加的费用和（或）延误的工期由承包人承担。

6.1.7　紧急情况处理

在工程实施期间或缺陷责任期内发生危及工程安全的事件，监理人通知承包人进行抢救，承包人声明无能力或不愿立即执行的，发包人有权雇佣其他人员进行抢救。此类抢救按合同约定属于承包人义务的，由此增加的费用和（或）延误的工期由承包人承担。

6.1.8　事故处理

工程施工过程中发生事故的，承包人应立即通知监理人，监理人应立即通知发包人。发包人和承包人应立即组织人员和设备进行紧急抢救和抢修，减少人员伤亡和财产损失，防止事故扩大，并保护事故现场。需要移动现场物品时，应作出标记和书面记录，妥善保管有关证据。发包人和承包人应按国家有关规定，及时如实地向有关部门报告事故发生的情况，以及正在采取的紧急措施等。

6.1.9 安全生产责任

6.1.9.1 发包人的安全责任

发包人应负责赔偿以下各种情况造成的损失：

（1）工程或工程的任何部分对土地的占用所造成的第三者财产损失；

（2）由于发包人原因在施工场地及其毗邻地带造成的第三者人身伤亡和财产损失；

（3）由于发包人原因对承包人、监理人造成的人员人身伤亡和财产损失；

（4）由于发包人原因造成的发包人自身人员的人身伤害以及财产损失。

6.1.9.2 承包人的安全责任

由于承包人原因在施工场地内及其毗邻地带造成的发包人、监理人以及第三者人员伤亡和财产损失，由承包人负责赔偿。

6.2 职业健康

6.2.1 劳动保护

承包人应按照法律规定安排现场施工人员的劳动和休息时间，保障劳动者的休息时间，并支付合理的报酬和费用。承包人应依法为其履行合同所雇用的人员办理必要的证件、许可、保险和注册等，承包人应督促其分包人为分包人所雇用的人员办理必要的证件、许可、保险和注册等。

承包人应按照法律规定保障现场施工人员的劳动安全，并提供劳动保护，并应按国家有关劳动保护的规定，采取有效的防止粉尘、降低噪声、控制有害气体和保障高温、高寒、高空作业安全等劳动保护措施。承包人雇佣人员在施工中受到伤害的，承包人应立即采取有效措施进行抢救和治疗。

承包人应按法律规定安排工作时间，保证其雇佣人员享有休息和休假的权利。因工程施工的特殊需要占用休假日或延长工作时间的，应不超过法律规定的限度，并按法律规定给予补休或付酬。

6.2.2 生活条件

承包人应为其履行合同所雇用的人员提供必要的膳宿条件和生活环境；承包人应采取有效措施预防传染病，保证施工人员的健康，并定期对施工现场、施工人员生活基地和工程进行防疫和卫生的专业检查和处理，在远离城镇的施工场地，还应配备必要的伤病防治和急救的医务人员与医疗设施。

6.3 环境保护

承包人应在施工组织设计中列明环境保护的具体措施。在合同履行期间，承包人应采取合理措施保护施工现场环境。对施工作业过程中可能引起的大气、水、噪音以及固体废物污染采取具体可行的防范措施。

承包人应当承担因其原因引起的环境污染侵权损害赔偿责任，因上述环境污染引起纠纷而导致暂停施工的，由此增加的费用和（或）延误的工期由承包人承担。

7. 工期和进度

7.1 施工组织设计

7.1.1 施工组织设计的内容

施工组织设计应包含以下内容：

(1) 施工方案；

(2) 施工现场平面布置图；

(3) 施工进度计划和保证措施；

(4) 劳动力及材料供应计划；

(5) 施工机械设备的选用；

(6) 质量保证体系及措施；

(7) 安全生产、文明施工措施；

(8) 环境保护、成本控制措施；

(9) 合同当事人约定的其他内容。

7.1.2 施工组织设计的提交和修改

除专用合同条款另有约定外，承包人应在合同签订后 14 天内，但至迟不得晚于第 7.3.2 项〔开工通知〕载明的开工日期前 7 天，向监理人提交详细的施工组织设计，并由监理人报送发包人。除专用合同条款另有约定外，发包人和监理人应在监理人收到施工组织设计后 7 天内确认或提出修改意见。对发包人和监理人提出的合理意见和要求，承包人应自费修改完善。根据工程实际情况需要修改施工组织设计的，承包人应向发包人和监理人提交修改后的施工组织设计。

施工进度计划的编制和修改按照第 7.2 款〔施工进度计划〕执行。

7.2 施工进度计划

7.2.1 施工进度计划的编制

承包人应按照第 7.1 款〔施工组织设计〕约定提交详细的施工进度计划，施工进度计划的编制应当符合国家法律规定和一般工程实践惯例，施工进度计划经发包人批准后实施。施工进度计划是控制工程进度的依据，发包人和监理人有权按照施工进度计划检查工程进度情况。

7.2.2 施工进度计划的修订

施工进度计划不符合合同要求或与工程的实际进度不一致的，承包人应向监理人提交修订的施工进度计划，并附具有关措施和相关资料，由监理人报送发包人。除专用合同条款另有约定外，发包人和监理人应在收到修订的施工进度计划后 7 天内完成审核和批准或提出修改意见。发包人和监理人对承包人提交的施工进度计划的确认，不能减轻或免除承包人根据法律规定和合同约定应承担的任何责任或义务。

7.3 开工

7.3.1 开工准备

除专用合同条款另有约定外，承包人应按照第 7.1 款〔施工组织设计〕约定的期限，向监理人提交工程开工报审表，经监理人报发包人批准后执行。开工报审表应详细说明按施工进度计划正常施工所需的施工道路、临时设施、材料、工程设备、施工设备、施工人员等落实情况以及工程的进度安排。

除专用合同条款另有约定外，合同当事人应按约定完成开工准备工作。

7.3.2 开工通知

发包人应按照法律规定获得工程施工所需的许可。经发包人同意后，监理人发出的开工通知应符合法律规定。监理人应在计划开工日期7天前向承包人发出开工通知，工期自开工通知中载明的开工日期起算。

除专用合同条款另有约定外，因发包人原因造成监理人未能在计划开工日期之日起90天内发出开工通知的，承包人有权提出价格调整要求，或者解除合同。发包人应当承担由此增加的费用和（或）延误的工期，并向承包人支付合理利润。

7.4 测量放线

7.4.1 除专用合同条款另有约定外，发包人应在至迟不得晚于第7.3.2项〔开工通知〕载明的开工日期前7天通过监理人向承包人提供测量基准点、基准线和水准点及其书面资料。发包人应对其提供的测量基准点、基准线和水准点及其书面资料的真实性、准确性和完整性负责。

承包人发现发包人提供的测量基准点、基准线和水准点及其书面资料存在错误或疏漏的，应及时通知监理人。监理人应及时报告发包人，并会同发包人和承包人予以核实。发包人应就如何处理和是否继续施工作出决定，并通知监理人和承包人。

7.4.2 承包人负责施工过程中的全部施工测量放线工作，并配置具有相应资质的人员、合格的仪器、设备和其他物品。承包人应矫正工程的位置、标高、尺寸或准线中出现的任何差错，并对工程各部分的定位负责。

施工过程中对施工现场内水准点等测量标志物的保护工作由承包人负责。

7.5 工期延误

7.5.1 因发包人原因导致工期延误

在合同履行过程中，因下列情况导致工期延误和（或）费用增加的，由发包人承担由此延误的工期和（或）增加的费用，且发包人应支付承包人合理的利润：

（1）发包人未能按合同约定提供图纸或所提供图纸不符合合同约定的；

（2）发包人未能按合同约定提供施工现场、施工条件、基础资料、许可、批准等开工条件的；

（3）发包人提供的测量基准点、基准线和水准点及其书面资料存在错误或疏漏的；

（4）发包人未能在计划开工日期之日起7天内同意下达开工通知的；

（5）发包人未能按合同约定日期支付工程预付款、进度款或竣工结算款的；

（6）监理人未按合同约定发出指示、批准等文件的；

（7）专用合同条款中约定的其他情形。

因发包人原因未按计划开工日期开工的，发包人应按实际开工日期顺延竣工日期，确保实际工期不低于合同约定的工期总日历天数。因发包人原因导致工期延误需要修订施工进度计划的，按照第 7.2.2 项〔施工进度计划的修订〕执行。

7.5.2 因承包人原因导致工期延误

因承包人原因造成工期延误的，可以在专用合同条款中约定逾期竣工违约金的计算方法和逾期竣工违约金的上限。承包人支付逾期竣工违约金后，不免除承包人继续完成工程及修补缺陷的义务。

7.6 不利物质条件

不利物质条件是指有经验的承包人在施工现场遇到的不可预见的自然物质条件、非自然的物质障碍和污染物，包括地表以下物质条件和水文条件以及专用合同条款约定的其他情形，但不包括气候条件。

承包人遇到不利物质条件时，应采取克服不利物质条件的合理措施继续施工，并及时通知发包人和监理人。通知应载明不利物质条件的内容以及承包人认为不可预见的理由。监理人经发包人同意后应当及时发出指示，指示构成变更的，按第 10 条〔变更〕约定执行。承包人因采取合理措施而增加的费用和（或）延误的工期由发包人承担。

7.7 异常恶劣的气候条件

异常恶劣的气候条件是指在施工过程中遇到的，有经验的承包人在签订合同时不可预见的，对合同履行造成实质性影响的，但尚未构成不可抗力事件的恶劣气候条件。合同当事人可以在专用合同条款中约定异常恶劣的气候条件的具体情形。

承包人应采取克服异常恶劣的气候条件的合理措施继续施工，并及时通知发包人和监理人。监理人经发包人同意后应当及时发出指示，指示构成变更的，按第 10 条〔变更〕约定办理。承包人因采取合理措施而增加的费用和（或）延误的工期由发包人承担。

7.8 暂停施工

7.8.1 发包人原因引起的暂停施工

因发包人原因引起暂停施工的，监理人经发包人同意后，应及时下达暂停施工指示。情况紧急且监理人未及时下达暂停施工指示的，按照第 7.8.4 项〔紧急情况下的暂停施工〕执行。

因发包人原因引起的暂停施工，发包人应承担由此增加的费用和（或）延误的工期，并支付承包人合理的利润。

7.8.2 承包人原因引起的暂停施工

因承包人原因引起的暂停施工，承包人应承担由此增加的费用和（或）延误的工期，且承包人在收到监理人复工指示后 84 天内仍未复工的，视为第 16.2.1 项〔承包人违约的情形〕第（7）目约定的承包人无法继续履行合同的情形。

7.8.3　指示暂停施工

监理人认为有必要时，并经发包人批准后，可向承包人作出暂停施工的指示，承包人应按监理人指示暂停施工。

7.8.4　紧急情况下的暂停施工

因紧急情况需暂停施工，且监理人未及时下达暂停施工指示的，承包人可先暂停施工，并及时通知监理人。监理人应在接到通知后24小时内发出指示，逾期未发出指示，视为同意承包人暂停施工。监理人不同意承包人暂停施工的，应说明理由，承包人对监理人的答复有异议，按照第20条〔争议解决〕约定处理。

7.8.5　暂停施工后的复工

暂停施工后，发包人和承包人应采取有效措施积极消除暂停施工的影响。在工程复工前，监理人会同发包人和承包人确定因暂停施工造成的损失，并确定工程复工条件。当工程具备复工条件时，监理人应经发包人批准后向承包人发出复工通知，承包人应按照复工通知要求复工。

承包人无故拖延和拒绝复工的，承包人承担由此增加的费用和（或）延误的工期；因发包人原因无法按时复工的，按照第7.5.1项〔因发包人原因导致工期延误〕约定办理。

7.8.6　暂停施工持续56天以上

监理人发出暂停施工指示后56天内未向承包人发出复工通知，除该项停工属于第7.8.2项〔承包人原因引起的暂停施工〕及第17条〔不可抗力〕约定的情形外，承包人可向发包人提交书面通知，要求发包人在收到书面通知后28天内准许已暂停施工的部分或全部工程继续施工。发包人逾期不予批准的，则承包人可以通知发包人，将工程受影响的部分视为按第10.1款〔变更的范围〕第（2）项的可取消工作。

暂停施工持续84天以上不复工的，且不属于第7.8.2项〔承包人原因引起的暂停施工〕及第17条〔不可抗力〕约定的情形，并影响到整个工程以及合同目的实现的，承包人有权提出价格调整要求，或者解除合同。解除合同的，按照第16.1.3项〔因发包人违约解除合同〕执行。

7.8.7　暂停施工期间的工程照管

暂停施工期间，承包人应负责妥善照管工程并提供安全保障，由此增加的费用由责任方承担。

7.8.8　暂停施工的措施

暂停施工期间，发包人和承包人均应采取必要的措施确保工程质量及安全，防止因暂停施工扩大损失。

7.9　提前竣工

7.9.1　发包人要求承包人提前竣工的，发包人应通过监理人向承包人下达提前竣工指示，承包人应向发包人和监理人提交提前竣工建议书，提前竣工建议书应包括实施的方案、缩短的时间、增加的合同价格等内容。发包人接受该提前竣工建议书的,监理人应与发包人和承包人协商采取加快工程进度的措施,并修订施工进度计划,由此增加的费用由发包人承担。承包人认为提前竣工指示无法执行的,应向监理人和发包人提出书面异议,发包人和监理人应在收到异议后 7 天内予以答复。任何情况下,发包人不得压缩合理工期。

7.9.2　发包人要求承包人提前竣工,或承包人提出提前竣工的建议能够给发包人带来效益的,合同当事人可以在专用合同条款中约定提前竣工的奖励。

8. 材料与设备

8.1　发包人供应材料与工程设备

发包人自行供应材料、工程设备的,应在签订合同时在专用合同条款的附件《发包人供应材料设备一览表》中明确材料、工程设备的品种、规格、型号、数量、单价、质量等级和送达地点。

承包人应提前 30 天通过监理人以书面形式通知发包人供应材料与工程设备进场。承包人按照第 7.2.2 项〔施工进度计划的修订〕约定修订施工进度计划时,需同时提交经修订后的发包人供应材料与工程设备的进场计划。

8.2　承包人采购材料与工程设备

承包人负责采购材料、工程设备的,应按照设计和有关标准要求采购,并提供产品合格证明及出厂证明,对材料、工程设备质量负责。合同约定由承包人采购的材料、工程设备,发包人不得指定生产厂家或供应商,发包人违反本款约定指定生产厂家或供应商的,承包人有权拒绝,并由发包人承担相应责任。

8.3　材料与工程设备的接收与拒收

8.3.1　发包人应按《发包人供应材料设备一览表》约定的内容提供材料和工程设备,并向承包人提供产品合格证明及出厂证明,对其质量负责。发包人应提前 24 小时以书面形式通知承包人、监理人材料和工程设备到货时间,承包人负责材料和工程设备的清点、检验和接收。

发包人提供的材料和工程设备的规格、数量或质量不符合合同约定的,或因发包人原因导致交货日期延误或交货地点变更等情况的,按照第 16.1 款〔发包人违约〕约定办理。

8.3.2　承包人采购的材料和工程设备,应保证产品质量合格,承包人应在材料和工程设备到货前 24 小时通知监理人检验。承包人进行永久设备、材料的制造和生产的,应符合相关质量标准,并向监理人提交材料的样本以及有关资料,并应在使用该材料或工程设备之前获得监理人同意。

承包人采购的材料和工程设备不符合设计或有关标准要求时,承包人应在监理人要求的合理期限内将不符合设计或有关标准要求的材料、工程设备运出施工现场,并重新采购符合要求的材料、工程设备,由此增加的费用和(或)延误的工期,由承包人承担。

8.4 材料与工程设备的保管与使用

8.4.1 发包人供应材料与工程设备的保管与使用

发包人供应的材料和工程设备，承包人清点后由承包人妥善保管，保管费用由发包人承担，但已标价工程量清单或预算书已经列支或专用合同条款另有约定除外。因承包人原因发生丢失毁损的，由承包人负责赔偿；监理人未通知承包人清点的，承包人不负责材料和工程设备的保管，由此导致丢失毁损的由发包人负责。

发包人供应的材料和工程设备使用前，由承包人负责检验，检验费用由发包人承担，不合格的不得使用。

8.4.2 承包人采购材料与工程设备的保管与使用

承包人采购的材料和工程设备由承包人妥善保管，保管费用由承包人承担。法律规定材料和工程设备使用前必须进行检验或试验的，承包人应按监理人的要求进行检验或试验，检验或试验费用由承包人承担，不合格的不得使用。

发包人或监理人发现承包人使用不符合设计或有关标准要求的材料和工程设备时，有权要求承包人进行修复、拆除或重新采购，由此增加的费用和（或）延误的工期，由承包人承担。

8.5 禁止使用不合格的材料和工程设备

8.5.1 监理人有权拒绝承包人提供的不合格材料或工程设备，并要求承包人立即进行更换。监理人应在更换后再次进行检查和检验，由此增加的费用和（或）延误的工期由承包人承担。

8.5.2 监理人发现承包人使用了不合格的材料和工程设备，承包人应按照监理人的指示立即改正，并禁止在工程中继续使用不合格的材料和工程设备。

8.5.3 发包人提供的材料或工程设备不符合合同要求的，承包人有权拒绝，并可要求发包人更换，由此增加的费用和（或）延误的工期由发包人承担，并支付承包人合理的利润。

8.6 样品

8.6.1 样品的报送与封存

需要承包人报送样品的材料或工程设备，样品的种类、名称、规格、数量等要求均应在专用合同条款中约定。样品的报送程序如下：

（1）承包人应在计划采购前 28 天向监理人报送样品。承包人报送的样品均应来自供应材料的实际生产地，且提供的样品的规格、数量足以表明材料或工程设备的质量、型号、颜色、表面处理、质地、误差和其他要求的特征。

（2）承包人每次报送样品时应随附申报单，申报单应载明报送样品的相关数据和资料，并标明每件样品对应的图纸号，预留监理人批复意见栏。监理人应在收到承包人报送的样品后 7 天向承包人回复经发包人签认的样品审批意见。

（3）经发包人和监理人审批确认的样品应按约定的方法封样，封存的样品作为检验工程相关部分的标准之一。承包人在施工过程中不得使用与样品不符的材料或工程设备。

（4）发包人和监理人对样品的审批确认仅为确认相关材料或工程设备的特征或用途，不得被理解为对合同的修改或改变，也并不减轻或免除承包人任何的责任和义务。如果封存的样品修改或改变了合同约定，合同当事人应当以书面协议予以确认。

8.6.2 样品的保管

经批准的样品应由监理人负责封存于现场，承包人应在现场为保存样品提供适当和固定的场所并保持适当和良好的存储环境条件。

8.7 材料与工程设备的替代

8.7.1 出现下列情况需要使用替代材料和工程设备的，承包人应按照第 8.7.2 项约定的程序执行：

（1）基准日期后生效的法律规定禁止使用的；

（2）发包人要求使用替代品的；

（3）因其他原因必须使用替代品的。

8.7.2 承包人应在使用替代材料和工程设备 28 天前书面通知监理人，并附下列文件：

（1）被替代的材料和工程设备的名称、数量、规格、型号、品牌、性能、价格及其他相关资料；

（2）替代品的名称、数量、规格、型号、品牌、性能、价格及其他相关资料；

（3）替代品与被替代产品之间的差异以及使用替代品可能对工程产生的影响；

（4）替代品与被替代产品的价格差异；

（5）使用替代品的理由和原因说明；

（6）监理人要求的其他文件。

监理人应在收到通知后 14 天内向承包人发出经发包人签认的书面指示；监理人逾期发出书面指示的，视为发包人和监理人同意使用替代品。

8.7.3 发包人认可使用替代材料和工程设备的，替代材料和工程设备的价格，按照已标价工程量清单或预算书相同项目的价格认定；无相同项目的，参考相似项目价格认定；既无相同项目也无相似项目的，按照合理的成本与利润构成的原则，由合同当事人按照第 4.4 款〔商定或确定〕确定价格。

8.8 施工设备和临时设施

8.8.1 承包人提供的施工设备和临时设施

承包人应按合同进度计划的要求，及时配置施工设备和修建临时设施。进入施工场地的承包人设备需经监理人核查后才能投入使用。承包人更换合同约定的承包人设备的，应报监理人批准。

除专用合同条款另有约定外，承包人应自行承担修建临时设施的费用，需要临时占地的，应由发包人办理申请手续并承担相应费用。

8.8.2 发包人提供的施工设备和临时设施

发包人提供的施工设备或临时设施在专用合同条款中约定。

8.8.3　要求承包人增加或更换施工设备

承包人使用的施工设备不能满足合同进度计划和（或）质量要求时，监理人有权要求承包人增加或更换施工设备，承包人应及时增加或更换，由此增加的费用和（或）延误的工期由承包人承担。

8.9　材料与设备专用要求

承包人运入施工现场的材料、工程设备、施工设备以及在施工场地建设的临时设施，包括备品备件、安装工具与资料，必须专用于工程。未经发包人批准，承包人不得运出施工现场或挪作他用；经发包人批准，承包人可以根据施工进度计划撤走闲置的施工设备和其他物品。

9. 试验与检验

9.1　试验设备与试验人员

9.1.1　承包人根据合同约定或监理人指示进行的现场材料试验，应由承包人提供试验场所、试验人员、试验设备以及其他必要的试验条件。监理人在必要时可以使用承包人提供的试验场所、试验设备以及其他试验条件，进行以工程质量检查为目的的材料复核试验，承包人应予以协助。

9.1.2　承包人应按专用合同条款的约定提供试验设备、取样装置、试验场所和试验条件，并向监理人提交相应进场计划表。

承包人配置的试验设备要符合相应试验规程的要求并经过具有资质的检测单位检测，且在正式使用该试验设备前，需要经过监理人与承包人共同校定。

9.1.3　承包人应向监理人提交试验人员的名单及其岗位、资格等证明资料，试验人员必须能够熟练进行相应的检测试验，承包人对试验人员的试验程序和试验结果的正确性负责。

9.2　取样

试验属于自检性质的，承包人可以单独取样。试验属于监理人抽检性质的，可由监理人取样，也可由承包人的试验人员在监理人的监督下取样。

9.3　材料、工程设备和工程的试验和检验

9.3.1　承包人应按合同约定进行材料、工程设备和工程的试验和检验，并为监理人对上述材料、工程设备和工程的质量检查提供必要的试验资料和原始记录。按合同约定应由监理人与承包人共同进行试验和检验的，由承包人负责提供必要的试验资料和原始记录。

9.3.2　试验属于自检性质的，承包人可以单独进行试验。试验属于监理人抽检性质的，监理人可以单独进行试验，也可由承包人与监理人共同进行。承包人对由监理人单独进行的试验结果有异议的，可以申请重新共同进行试验。约定共同进行试验的，监理人未按照约定参加试验的，承包人可自行试验，并将试验结果报送监理人，监理人应承认该试验结果。

9.3.3　监理人对承包人的试验和检验结果有异议的，或为查清承包人试验和检验成

果的可靠性要求承包人重新试验和检验的，可由监理人与承包人共同进行。重新试验和检验的结果证明该项材料、工程设备或工程的质量不符合合同要求的，由此增加的费用和（或）延误的工期由承包人承担；重新试验和检验结果证明该项材料、工程设备和工程符合合同要求的，由此增加的费用和（或）延误的工期由发包人承担。

9.4　现场工艺试验

承包人应按合同约定或监理人指示进行现场工艺试验。对大型的现场工艺试验，监理人认为必要时，承包人应根据监理人提出的工艺试验要求，编制工艺试验措施计划，报送监理人审查。

10. 变更

10.1　变更的范围

除专用合同条款另有约定外，合同履行过程中发生以下情形的，应按照本条约定进行变更：

（1）增加或减少合同中任何工作，或追加额外的工作；

（2）取消合同中任何工作，但转由他人实施的工作除外；

（3）改变合同中任何工作的质量标准或其他特性；

（4）改变工程的基线、标高、位置和尺寸；

（5）改变工程的时间安排或实施顺序。

10.2　变更权

发包人和监理人均可以提出变更。变更指示均通过监理人发出，监理人发出变更指示前应征得发包人同意。承包人收到经发包人签认的变更指示后，方可实施变更。未经许可，承包人不得擅自对工程的任何部分进行变更。

涉及设计变更的，应由设计人提供变更后的图纸和说明。如变更超过原设计标准或批准的建设规模时，发包人应及时办理规划、设计变更等审批手续。

10.3　变更程序

10.3.1　发包人提出变更

发包人提出变更的，应通过监理人向承包人发出变更指示，变更指示应说明计划变更的工程范围和变更的内容。

10.3.2　监理人提出变更建议

监理人提出变更建议的，需要向发包人以书面形式提出变更计划，说明计划变更工程范围和变更的内容、理由，以及实施该变更对合同价格和工期的影响。发包人同意变更的，由监理人向承包人发出变更指示。发包人不同意变更的，监理人无权擅自发出变更指示。

10.3.3　变更执行

承包人收到监理人下达的变更指示后，认为不能执行，应立即提出不能执行该变更指示的理由。承包人认为可以执行变更的，应当书面说明实施该变更指示对合同价格和工期的影响，且合同当事人应当按照第10.4款〔变更估价〕约定确定变更估价。

10.4 变更估价

10.4.1 变更估价原则

除专用合同条款另有约定外，变更估价按照本款约定处理：

（1）已标价工程量清单或预算书有相同项目的，按照相同项目单价认定；

（2）已标价工程量清单或预算书中无相同项目，但有类似项目的，参照类似项目的单价认定；

（3）变更导致实际完成的变更工程量与已标价工程量清单或预算书中列明的该项目工程量的变化幅度超过15%的，或已标价工程量清单或预算书中无相同项目及类似项目单价的，按照合理的成本与利润构成的原则，由合同当事人按照第4.4款〔商定或确定〕确定变更工作的单价。

10.4.2 变更估价程序

承包人应在收到变更指示后14天内，向监理人提交变更估价申请。监理人应在收到承包人提交的变更估价申请后7天内审查完毕并报送发包人，监理人对变更估价申请有异议，通知承包人修改后重新提交。发包人应在承包人提交变更估价申请后14天内审批完毕。发包人逾期未完成审批或未提出异议的，视为认可承包人提交的变更估价申请。

因变更引起的价格调整应计入最近一期的进度款中支付。

10.5 承包人的合理化建议

承包人提出合理化建议的，应向监理人提交合理化建议说明，说明建议的内容和理由，以及实施该建议对合同价格和工期的影响。

除专用合同条款另有约定外，监理人应在收到承包人提交的合理化建议后7天内审查完毕并报送发包人，发现其中存在技术上的缺陷，应通知承包人修改。发包人应在收到监理人报送的合理化建议后7天内审批完毕。合理化建议经发包人批准的，监理人应及时发出变更指示，由此引起的合同价格调整按照第10.4款〔变更估价〕约定执行。发包人不同意变更的，监理人应书面通知承包人。

合理化建议降低了合同价格或者提高了工程经济效益的，发包人可对承包人给予奖励，奖励的方法和金额在专用合同条款中约定。

10.6 变更引起的工期调整

因变更引起工期变化的，合同当事人均可要求调整合同工期，由合同当事人按照第4.4款〔商定或确定〕并参考工程所在地的工期定额标准确定增减工期天数。

10.7 暂估价

暂估价专业分包工程、服务、材料和工程设备的明细由合同当事人在专用合同条款中约定。

10.7.1 依法必须招标的暂估价项目

对于依法必须招标的暂估价项目，采取以下第1种方式确定。合同当事人也可以在专用合同条款中选择其他招标方式。

第1种方式：对于依法必须招标的暂估价项目，由承包人招标，对该暂估价项目的确认和批准按照以下约定执行：

（1）承包人应当根据施工进度计划，在招标工作启动前14天将招标方案通过监理人报送发包人审查，发包人应当在收到承包人报送的招标方案后7天内批准或提出修改意见。承包人应当按照经过发包人批准的招标方案开展招标工作；

（2）承包人应当根据施工进度计划，提前14天将招标文件通过监理人报送发包人审批，发包人应当在收到承包人报送的相关文件后7天内完成审批或提出修改意见；发包人有权确定招标控制价并按照法律规定参加评标；

（3）承包人与供应商、分包人在签订暂估价合同前，应当提前7天将确定的中标候选供应商或中标候选分包人的资料报送发包人，发包人应在收到资料后3天内与承包人共同确定中标人；承包人应当在签订合同后7天内，将暂估价合同副本报送发包人留存。

第2种方式：对于依法必须招标的暂估价项目，由发包人和承包人共同招标确定暂估价供应商或分包人的，承包人应按照施工进度计划，在招标工作启动前14天通知发包人，并提交暂估价招标方案和工作分工。发包人应在收到后7天内确认。确定中标人后，由发包人、承包人与中标人共同签订暂估价合同。

10.7.2　不属于依法必须招标的暂估价项目

除专用合同条款另有约定外，对于不属于依法必须招标的暂估价项目，采取以下第1种方式确定：

第1种方式：对于不属于依法必须招标的暂估价项目，按本项约定确认和批准：

（1）承包人应根据施工进度计划，在签订暂估价项目的采购合同、分包合同前28天向监理人提出书面申请。监理人应当在收到申请后3天内报送发包人，发包人应当在收到申请后14天内给予批准或提出修改意见，发包人逾期未予批准或提出修改意见的，视为该书面申请已获得同意；

（2）发包人认为承包人确定的供应商、分包人无法满足工程质量或合同要求的，发包人可以要求承包人重新确定暂估价项目的供应商、分包人；

（3）承包人应当在签订暂估价合同后7天内，将暂估价合同副本报送发包人留存。

第2种方式：承包人按照第10.7.1项〔依法必须招标的暂估价项目〕约定的第1种方式确定暂估价项目。

第3种方式：承包人直接实施的暂估价项目。

承包人具备实施暂估价项目的资格和条件的，经发包人和承包人协商一致后，可由承包人自行实施暂估价项目，合同当事人可以在专用合同条款约定具体事项。

10.7.3　因发包人原因导致暂估价合同订立和履行迟延的，由此增加的费用和（或）延误的工期由发包人承担，并支付承包人合理的利润。因承包人原因导致暂估价合同订立和履行迟延的，由此增加的费用和（或）延误的工期由承包人承担。

10.8 暂列金额

暂列金额应按照发包人的要求使用，发包人的要求应通过监理人发出。合同当事人可以在专用合同条款中协商确定有关事项。

10.9 计日工

需要采用计日工方式的，经发包人同意后，由监理人通知承包人以计日工计价方式实施相应的工作，其价款按列入已标价工程量清单或预算书中的计日工计价项目及其单价进行计算；已标价工程量清单或预算书中无相应的计日工单价的，按照合理的成本与利润构成的原则，由合同当事人按照第 4.4 款〔商定或确定〕确定计日工的单价。

采用计日工计价的任何一项工作，承包人应在该项工作实施过程中，每天提交以下报表和有关凭证报送监理人审查：

（1）工作名称、内容和数量；

（2）投入该工作的所有人员的姓名、专业、工种、级别和耗用工时；

（3）投入该工作的材料类别和数量；

（4）投入该工作的施工设备型号、台数和耗用台时；

（5）其他有关资料和凭证。

计日工由承包人汇总后，列入最近一期进度付款申请单，由监理人审查并经发包人批准后列入进度付款。

11. 价格调整

11.1 市场价格波动引起的调整

除专用合同条款另有约定外，市场价格波动超过合同当事人约定的范围，合同价格应当调整。合同当事人可以在专用合同条款中约定选择以下一种方式对合同价格进行调整：

第 1 种方式：采用价格指数进行价格调整。

（1）价格调整公式。

因人工、材料和设备等价格波动影响合同价格时，根据专用合同条款中约定的数据，按以下公式计算差额并调整合同价格：

$$\Delta P = P_0 \left[A + \left(B_1 \times \frac{F_{t1}}{F_{01}} + B_2 \times \frac{F_{t2}}{F_{02}} + B_3 \times \frac{F_{t3}}{F_{03}} + \cdots + B_n \times \frac{F_{tn}}{F_{0n}} \right) - 1 \right]$$

公式中： ΔP ——需调整的价格差额；

P_0 ——约定的付款证书中承包人应得到的已完成工程量的金额。此项金额应不包括价格调整、不计质量保证金的扣留和支付、预付款的支付和扣回。约定的变更及其他金额已按现行价格计价的，也不计在内；

A ——定值权重（即不调部分的权重）；

$B_1; B_2; B_3; \cdots; B_n$ ——各可调因子的变值权重（即可调部分的权重），为各可调因子在签约合同价中所占的比例；

F_{t1}；F_{t2}；F_{t3}；…；F_{tn}——各可调因子的现行价格指数，指约定的付款证书相关周期最后一天的前 42 天的各可调因子的价格指数；

F_{01}；F_{02}；F_{03}；…；F_{0n}——各可调因子的基本价格指数，指基准日期的各可调因子的价格指数。

以上价格调整公式中的各可调因子、定值和变值权重，以及基本价格指数及其来源在投标函附录价格指数和权重表中约定，非招标订立的合同，由合同当事人在专用合同条款中约定。价格指数应首先采用工程造价管理机构发布的价格指数，无前述价格指数时，可采用工程造价管理机构发布的价格代替。

（2）暂时确定调整差额。

在计算调整差额时无现行价格指数的，合同当事人同意暂用前次价格指数计算。实际价格指数有调整的，合同当事人进行相应调整。

（3）权重的调整。

因变更导致合同约定的权重不合理时，按照第 4.4 款〔商定或确定〕执行。

（4）因承包人原因工期延误后的价格调整。

因承包人原因未按期竣工的，对合同约定的竣工日期后继续施工的工程，在使用价格调整公式时，应采用计划竣工日期与实际竣工日期的两个价格指数中较低的一个作为现行价格指数。

第 2 种方式：采用造价信息进行价格调整。

合同履行期间，因人工、材料、工程设备和机械台班价格波动影响合同价格时，人工、机械使用费按照国家或省、自治区、直辖市建设行政管理部门、行业建设管理部门或其授权的工程造价管理机构发布的人工、机械使用费系数进行调整；需要进行价格调整的材料，其单价和采购数量应由发包人审批，发包人确认需调整的材料单价及数量，作为调整合同价格的依据。

（1）人工单价发生变化且符合省级或行业建设主管部门发布的人工费调整规定，合同当事人应按省级或行业建设主管部门或其授权的工程造价管理机构发布的人工费等文件调整合同价格，但承包人对人工费或人工单价的报价高于发布价格的除外。

（2）材料、工程设备价格变化的价款调整按照发包人提供的基准价格，按以下风险范围规定执行：

①承包人在已标价工程量清单或预算书中载明材料单价低于基准价格的：除专用合同条款另有约定外，合同履行期间材料单价涨幅以基准价格为基础超过 5％时，或材料单价跌幅以在已标价工程量清单或预算书中载明材料单价为基础超过 5％时，其超过部分据实调整。

②承包人在已标价工程量清单或预算书中载明材料单价高于基准价格的：除专用合同条款另有约定外，合同履行期间材料单价跌幅以基准价格为基础超过 5％时，材料单价涨幅以在已标价工程量清单或预算书中载明材料单价为基础超过 5％时，其超

过部分据实调整。

③承包人在已标价工程量清单或预算书中载明材料单价等于基准价格的：除专用合同条款另有约定外，合同履行期间材料单价涨跌幅以基准价格为基础超过±5%时，其超过部分据实调整。

④承包人应在采购材料前将采购数量和新的材料单价报发包人核对，发包人确认用于工程时，发包人应确认采购材料的数量和单价。发包人在收到承包人报送的确认资料后5天内不予答复的视为认可，作为调整合同价格的依据。未经发包人事先核对，承包人自行采购材料的，发包人有权不予调整合同价格。发包人同意的，可以调整合同价格。

前述基准价格是指由发包人在招标文件或专用合同条款中给定的材料、工程设备的价格，该价格原则上应当按照省级或行业建设主管部门或其授权的工程造价管理机构发布的信息价编制。

（3）施工机械台班单价或施工机械使用费发生变化超过省级或行业建设主管部门或其授权的工程造价管理机构规定的范围时，按规定调整合同价格。

第3种方式：专用合同条款约定的其他方式。

11.2　法律变化引起的调整

基准日期后，法律变化导致承包人在合同履行过程中所需要的费用发生除第11.1款〔市场价格波动引起的调整〕约定以外的增加时，由发包人承担由此增加的费用；减少时，应从合同价格中予以扣减。基准日期后，因法律变化造成工期延误时，工期应予以顺延。

因法律变化引起的合同价格和工期调整，合同当事人无法达成一致的，由总监理工程师按第4.4款〔商定或确定〕的约定处理。

因承包人原因造成工期延误，在工期延误期间出现法律变化的，由此增加的费用和（或）延误的工期由承包人承担。

12. 合同价格、计量与支付

12.1　合同价格形式

发包人和承包人应在合同协议书中选择下列一种合同价格形式：

1. 单价合同

单价合同是指合同当事人约定以工程量清单及其综合单价进行合同价格计算、调整和确认的建设工程施工合同，在约定的范围内合同单价不作调整。合同当事人应在专用合同条款中约定综合单价包含的风险范围和风险费用的计算方法，并约定风险范围以外的合同价格的调整方法，其中因市场价格波动引起的调整按第11.1款〔市场价格波动引起的调整〕约定执行。

2. 总价合同

总价合同是指合同当事人约定以施工图、已标价工程量清单或预算书及有关条件进行合同价格计算、调整和确认的建设工程施工合同，在约定的范围内合同总价不作调整。合同当事人应在专用合同条款中约定总价包含的风险范围和风险费用的计算方法，并约定风险范围以外的合同价格的调整方法，其中因市场价格波动引起的调整按第 11.1 款〔市场价格波动引起的调整〕、因法律变化引起的调整按第 11.2 款〔法律变化引起的调整〕约定执行。

　　3．其他价格形式

　　合同当事人可在专用合同条款中约定其他合同价格形式。

12.2　预付款

12.2.1　预付款的支付

　　预付款的支付按照专用合同条款约定执行，但至迟应在开工通知载明的开工日期 7 天前支付。预付款应当用于材料、工程设备、施工设备的采购及修建临时工程、组织施工队伍进场等。

　　除专用合同条款另有约定外，预付款在进度付款中同比例扣回。在颁发工程接收证书前，提前解除合同的，尚未扣完的预付款应与合同价款一并结算。

　　发包人逾期支付预付款超过 7 天的，承包人有权向发包人发出要求预付的催告通知，发包人收到通知后 7 天内仍未支付的，承包人有权暂停施工，并按第 16.1.1 项〔发包人违约的情形〕执行。

12.2.2　预付款担保

　　发包人要求承包人提供预付款担保的，承包人应在发包人支付预付款 7 天前提供预付款担保，专用合同条款另有约定除外。预付款担保可采用银行保函、担保公司担保等形式，具体由合同当事人在专用合同条款中约定。在预付款完全扣回之前，承包人应保证预付款担保持续有效。

　　发包人在工程款中逐期扣回预付款后，预付款担保额度应相应减少，但剩余的预付款担保金额不得低于未被扣回的预付款金额。

12.3　计量

12.3.1　计量原则

　　工程量计量按照合同约定的工程量计算规则、图纸及变更指示等进行计量。工程量计算规则应以相关的国家标准、行业标准等为依据，由合同当事人在专用合同条款中约定。

12.3.2　计量周期

　　除专用合同条款另有约定外，工程量的计量按月进行。

12.3.3　单价合同的计量

　　除专用合同条款另有约定外，单价合同的计量按照本项约定执行：

　　（1）承包人应于每月 25 日向监理人报送上月 20 日至当月 19 日已完成的工程量报告，并附具进度付款申请单、已完成工程量报表和有关资料。

　　（2）监理人应在收到承包人提交的工程量报告后 7 天内完成对承包人提交的工程量报表的审核并报送发包人，以确定当月实际完成的工程量。监理人对工程量有异议的，有权要求承包人进行共同复核或抽样复测。承包人应协助监理人进行复核或抽样复测，并按监理人要求提供补充计量资料。承包人未按监理人要求参加复核或抽样复测的，监理人复核或修正的工程量视为承包人实际完成的工程量。

（3）监理人未在收到承包人提交的工程量报表后的 7 天内完成审核的，承包人报送的工程量报告中的工程量视为承包人实际完成的工程量，据此计算工程价款。

12.3.4 总价合同的计量

除专用合同条款另有约定外，按月计量支付的总价合同，按照本项约定执行：

（1）承包人应于每月 25 日向监理人报送上月 20 日至当月 19 日已完成的工程量报告，并附具进度付款申请单、已完成工程量报表和有关资料。

（2）监理人应在收到承包人提交的工程量报告后 7 天内完成对承包人提交的工程量报表的审核并报送发包人，以确定当月实际完成的工程量。监理人对工程量有异议的，有权要求承包人进行共同复核或抽样复测。承包人应协助监理人进行复核或抽样复测并按监理人要求提供补充计量资料。承包人未按监理人要求参加复核或抽样复测的，监理人审核或修正的工程量视为承包人实际完成的工程量。

（3）监理人未在收到承包人提交的工程量报表后的 7 天内完成复核的，承包人提交的工程量报告中的工程量视为承包人实际完成的工程量。

12.3.5 总价合同采用支付分解表计量支付的，可以按照第 12.3.4 项〔总价合同的计量〕约定进行计量，但合同价款按照支付分解表进行支付。

12.3.6 其他价格形式合同的计量

合同当事人可在专用合同条款中约定其他价格形式合同的计量方式和程序。

12.4 工程进度款支付

12.4.1 付款周期

除专用合同条款另有约定外，付款周期应按照第 12.3.2 项〔计量周期〕的约定与计量周期保持一致。

12.4.2 进度付款申请单的编制

除专用合同条款另有约定外，进度付款申请单应包括下列内容：

（1）截至本次付款周期已完成工作对应的金额；

（2）根据第 10 条〔变更〕应增加和扣减的变更金额；

（3）根据第 12.2 款〔预付款〕约定应支付的预付款和扣减的返还预付款；

（4）根据第 15.3 款〔质量保证金〕约定应扣减的质量保证金；

（5）根据第 19 条〔索赔〕应增加和扣减的索赔金额；

（6）对已签发的进度款支付证书中出现错误的修正，应在本次进度付款中支付或扣除的金额；

（7）根据合同约定应增加和扣减的其他金额。

12.4.3 进度付款申请单的提交

（1）单价合同进度付款申请单的提交。

单价合同的进度付款申请单，按照第 12.3.3 项〔单价合同的计量〕约定的时间按月向监理人提交，并附上已完成工程量报表和有关资料。单价合同中的总价项目按月进行支付分解，并汇总列入当期进度付款申请单。

（2）总价合同进度付款申请单的提交。

总价合同按月计量支付的，承包人按照第 12.3.4 项〔总价合同的计量〕约定的时间按月向监理人提交进度付款申请单，并附上已完成工程量报表和有关资料。

总价合同按支付分解表支付的，承包人应按照第 12.4.6 项〔支付分解表〕及第 12.4.2 项〔进度付款申请单的编制〕的约定向监理人提交进度付款申请单。

（3）其他价格形式合同的进度付款申请单的提交。

合同当事人可在专用合同条款中约定其他价格形式合同的进度付款申请单的编制和提交程序。

12.4.4 进度款审核和支付

（1）除专用合同条款另有约定外，监理人应在收到承包人进度付款申请单以及相关资料后 7 天内完成审查并报送发包人，发包人应在收到后 7 天内完成审批并签发进度款支付证书。发包人逾期未完成审批且未提出异议的，视为已签发进度款支付证书。

发包人和监理人对承包人的进度付款申请单有异议的，有权要求承包人修正和提供补充资料，承包人应提交修正后的进度付款申请单。监理人应在收到承包人修正后的进度付款申请单及相关资料后 7 天内完成审查并报送发包人，发包人应在收到监理人报送的进度付款申请单及相关资料后 7 天内，向承包人签发无异议部分的临时进度款支付证书。存在争议的部分，按照第 20 条〔争议解决〕的约定处理。

（2）除专用合同条款另有约定外，发包人应在进度款支付证书或临时进度款支付证书签发后 14 天内完成支付，发包人逾期支付进度款的，应按照中国人民银行发布的同期同类贷款基准利率支付违约金。

（3）发包人签发进度款支付证书或临时进度款支付证书，不表明发包人已同意、批准或接受了承包人完成的相应部分的工作。

12.4.5 进度付款的修正

在对已签发的进度款支付证书进行阶段汇总和复核中发现错误、遗漏或重复的，发包人和承包人均有权提出修正申请。经发包人和承包人同意的修正，应在下期进度付款中支付或扣除。

12.4.6 支付分解表

1. 支付分解表的编制要求

（1）支付分解表中所列的每期付款金额，应为第 12.4.2 项〔进度付款申请单的编制〕第（1）目的估算金额；

（2）实际进度与施工进度计划不一致的，合同当事人可按照第 4.4 款〔商定或确定〕修改支付分解表；

（3）不采用支付分解表的，承包人应向发包人和监理人提交按季度编制的支付估算分解表，用于支付参考。

2. 总价合同支付分解表的编制与审批

（1）除专用合同条款另有约定外，承包人应根据第7.2款〔施工进度计划〕约定的施工进度计划、签约合同价和工程量等因素对总价合同按月进行分解，编制支付分解表。承包人应当在收到监理人和发包人批准的施工进度计划后7天内，将支付分解表及编制支付分解表的支持性资料报送监理人。

（2）监理人应在收到支付分解表后7天内完成审核并报送发包人。发包人应在收到经监理人审核的支付分解表后7天内完成审批，经发包人批准的支付分解表为有约束力的支付分解表。

（3）发包人逾期未完成支付分解表审批的，也未及时要求承包人进行修正和提供补充资料的，则承包人提交的支付分解表视为已经获得发包人批准。

3. 单价合同的总价项目支付分解表的编制与审批

除专用合同条款另有约定外，单价合同的总价项目，由承包人根据施工进度计划和总价项目的总价构成、费用性质、计划发生时间和相应工程量等因素按月进行分解，形成支付分解表，其编制与审批参照总价合同支付分解表的编制与审批执行。

12.5 支付账户

发包人应将合同价款支付至合同协议书中约定的承包人账户。

13. 验收和工程试车

13.1 分部分项工程验收

13.1.1 分部分项工程质量应符合国家有关工程施工验收规范、标准及合同约定，承包人应按照施工组织设计的要求完成分部分项工程施工。

13.1.2 除专用合同条款另有约定外，分部分项工程经承包人自检合格并具备验收条件的，承包人应提前48小时通知监理人进行验收。监理人不能按时进行验收的，应在验收前24小时向承包人提交书面延期要求，但延期不能超过48小时。监理人未按时进行验收，也未提出延期要求的，承包人有权自行验收，监理人应认可验收结果。分部分项工程未经验收的，不得进入下一道工序施工。

分部分项工程的验收资料应当作为竣工资料的组成部分。

13.2 竣工验收

13.2.1 竣工验收条件

工程具备以下条件的，承包人可以申请竣工验收：

（1）除发包人同意的甩项工作和缺陷修补工作外，合同范围内的全部工程以及有关工作，包括合同要求的试验、试运行以及检验均已完成，并符合合同要求；

（2）已按合同约定编制了甩项工作和缺陷修补工作清单以及相应的施工计划；

（3）已按合同约定的内容和份数备齐竣工资料。

13.2.2 竣工验收程序

除专用合同条款另有约定外，承包人申请竣工验收的，应当按照以下程序进行：

（1）承包人向监理人报送竣工验收申请报告，监理人应在收到竣工验收申请报告后 14 天内完成审查并报送发包人。监理人审查后认为尚不具备验收条件的，应通知承包人在竣工验收前承包人还需完成的工作内容，承包人应在完成监理人通知的全部工作内容后，再次提交竣工验收申请报告。

（2）监理人审查后认为已具备竣工验收条件的，应将竣工验收申请报告提交发包人，发包人应在收到经监理人审核的竣工验收申请报告后 28 天内审批完毕并组织监理人、承包人、设计人等相关单位完成竣工验收。

（3）竣工验收合格的，发包人应在验收合格后 14 天内向承包人签发工程接收证书。发包人无正当理由逾期不颁发工程接收证书的，自验收合格后第 15 天起视为已颁发工程接收证书。

（4）竣工验收不合格的，监理人应按照验收意见发出指示，要求承包人对不合格工程返工、修复或采取其他补救措施，由此增加的费用和（或）延误的工期由承包人承担。承包人在完成不合格工程的返工、修复或采取其他补救措施后，应重新提交竣工验收申请报告，并按本项约定的程序重新进行验收。

（5）工程未经验收或验收不合格，发包人擅自使用的，应在转移占有工程后 7 天内向承包人颁发工程接收证书；发包人无正当理由逾期不颁发工程接收证书的，自转移占有后第 15 天起视为已颁发工程接收证书。

除专用合同条款另有约定外，发包人不按照本项约定组织竣工验收、颁发工程接收证书的，每逾期一天，应以签约合同价为基数，按照中国人民银行发布的同期同类贷款基准利率支付违约金。

13.2.3 竣工日期

工程经竣工验收合格的，以承包人提交竣工验收申请报告之日为实际竣工日期，并在工程接收证书中载明；因发包人原因，未在监理人收到承包人提交的竣工验收申请报告 42 天内完成竣工验收，或完成竣工验收不予签发工程接收证书的，以提交竣工验收申请报告的日期为实际竣工日期；工程未经竣工验收，发包人擅自使用的，以转移占有工程之日为实际竣工日期。

13.2.4 拒绝接收全部或部分工程

对于竣工验收不合格的工程，承包人完成整改后，应当重新进行竣工验收，经重新组织验收仍不合格的且无法采取措施补救的，则发包人可以拒绝接收不合格工程，因不合格工程导致其他工程不能正常使用的，承包人应采取措施确保相关工程的正常使用，由此增加的费用和（或）延误的工期由承包人承担。

13.2.5 移交、接收全部与部分工程

除专用合同条款另有约定外，合同当事人应当在颁发工程接收证书后 7 天内完成工程的移交。

发包人无正当理由不接收工程的，发包人自应当接收工程之日起，承担工程照管、成品保护、保管等与工程有关的各项费用，合同当事人可以在专用合同条款中另行约定发包人逾期接收工程的违约责任。

承包人无正当理由不移交工程的，承包人应承担工程照管、成品保护、保管等与工程有关的各项费用，合同当事人可以在专用合同条款中另行约定承包人无正当理由不移交工程的违约责任。

13.3 工程试车

13.3.1 试车程序

工程需要试车的，除专用合同条款另有约定外，试车内容应与承包人承包范围相一致，试车费用由承包人承担。工程试车应按如下程序进行：

（1）具备单机无负荷试车条件，承包人组织试车，并在试车前48小时书面通知监理人，通知中应载明试车内容、时间、地点。承包人准备试车记录，发包人根据承包人要求为试车提供必要条件。试车合格的，监理人在试车记录上签字。监理人在试车合格后不在试车记录上签字，自试车结束满24小时后视为监理人已经认可试车记录，承包人可继续施工或办理竣工验收手续。

监理人不能按时参加试车，应在试车前24小时以书面形式向承包人提出延期要求，但延期不能超过48小时，由此导致工期延误的，工期应予以顺延。监理人未能在前述期限内提出延期要求，又不参加试车的，视为认可试车记录。

（2）具备无负荷联动试车条件，发包人组织试车，并在试车前48小时以书面形式通知承包人。通知中应载明试车内容、时间、地点和对承包人的要求，承包人按要求做好准备工作。试车合格，合同当事人在试车记录上签字。承包人无正当理由不参加试车的，视为认可试车记录。

13.3.2 试车中的责任

因设计原因导致试车达不到验收要求，发包人应要求设计人修改设计，承包人按修改后的设计重新安装。发包人承担修改设计、拆除及重新安装的全部费用，工期相应顺延。因承包人原因导致试车达不到验收要求，承包人按监理人要求重新安装和试车，并承担重新安装和试车的费用，工期不予顺延。

因工程设备制造原因导致试车达不到验收要求的，由采购该工程设备的合同当事人负责重新购置或修理，承包人负责拆除和重新安装，由此增加的修理、重新购置、拆除及重新安装的费用及延误的工期由采购该工程设备的合同当事人承担。

13.3.3 投料试车

如需进行投料试车的，发包人应在工程竣工验收后组织投料试车。发包人要求在工程竣工验收前进行或需要承包人配合时，应征得承包人同意，并在专用合同条款中约定有关事项。

投料试车合格的，费用由发包人承担；因承包人原因造成投料试车不合格的，承包人应按照发包人要求进行整改，由此产生的整改费用由承包人承担；非因承包人原因导致投料试车不合格的，如发包人要求承包人进行整改的，由此产生的费用由发包人承担。

13.4   提前交付单位工程的验收

13.4.1   发包人需要在工程竣工前使用单位工程的，或承包人提出提前交付已经竣工的单位工程且经发包人同意的，可进行单位工程验收，验收的程序按照第13.2款〔竣工验收〕的约定进行。

验收合格后，由监理人向承包人出具经发包人签认的单位工程接收证书。已签发单位工程接收证书的单位工程由发包人负责照管。单位工程的验收成果和结论作为整体工程竣工验收申请报告的附件。

13.4.2   发包人要求在工程竣工前交付单位工程，由此导致承包人费用增加和（或）工期延误的，由发包人承担由此增加的费用和（或）延误的工期，并支付承包人合理的利润。

13.5   施工期运行

13.5.1   施工期运行是指合同工程尚未全部竣工，其中某项或某几项单位工程或工程设备安装已竣工，根据专用合同条款约定，需要投入施工期运行的，经发包人按第13.4款〔提前交付单位工程的验收〕的约定验收合格，证明能确保安全后，才能在施工期投入运行。

13.5.2   在施工期运行中发现工程或工程设备损坏或存在缺陷的，由承包人按第15.2款〔缺陷责任期〕约定进行修复。

13.6   竣工退场

13.6.1   竣工退场

颁发工程接收证书后，承包人应按以下要求对施工现场进行清理：

（1）施工现场内残留的垃圾已全部清除出场；

（2）临时工程已拆除，场地已进行清理、平整或复原；

（3）按合同约定应撤离的人员、承包人施工设备和剩余的材料，包括废弃的施工设备和材料，已按计划撤离施工现场；

（4）施工现场周边及其附近道路、河道的施工堆积物，已全部清理；

（5）施工现场其他场地清理工作已全部完成。

施工现场的竣工退场费用由承包人承担。承包人应在专用合同条款约定的期限内完成竣工退场，逾期未完成的，发包人有权出售或另行处理承包人遗留的物品，由此支出的费用由承包人承担，发包人出售承包人遗留物品所得款项在扣除必要费用后应返还承包人。

13.6.2   地表还原

承包人应按发包人要求恢复临时占地及清理场地，承包人未按发包人的要求恢复临时占地，或者场地清理未达到合同约定要求的，发包人有权委托其他人恢复或清理，所发生的费用由承包人承担。

14. 竣工结算

14.1 竣工结算申请

除专用合同条款另有约定外，承包人应在工程竣工验收合格后 28 天内向发包人和监理人提交竣工结算申请单，并提交完整的结算资料，有关竣工结算申请单的资料清单和份数等要求由合同当事人在专用合同条款中约定。

除专用合同条款另有约定外，竣工结算申请单应包括以下内容：

（1）竣工结算合同价格；

（2）发包人已支付承包人的款项；

（3）应扣留的质量保证金，已缴纳履约保证金的或提供其他工程质量担保方式的除外；

（4）发包人应支付承包人的合同价款。

14.2 竣工结算审核

（1）除专用合同条款另有约定外，监理人应在收到竣工结算申请单后 14 天内完成核查并报送发包人。发包人应在收到监理人提交的经审核的竣工结算申请单后 14 天内完成审批，并由监理人向承包人签发经发包人签认的竣工付款证书。监理人或发包人对竣工结算申请单有异议的，有权要求承包人进行修正和提供补充资料，承包人应提交修正后的竣工结算申请单。

发包人在收到承包人提交竣工结算申请书后 28 天内未完成审批且未提出异议的，视为发包人认可承包人提交的竣工结算申请单，并自发包人收到承包人提交的竣工结算申请单后第 29 天起视为已签发竣工付款证书。

（2）除专用合同条款另有约定外，发包人应在签发竣工付款证书后的 14 天内，完成对承包人的竣工付款。发包人逾期支付的，按照中国人民银行发布的同期同类贷款基准利率支付违约金；逾期支付超过 56 天的，按照中国人民银行发布的同期同类贷款基准利率的两倍支付违约金。

（3）承包人对发包人签认的竣工付款证书有异议的，对于有异议部分应在收到发包人签认的竣工付款证书后 7 天内提出异议，并由合同当事人按照专用合同条款约定的方式和程序进行复核，或按照第 20 条〔争议解决〕约定处理。对于无异议部分，发包人应签发临时竣工付款证书，并按本款第（2）项完成付款。承包人逾期未提出异议的，视为认可发包人的审批结果。

14.3 甩项竣工协议

发包人要求甩项竣工的，合同当事人应签订甩项竣工协议。在甩项竣工协议中应明确，合同当事人按照第 14.1 款〔竣工结算申请〕及 14.2 款〔竣工结算审核〕的约定，对已完合格工程进行结算，并支付相应合同价款。

14.4 最终结清

14.4.1 最终结清申请单

（1）除专用合同条款另有约定外，承包人应在缺陷责任期终止证书颁发后 7 天内，按专用合同条款约定的份数向发包人提交最终结清申请单，并提供相关证明材料。

除专用合同条款另有约定外，最终结清申请单应列明质量保证金、应扣除的质量保证金、缺陷责任期内发生的增减费用。

（2）发包人对最终结清申请单内容有异议的，有权要求承包人进行修正和提供补充资料，承包人应向发包人提交修正后的最终结清申请单。

14.4.2 最终结清证书和支付

（1）除专用合同条款另有约定外，发包人应在收到承包人提交的最终结清申请单后 14 天内完成审批并向承包人颁发最终结清证书。发包人逾期未完成审批，又未提出修改意见的，视为发包人同意承包人提交的最终结清申请单，且自发包人收到承包人提交的最终结清申请单后 15 天起视为已颁发最终结清证书。

（2）除专用合同条款另有约定外，发包人应在颁发最终结清证书后 7 天内完成支付。发包人逾期支付的，按照中国人民银行发布的同期同类贷款基准利率支付违约金；逾期支付超过 56 天的，按照中国人民银行发布的同期同类贷款基准利率的两倍支付违约金。

（3）承包人对发包人颁发的最终结清证书有异议的，按第 20 条〔争议解决〕的约定办理。

15. 缺陷责任与保修

15.1 工程保修的原则

在工程移交发包人后，因承包人原因产生的质量缺陷，承包人应承担质量缺陷责任和保修义务。缺陷责任期届满，承包人仍应按合同约定的工程各部位保修年限承担保修义务。

15.2 缺陷责任期

15.2.1 缺陷责任期从工程通过竣工验收之日起计算，合同当事人应在专用合同条款约定缺陷责任期的具体期限，但该期限最长不超过 24 个月。

单位工程先于全部工程进行验收，经验收合格并交付使用的，该单位工程缺陷责任期自单位工程验收合格之日起算。因承包人原因导致工程无法按合同约定期限进行竣工验收的，缺陷责任期从实际通过竣工验收之日起开始计算；因发包人原因导致工程无法按合同约定期限进行竣工验收的，在承包人提交竣工验收申请报告 90 天后，工程自动进入缺陷责任期；发包人未经竣工验收擅自使用工程的，缺陷责任期自工程转移占有之日起开始计算。

15.2.2 缺陷责任期内，由承包人原因造成的缺陷，承包人应负责维修，并承担鉴定及维修费用。如承包人不维修也不承担费用，发包人可按合同约定从保证金或银行保函中扣除，费用超出保证金额的，发包人可按合同约定向承包人进行索赔。承包人维修并承担相应费用后，不免除对工程的损失赔偿责任。发包人有权要求承包人延长缺陷责任期，并应在原缺陷责任期届满前发出延长通知。但缺陷责任期（含延长部分）最长不能超过 24 个月。

由他人原因造成的缺陷，发包人负责组织维修，承包人不承担费用，且发包人不得从保证金中扣除费用。

15.2.3 任何一项缺陷或损坏修复后，经检查证明其影响了工程或工程设备的使用性能，承包人应重新进行合同约定的试验和试运行，试验和试运行的全部费用应由责任方承担。

15.2.4 除专用合同条款另有约定外，承包人应于缺陷责任期届满后 7 天内向发包人发出缺陷责任期届满通知，发包人应在收到缺陷责任期满通知后 14 天内核实承包人是否履行缺陷修复义务，承包人未能履行缺陷修复义务的，发包人有权扣除相应金额的维修费用。发包人应在收到缺陷责任期届满通知后 14 天内，向承包人颁发缺陷责任期终止证书。

15.3 质量保证金

经合同当事人协商一致扣留质量保证金的，应在专用合同条款中予以明确。在工程项目竣工前，承包人已经提供履约担保的，发包人不得同时预留工程质量保证金。

15.3.1 承包人提供质量保证金的方式

承包人提供质量保证金有以下三种方式：

（1）质量保证金保函；

（2）相应比例的工程款；

（3）双方约定的其他方式。

除专用合同条款另有约定外，质量保证金原则上采用上述第（1）种方式。

15.3.2 质量保证金的扣留

质量保证金的扣留有以下三种方式：

（1）在支付工程进度款时逐次扣留，在此情形下，质量保证金的计算基数不包括预付款的支付、扣回以及价格调整的金额；

（2）工程竣工结算时一次性扣留质量保证金；

（3）双方约定的其他扣留方式。

除专用合同条款另有约定外，质量保证金的扣留原则上采用上述第（1）种方式。

发包人累计扣留的质量保证金不得超过工程价款结算总额的 3%，如承包人在发包人签发竣工付款证书后 28 天内提交质量保证金保函，发包人应同时退还扣留的作为质量保证金的工程价款；保函金额不得超过工程价款结算总额的 3%。发包人在退还质量保证金的同时按照中国人民银行发布的同期同类贷款基准利率支付利息。

15.3.3 质量保证金的退还

缺陷责任期内，承包人认真履行合同约定的责任，到期后，承包人可向发包人申请返还保证金。发包人在接到承包人返还保证金申请后，应于 14 天内会同承包人按照合同约定的内容进行核实。如无异议，发包人应当按照约定将保证金返还给承包人。对返还期限没有约定或者约定不明确的，发包人应当在核实后 14 天内将保证金返还承包人，逾期未返还的，依法承担违约责任。发包人在接到承包人返还保证金申请后 14 天内不予答复，经催告后 14 天内仍不予答复，视同认可承包人的返还保证金申请。

发包人和承包人对保证金预留、返还以及工程维修质量、费用有争议的，按合同第 20 条约定的争议和纠纷解决程序处理。

15.4 保修

15.4.1 保修责任

工程保修期从工程竣工验收合格之日起算，具体分部分项工程的保修期由合同当事人在专用合同条款中约定，但不得低于法定最低保修年限。在工程保修期内，承包人应当根据有关法律规定以及合同约定承担保修责任。

发包人未经竣工验收擅自使用工程的，保修期自转移占有之日起算。

15.4.2 修复费用

保修期内，修复的费用按照以下约定处理：

（1）保修期内，因承包人原因造成工程的缺陷、损坏，承包人应负责修复，并承担修复的费用以及因工程的缺陷、损坏造成的人身伤害和财产损失；

（2）保修期内，因发包人使用不当造成工程的缺陷、损坏，可以委托承包人修复，但发包人应承担修复的费用，并支付承包人合理利润；

（3）因其他原因造成工程的缺陷、损坏，可以委托承包人修复，发包人应承担修复的费用，并支付承包人合理的利润，因工程的缺陷、损坏造成的人身伤害和财产损失由责任方承担。

15.4.3 修复通知

在保修期内，发包人在使用过程中，发现已接收的工程存在缺陷或损坏的，应书面通知承包人予以修复，但情况紧急必须立即修复缺陷或损坏的，发包人可以口头通知承包人并在口头通知后 48 小时内书面确认，承包人应在专用合同条款约定的合理期限内到达工程现场并修复缺陷或损坏。

15.4.4 未能修复

因承包人原因造成工程的缺陷或损坏，承包人拒绝维修或未能在合理期限内修复缺陷或损坏，且经发包人书面催告后仍未修复的，发包人有权自行修复或委托第三方修复，所需费用由承包人承担。但修复范围超出缺陷或损坏范围的，超出范围部分的修复费用由发包人承担。

15.4.5 承包人出入权

在保修期内，为了修复缺陷或损坏，承包人有权出入工程现场，除情况紧急必须立即修复缺陷或损坏外，承包人应提前 24 小时通知发包人进场修复的时间。承包人进入工程现场前应获得发包人同意，且不应影响发包人正常的生产经营，并应遵守发包人有关保安和保密等规定。

16. 违约

16.1 发包人违约

16.1.1 发包人违约的情形

在合同履行过程中发生的下列情形，属于发包人违约：

（1）因发包人原因未能在计划开工日期前 7 天内下达开工通知的；

（2）因发包人原因未能按合同约定支付合同价款的；

（3）发包人违反第 10.1 款〔变更的范围〕第（2）项约定，自行实施被取消的工作或转由他人实施的；

（4）发包人提供的材料、工程设备的规格、数量或质量不符合合同约定，或因发包人原因导致交货日期延误或交货地点变更等情况的；

（5）因发包人违反合同约定造成暂停施工的；

（6）发包人无正当理由没有在约定期限内发出复工指示，导致承包人无法复工的；

（7）发包人明确表示或者以其行为表明不履行合同主要义务的；

（8）发包人未能按照合同约定履行其他义务的。

发包人发生除本项第（7）目以外的违约情况时，承包人可向发包人发出通知，要求发包人采取有效措施纠正违约行为。发包人收到承包人通知后 28 天内仍不纠正违约行为的，承包人有权暂停相应部位工程施工，并通知监理人。

16.1.2　发包人违约的责任

发包人应承担因其违约给承包人增加的费用和（或）延误的工期，并支付承包人合理的利润。此外，合同当事人可在专用合同条款中另行约定发包人违约责任的承担方式和计算方法。

16.1.3　因发包人违约解除合同

除专用合同条款另有约定外，承包人按第 16.1.1 项〔发包人违约的情形〕约定暂停施工满 28 天后，发包人仍不纠正其违约行为并致使合同目的不能实现的，或出现第 16.1.1 项〔发包人违约的情形〕第（7）目约定的违约情况，承包人有权解除合同，发包人应承担由此增加的费用，并支付承包人合理的利润。

16.1.4　因发包人违约解除合同后的付款

承包人按照本款约定解除合同的，发包人应在解除合同后 28 天内支付下列款项，并解除履约担保：

（1）合同解除前所完成工作的价款；

（2）承包人为工程施工订购并已付款的材料、工程设备和其他物品的价款；

（3）承包人撤离施工现场以及遣散承包人人员的款项；

（4）按照合同约定在合同解除前应支付的违约金；

（5）按照合同约定应当支付给承包人的其他款项；

（6）按照合同约定应退还的质量保证金；

（7）因解除合同给承包人造成的损失。

合同当事人未能就解除合同后的结清达成一致的，按照第 20 条〔争议解决〕的约定处理。

承包人应妥善做好已完工程和与工程有关的已购材料、工程设备的保护和移交工作，并将施工设备和人员撤出施工现场，发包人应为承包人撤出提供必要条件。

16.2 承包人违约

16.2.1 承包人违约的情形

在合同履行过程中发生的下列情形，属于承包人违约：

（1）承包人违反合同约定进行转包或违法分包的；

（2）承包人违反合同约定采购和使用不合格的材料和工程设备的；

（3）因承包人原因导致工程质量不符合合同要求的；

（4）承包人违反第 8.9 款〔材料与设备专用要求〕的约定，未经批准，私自将已按照合同约定进入施工现场的材料或设备撤离施工现场的；

（5）承包人未能按施工进度计划及时完成合同约定的工作，造成工期延误的；

（6）承包人在缺陷责任期及保修期内，未能在合理期限对工程缺陷进行修复，或拒绝按发包人要求进行修复的；

（7）承包人明确表示或者以其行为表明不履行合同主要义务的；

（8）承包人未能按照合同约定履行其他义务的。

承包人发生除本项第（7）目约定以外的其他违约情况时，监理人可向承包人发出整改通知，要求其在指定的期限内改正。

16.2.2 承包人违约的责任

承包人应承担因其违约行为而增加的费用和（或）延误的工期。此外，合同当事人可在专用合同条款中另行约定承包人违约责任的承担方式和计算方法。

16.2.3 因承包人违约解除合同

除专用合同条款另有约定外，出现第 16.2.1 项〔承包人违约的情形〕第（7）目约定的违约情况时，或监理人发出整改通知后，承包人在指定的合理期限内仍不纠正违约行为并致使合同目的不能实现的，发包人有权解除合同。合同解除后，因继续完成工程的需要，发包人有权使用承包人在施工现场的材料、设备、临时工程、承包人文件和由承包人或以其名义编制的其他文件，合同当事人应在专用合同条款约定相应费用的承担方式。发包人继续使用的行为不免除或减轻承包人应承担的违约责任。

16.2.4 因承包人违约解除合同后的处理

因承包人原因导致合同解除的，则合同当事人应在合同解除后 28 天内完成估价、付款和清算，并按以下约定执行：

（1）合同解除后，按第 4.4 款〔商定或确定〕商定或确定承包人实际完成工作对应的合同价款，以及承包人已提供的材料、工程设备、施工设备和临时工程等的价值；

（2）合同解除后，承包人应支付的违约金；

（3）合同解除后，因解除合同给发包人造成的损失；

（4）合同解除后，承包人应按照发包人要求和监理人的指示完成现场的清理和撤离；

（5）发包人和承包人应在合同解除后进行清算，出具最终结清付款证书，结清全部款项。

因承包人违约解除合同的，发包人有权暂停对承包人的付款，查清各项付款和已扣款项。发包人和承包人未能就合同解除后的清算和款项支付达成一致的，按照第20条〔争议解决〕的约定处理。

16.2.5 采购合同权益转让

因承包人违约解除合同的，发包人有权要求承包人将其为实施合同而签订的材料和设备的采购合同的权益转让给发包人，承包人应在收到解除合同通知后14天内，协助发包人与采购合同的供应商达成相关的转让协议。

16.3 第三人造成的违约

在履行合同过程中，一方当事人因第三人的原因造成违约的，应当向对方当事人承担违约责任。一方当事人和第三人之间的纠纷，依照法律规定或者按照约定解决。

17. 不可抗力

17.1 不可抗力的确认

不可抗力是指合同当事人在签订合同时不可预见，在合同履行过程中不可避免且不能克服的自然灾害和社会性突发事件，如地震、海啸、瘟疫、骚乱、戒严、暴动、战争和专用合同条款中约定的其他情形。

不可抗力发生后，发包人和承包人应收集证明不可抗力发生及不可抗力造成损失的证据，并及时认真统计所造成的损失。合同当事人对是否属于不可抗力或其损失的意见不一致的，由监理人按第4.4款〔商定或确定〕的约定处理。发生争议时，按第20条〔争议解决〕的约定处理。

17.2 不可抗力的通知

合同一方当事人遇到不可抗力事件，使其履行合同义务受到阻碍时，应立即通知合同另一方当事人和监理人，书面说明不可抗力和受阻碍的详细情况，并提供必要的证明。

不可抗力持续发生的，合同一方当事人应及时向合同另一方当事人和监理人提交中间报告，说明不可抗力和履行合同受阻的情况，并于不可抗力事件结束后28天内提交最终报告及有关资料。

17.3 不可抗力后果的承担

17.3.1 不可抗力引起的后果及造成的损失由合同当事人按照法律规定及合同约定各自承担。不可抗力发生前已完成的工程应当按照合同约定进行计量支付。

17.3.2 不可抗力导致的人员伤亡、财产损失、费用增加和（或）工期延误等后果，由合同当事人按以下原则承担：

（1）永久工程、已运至施工现场的材料和工程设备的损坏，以及因工程损坏造成的第三人人员伤亡和财产损失由发包人承担；

（2）承包人施工设备的损坏由承包人承担；

（3）发包人和承包人承担各自人员伤亡和财产的损失；

（4）因不可抗力影响承包人履行合同约定的义务，已经引起或将引起工期延误的，应当顺延工期，由此导致承包人停工的费用损失由发包人和承包人合理分担，停工期间必须支付的工人工资由发包人承担；

（5）因不可抗力引起或将引起工期延误，发包人要求赶工的，由此增加的赶工费用由发包人承担；

（6）承包人在停工期间按照发包人要求照管、清理和修复工程的费用由发包人承担。

不可抗力发生后，合同当事人均应采取措施尽量避免和减少损失的扩大，任何一方当事人没有采取有效措施导致损失扩大的，应对扩大的损失承担责任。

因合同一方迟延履行合同义务，在迟延履行期间遭遇不可抗力的，不免除其违约责任。

17.4　因不可抗力解除合同

因不可抗力导致合同无法履行连续超过 84 天或累计超过 140 天的，发包人和承包人均有权解除合同。合同解除后，由双方当事人按照第 4.4 款〔商定或确定〕商定或确定发包人应支付的款项，该款项包括：

（1）合同解除前承包人已完成工作的价款；

（2）承包人为工程订购的并已交付给承包人，或承包人有责任接受交付的材料、工程设备和其他物品的价款；

（3）发包人要求承包人退货或解除订货合同而产生的费用，或因不能退货或解除合同而产生的损失；

（4）承包人撤离施工现场以及遣散承包人人员的费用；

（5）按照合同约定在合同解除前应支付给承包人的其他款项；

（6）扣减承包人按照合同约定应向发包人支付的款项；

（7）双方商定或确定的其他款项。

除专用合同条款另有约定外，合同解除后，发包人应在商定或确定上述款项后 28 天内完成上述款项的支付。

18. 保险

18.1　工程保险

除专用合同条款另有约定外，发包人应投保建筑工程一切险或安装工程一切险；发包人委托承包人投保的，因投保产生的保险费和其他相关费用由发包人承担。

18.2　工伤保险

18.2.1　发包人应依照法律规定参加工伤保险，并为在施工现场的全部员工办理工伤保险，缴纳工伤保险费，并要求监理人及由发包人为履行合同聘请的第三方依法参加工伤保险。

18.2.2　承包人应依照法律规定参加工伤保险，并为其履行合同的全部员工办理工伤保险，缴纳工伤保险费，并要求分包人及由承包人为履行合同聘请的第三方依法参加工伤保险。

18.3 其他保险

发包人和承包人可以为其施工现场的全部人员办理意外伤害保险并支付保险费，包括其员工及为履行合同聘请的第三方的人员，具体事项由合同当事人在专用合同条款约定。

除专用合同条款另有约定外，承包人应为其施工设备等办理财产保险。

18.4 持续保险

合同当事人应与保险人保持联系，使保险人能够随时了解工程实施中的变动，并确保按保险合同条款要求持续保险。

18.5 保险凭证

合同当事人应及时向另一方当事人提交其已投保的各项保险的凭证和保险单复印件。

18.6 未按约定投保的补救

18.6.1 发包人未按合同约定办理保险，或未能使保险持续有效的，则承包人可代为办理，所需费用由发包人承担。发包人未按合同约定办理保险，导致未能得到足额赔偿的，由发包人负责补足。

18.6.2 承包人未按合同约定办理保险，或未能使保险持续有效的，则发包人可代为办理，所需费用由承包人承担。承包人未按合同约定办理保险，导致未能得到足额赔偿的，由承包人负责补足。

18.7 通知义务

除专用合同条款另有约定外，发包人变更除工伤保险之外的保险合同时，应事先征得承包人同意，并通知监理人；承包人变更除工伤保险之外的保险合同时，应事先征得发包人同意，并通知监理人。

保险事故发生时，投保人应按照保险合同规定的条件和期限及时向保险人报告。发包人和承包人应当在知道保险事故发生后及时通知对方。

19. 索赔

19.1 承包人的索赔

根据合同约定，承包人认为有权得到追加付款和（或）延长工期的，应按以下程序向发包人提出索赔：

（1）承包人应在知道或应当知道索赔事件发生后 28 天内，向监理人递交索赔意向通知书，并说明发生索赔事件的事由；承包人未在前述 28 天内发出索赔意向通知书的，丧失要求追加付款和（或）延长工期的权利；

（2）承包人应在发出索赔意向通知书后 28 天内，向监理人正式递交索赔报告；索赔报告应详细说明索赔理由以及要求追加的付款金额和（或）延长的工期，并附必要的记录和证明材料；

（3）索赔事件具有持续影响的，承包人应按合理时间间隔继续递交延续索赔通知，说明持续影响的实际情况和记录，列出累计的追加付款金额和（或）工期延长天数；

（4）在索赔事件影响结束后 28 天内，承包人应向监理人递交最终索赔报告，说明最终要求索赔的追加付款金额和（或）延长的工期，并附必要的记录和证明材料。

19.2　对承包人索赔的处理

对承包人索赔的处理如下：

（1）监理人应在收到索赔报告后 14 天内完成审查并报送发包人。监理人对索赔报告存在异议的，有权要求承包人提交全部原始记录副本；

（2）发包人应在监理人收到索赔报告或有关索赔的进一步证明材料后的 28 天内，由监理人向承包人出具经发包人签认的索赔处理结果。发包人逾期答复的，则视为认可承包人的索赔要求；

（3）承包人接受索赔处理结果的，索赔款项在当期进度款中进行支付；承包人不接受索赔处理结果的，按照第 20 条〔争议解决〕约定处理。

19.3　发包人的索赔

根据合同约定，发包人认为有权得到赔付金额和（或）延长缺陷责任期的，监理人应向承包人发出通知并附有详细的证明。

发包人应在知道或应当知道索赔事件发生后 28 天内通过监理人向承包人提出索赔意向通知书，发包人未在前述 28 天内发出索赔意向通知书的，丧失要求赔付金额和（或）延长缺陷责任期的权利。发包人应在发出索赔意向通知书后 28 天内，通过监理人向承包人正式递交索赔报告。

19.4　对发包人索赔的处理

对发包人索赔的处理如下：

（1）承包人收到发包人提交的索赔报告后，应及时审查索赔报告的内容、查验发包人证明材料；

（2）承包人应在收到索赔报告或有关索赔的进一步证明材料后 28 天内，将索赔处理结果答复发包人。如果承包人未在上述期限内作出答复的，则视为对发包人索赔要求的认可；

（3）承包人接受索赔处理结果的，发包人可从应支付给承包人的合同价款中扣除赔付的金额或延长缺陷责任期；发包人不接受索赔处理结果的，按第 20 条〔争议解决〕约定处理。

19.5　提出索赔的期限

（1）承包人按第 14.2 款〔竣工结算审核〕约定接收竣工付款证书后，应被视为已无权再提出在工程接收证书颁发前所发生的任何索赔。

（2）承包人按第 14.4 款〔最终结清〕提交的最终结清申请单中，只限于提出工程接收证书颁发后发生的索赔。提出索赔的期限自接受最终结清证书时终止。

20. 争议解决

20.1　和解

合同当事人可以就争议自行和解，自行和解达成协议的经双方签字并盖章后作为合同补充文件，双方均应遵照执行。

20.2 调解

合同当事人可以就争议请求建设行政主管部门、行业协会或其他第三方进行调解，调解达成协议的，经双方签字并盖章后作为合同补充文件，双方均应遵照执行。

20.3 争议评审

合同当事人在专用合同条款中约定采取争议评审方式解决争议以及评审规则，并按下列约定执行：

20.3.1 争议评审小组的确定

合同当事人可以共同选择一名或三名争议评审员，组成争议评审小组。除专用合同条款另有约定外，合同当事人应当自合同签订后 28 天内，或者争议发生后 14 天内，选定争议评审员。

选择一名争议评审员的，由合同当事人共同确定；选择三名争议评审员的，各自选定一名，第三名成员为首席争议评审员，由合同当事人共同确定或由合同当事人委托已选定的争议评审员共同确定，或由专用合同条款约定的评审机构指定第三名首席争议评审员。

除专用合同条款另有约定外，评审员报酬由发包人和承包人各承担一半。

20.3.2 争议评审小组的决定

合同当事人可在任何时间将与合同有关的任何争议共同提请争议评审小组进行评审。争议评审小组应秉持客观、公正原则，充分听取合同当事人的意见，依据相关法律、规范、标准、案例经验及商业惯例等，自收到争议评审申请报告后 14 天内作出书面决定，并说明理由。合同当事人可以在专用合同条款中对本项事项另行约定。

20.3.3 争议评审小组决定的效力

争议评审小组作出的书面决定经合同当事人签字确认后，对双方具有约束力，双方应遵照执行。

任何一方当事人不接受争议评审小组决定或不履行争议评审小组决定的，双方可选择采用其他争议解决方式。

20.4 仲裁或诉讼

因合同及合同有关事项产生的争议，合同当事人可以在专用合同条款中约定以下一种方式解决争议：

（1）向约定的仲裁委员会申请仲裁；

（2）向有管辖权的人民法院起诉。

20.5 争议解决条款效力

合同有关争议解决的条款独立存在，合同的变更、解除、终止、无效或者被撤销均不影响其效力。

第三部分　专 用 合 同 条 款

1. 一般约定

1.1　词语定义

1.1.1　合同

1.1.1.10　其他合同文件包括：_____

_____

_____

1.1.2　合同当事人及其他相关方

1.1.2.4　监理人：

名　　　称：_____；

资质类别和等级：_____；

联系电话：_____；

电子信箱：_____；

通信地址：_____。

1.1.2.5　设计人：

名　　　称：_____；

资质类别和等级：_____；

联系电话：_____；

电子信箱：_____；

通信地址：_____。

1.1.3　工程和设备

1.1.3.7　作为施工现场组成部分的其他场所包括：_____。

1.1.3.9　永久占地包括：_____。

1.1.3.10　临时占地包括：_____。

1.3　法律

适用于合同的其他规范性文件：_____

_____。

1.4　标准和规范

1.4.1　适用于工程的标准规范包括：_____

_____。

1.4.2　发包人提供国外标准、规范的名称：_____

_____；

发包人提供国外标准、规范的份数：_____；

发包人提供国外标准、规范的名称：_____

1.4.3　发包人对工程的技术标准和功能要求的特殊要求：_____。

1.5 合同文件的优先顺序

合同文件组成及优先顺序为：_____
_____ 。

1.6 图纸和承包人文件

1.6.1 图纸的提供

发包人向承包人提供图纸的期限：_____ ；

发包人向承包人提供图纸的数量：_____ ；

发包人向承包人提供图纸的内容：_____ 。

1.6.4 承包人文件

需要由承包人提供的文件，包括：_____ ；

承包人提供的文件的期限为：_____ ；

承包人提供的文件的数量为：_____ ；

承包人提供的文件的形式为：_____ ；

发包人审批承包人文件的期限：_____ 。

1.6.5 现场图纸准备

关于现场图纸准备的约定：_____ 。

1.7 联络

1.7.1 发包人和承包人应当在_____天内将与合同有关的通知、批准、证明、证书、指示、指令、要求、请求、同意、意见、确定和决定等书面函件送达对方当事人。

1.7.2 发包人接收文件的地点：_____ ；

发包人指定的接收人为：_____ 。

承包人接收文件的地点：_____ ；

承包人指定的接收人为：_____ 。

监理人接收文件的地点：_____ ；

监理人指定的接收人为：_____ 。

1.10 交通运输

1.10.1 出入现场的权利

关于出入现场的权利的约定：_____ 。

1.10.3 场内交通

关于场外交通和场内交通的边界的约定：_____ 。

关于发包人向承包人免费提供满足工程施工需要的场内道路和交通设施的约定：
_____
_____ 。

1.10.4 超大件和超重件的运输

运输超大件或超重件所需的道路和桥梁临时加固改造费用和其他有关费用由____

_____承担。

1.11 知识产权

1.11.1 关于发包人提供给承包人的图纸、发包人为实施工程自行编制或委托编制的技术规范以及反映发包人关于合同要求或其他类似性质的文件的著作权的归属：_____

_____

关于发包人提供的上述文件的使用限制的要求：_____。

1.11.2 关于承包人为实施工程所编制文件的著作权的归属：_____

_____

关于承包人提供的上述文件的使用限制的要求：_____

_____

1.11.4 承包人在施工过程中所采用的专利、专有技术、技术秘密的使用费的承担方式：_____。

1.13 工程量清单错误的修正

出现工程量清单错误时，是否调整合同价格：_____。

允许调整合同价格的工程量偏差范围：_____。

2. 发包人

2.2 发包人代表

发包人代表：_____；

姓 名：_____；

身 份 证 号：_____；

职 务：_____；

联 系 电 话：_____；

电 子 信 箱：_____；

通 信 地 址：_____。

发包人对发包人代表的授权范围如下：_____

_____

2.4 施工现场、施工条件和基础资料的提供

2.4.1 提供施工现场

关于发包人移交施工现场的期限要求：_____。

2.4.2 提供施工条件

关于发包人应负责提供施工所需要的条件，包括：_____

_____

2.5 资金来源证明及支付担保

发包人提供资金来源证明的期限要求：_____。

发包人是否提供支付担保：_____。

发包人提供支付担保的形式：_____。

3. 承包人

3.1 承包人的一般义务

（9）承包人提交的竣工资料的内容：_____

_____。

承包人需要提交的竣工资料套数：_____。

承包人提交的竣工资料的费用承担：_____。

承包人提交的竣工资料移交时间：_____。

承包人提交的竣工资料形式要求：_____。

（10）承包人应履行的其他义务：_____

_____。

3.2 项目经理

3.2.1 项目经理：_____；

姓　　名：_____；

身份证号：_____；

建造师执业资格等级：_____；

建造师注册证书号：_____；

建造师执业印章号：_____；

安全生产考核合格证书号：_____；

联系电话：_____；

电子信箱：_____；

通信地址：_____；

承包人对项目经理的授权范围如下：_____

_____。

关于项目经理每月在施工现场的时间要求：_____

_____。

承包人未提交劳动合同，以及没有为项目经理缴纳社会保险证明的违约责任：___

_____。

项目经理未经批准，擅自离开施工现场的违约责任：_____。

3.2.3 承包人擅自更换项目经理的违约责任：_____。

3.2.4 承包人无正当理由拒绝更换项目经理的违约责任：_____。

3.3 承包人人员

3.3.1 承包人提交项目管理机构及施工现场管理人员安排报告的期限：_____。

3.3.3 承包人无正当理由拒绝撤换主要施工管理人员的违约责任：_____

_____。

3.3.4 承包人主要施工管理人员离开施工现场的批准要求：_____

_____。

3.3.5 承包人擅自更换主要施工管理人员的违约责任：_____。

承包人主要施工管理人员擅自离开施工现场的违约责任：_____。

3.5 分包

3.5.1 分包的一般约定

禁止分包的工程包括：_____。

主体结构、关键性工作的范围：_____

_____

3.5.2 分包的确定

允许分包的专业工程包括：_____。

其他关于分包的约定：_____。

3.5.4 分包合同价款

关于分包合同价款支付的约定：_____。

3.6 工程照管与成品、半成品保护

承包人负责照管工程及工程相关的材料、工程设备的起始时间：_____。

3.7 履约担保

承包人是否提供履约担保：_____。

承包人提供履约担保的形式、金额及期限的：_____

_____

4. 监理人

4.1 监理人的一般规定

关于监理人的监理内容：_____。

关于监理人的监理权限：_____。

关于监理人在施工现场的办公场所、生活场所的提供和费用承担的约定：_____

_____

4.2 监理人员

总监理工程师：

姓　　名：_____；

职　　务：_____；

监理工程师执业资格证书号：_____；

联系电话：_____；

电子信箱：_____；

通信地址：_____；

关于监理人的其他约定：_____。

4.4 商定或确定

在发包人和承包人不能通过协商达成一致意见时，发包人授权监理人对以下事项进行确定：

(1) _____；

(2) _____；

(3) _____。

5. 工程质量

5.1 质量要求

5.1.1 特殊质量标准和要求：_____。

关于工程奖项的约定：_____。

5.3 隐蔽工程检查

5.3.2 承包人提前通知监理人隐蔽工程检查的期限的约定：_____

_____。

监理人不能按时进行检查时，应提前_____小时提交书面延期要求。

关于延期最长不得超过：_____小时。

6. 安全文明施工与环境保护

6.1 安全文明施工

6.1.1 项目安全生产的达标目标及相应事项的约定：_____

_____。

6.1.4 关于治安保卫的特别约定：_____

_____。

关于编制施工场地治安管理计划的约定：_____

_____。

6.1.5 文明施工

合同当事人对文明施工的要求：_____

_____。

6.1.6 关于安全文明施工费支付比例和支付期限的约定：_____

7. 工期和进度

7.1 施工组织设计

7.1.1 合同当事人约定的施工组织设计应包括的其他内容：_____

_____。

7.1.2 施工组织设计的提交和修改

承包人提交详细施工组织设计的期限的约定：_____。

发包人和监理人在收到详细的施工组织设计后确认或提出修改意见的期限：_____

_____。

7.2 施工进度计划

7.2.2 施工进度计划的修订

发包人和监理人在收到修订的施工进度计划后确认或提出修改意见的期限：_____

_____。

7.3　开工

7.3.1　开工准备

关于承包人提交工程开工报审表的期限：_____。

关于发包人应完成的其他开工准备工作及期限：_____

_____

关于承包人应完成的其他开工准备工作及期限：_____

_____

7.3.2　开工通知

因发包人原因造成监理人未能在计划开工日期之日起_____天内发出开工通知的，承包人有权提出价格调整要求，或者解除合同。

7.4　测量放线

7.4.1　发包人通过监理人向承包人提供测量基准点、基准线和水准点及其书面资料的期限：_____。

7.5　工期延误

7.5.1　因发包人原因导致工期延误

（7）因发包人原因导致工期延误的其他情形：_____

_____。

7.5.2　因承包人原因导致工期延误

因承包人原因造成工期延误，逾期竣工违约金的计算方法为：_____

_____。

因承包人原因造成工期延误，逾期竣工违约金的上限：_____。

7.6　不利物质条件

不利物质条件的其他情形和有关约定：_____。

7.7　异常恶劣的气候条件

发包人和承包人同意以下情形视为异常恶劣的气候条件：

（1）_____；

（2）_____；

（3）_____。

7.9　提前竣工的奖励

7.9.2　提前竣工的奖励：_____。

8. 材料与设备

8.4　材料与工程设备的保管与使用

8.4.1　发包人供应的材料设备的保管费用的承担：_____。

8.6　样品

8.6.1　样品的报送与封存

需要承包人报送样品的材料或工程设备，样品的种类、名称、规格、数量要求：

8.8　施工设备和临时设施

8.8.1　承包人提供的施工设备和临时设施

　　关于修建临时设施费用承担的约定：＿＿＿＿＿＿＿＿＿＿＿＿＿＿。

9.　试验与检验

9.1　试验设备与试验人员

9.1.2　试验设备

　　施工现场需要配置的试验场所：＿＿＿＿＿＿＿＿＿＿＿＿＿＿＿＿。

　　施工现场需要配备的试验设备：＿＿＿＿＿＿＿＿＿＿＿＿＿＿＿＿。

　　施工现场需要具备的其他试验条件：＿＿＿＿＿＿＿＿＿＿＿＿＿＿。

9.4　现场工艺试验

　　现场工艺试验的有关约定：＿＿＿＿＿＿＿＿＿＿＿＿＿＿＿＿＿＿。

10.　变更

10.1　变更的范围

　　关于变更的范围的约定：＿＿＿＿＿＿＿＿＿＿＿＿＿＿＿＿＿＿＿＿。

10.4　变更估价

10.4.1　变更估价原则

　　关于变更估价的约定：＿＿＿＿＿＿＿＿＿＿＿＿＿＿＿＿＿＿＿＿。

10.5　承包人的合理化建议

　　监理人审查承包人合理化建议的期限：＿＿＿＿＿＿＿＿＿＿＿＿＿。

　　发包人审批承包人合理化建议的期限：＿＿＿＿＿＿＿＿＿＿＿＿＿。

　　承包人提出的合理化建议降低了合同价格或者提高了工程经济效益的奖励的方法和金额为：＿＿＿＿＿＿＿＿＿＿＿＿＿＿＿＿＿＿＿＿＿＿＿＿＿＿＿＿＿＿＿。

10.7　暂估价

　　暂估价材料和工程设备的明细详见附件11：《暂估价一览表》。

10.7.1　依法必须招标的暂估价项目

　　对于依法必须招标的暂估价项目的确认和批准采取第＿＿＿＿＿种方式确定。

10.7.2　不属于依法必须招标的暂估价项目

　　对于不属于依法必须招标的暂估价项目的确认和批准采取第＿＿＿＿＿种方式确定。

　　第3种方式：承包人直接实施的暂估价项目

　　承包人直接实施的暂估价项目的约定：＿＿。

10.8　暂列金额

　　合同当事人关于暂列金额使用的约定：＿＿＿。

11. 价格调整

11.1 市场价格波动引起的调整

市场价格波动是否调整合同价格的约定：_____。

因市场价格波动调整合同价格，采用以下第_____种方式对合同价格进行调整：

第 1 种方式：采用价格指数进行价格调整。

关于各可调因子、定值和变值权重，以及基本价格指数及其来源的约定：_____
_____；

第 2 种方式：采用造价信息进行价格调整。

关于基准价格的约定：_____。

专用合同条款①承包人在已标价工程量清单或预算书中载明的材料单价低于基准价格的：专用合同条款合同履行期间材料单价涨幅以基准价格为基础超过_____%时，或材料单价跌幅以已标价工程量清单或预算书中载明材料单价为基础超过_____%时，其超过部分据实调整。

②承包人在已标价工程量清单或预算书中载明的材料单价高于基准价格的：专用合同条款合同履行期间材料单价跌幅以基准价格为基础超过_____%时，材料单价涨幅以已标价工程量清单或预算书中载明材料单价为基础超过_____%时，其超过部分据实调整。

③承包人在已标价工程量清单或预算书中载明的材料单价等于基准单价的：专用合同条款合同履行期间材料单价涨跌幅以基准单价为基础超过±_____%时，其超过部分据实调整。

第 3 种方式：其他价格调整方式：_____
_____。

12. 合同价格、计量与支付

12.1 合同价格形式

1. 单价合同。

综合单价包含的风险范围：_____。

风险费用的计算方法：_____。

风险范围以外合同价格的调整方法：_____。

2. 总价合同。

总价包含的风险范围：_____。

风险费用的计算方法：_____。

风险范围以外合同价格的调整方法：_____。

3. 其他价格方式：_____。

12.2 预付款

12.2.1 预付款的支付

预付款支付比例或金额：_____。

预付款支付期限：_____。

预付款扣回的方式：_____。

12.2.2 预付款担保

承包人提交预付款担保的期限：_____。

预付款担保的形式为：_____。

12.3　计量

12.3.1　计量原则

工程量计算规则：_____。

12.3.2　计量周期

关于计量周期的约定：_____。

12.3.3　单价合同的计量

关于单价合同计量的约定：_____。

12.3.4　总价合同的计量

关于总价合同计量的约定：_____。

12.3.5　总价合同采用支付分解表计量支付的，是否适用第 12.3.4 项〔总价合同的计量〕约定进行计量：_____。

12.3.6　其他价格形式合同的计量

其他价格形式的计量方式和程序：_____
_____。

12.4　工程进度款支付

12.4.1　付款周期

关于付款周期的约定：_____。

12.4.2　进度付款申请单的编制

关于进度付款申请单编制的约定：_____。

12.4.3　进度付款申请单的提交

（1）单价合同进度付款申请单提交的约定：_____。

（2）总价合同进度付款申请单提交的约定：_____。

（3）其他价格形式合同进度付款申请单提交的约定：_____。

12.4.4　进度款审核和支付

（1）监理人审查并报送发包人的期限：_____。

发包人完成审批并签发进度款支付证书的期限：_____。

（2）发包人支付进度款的期限：_____。

发包人逾期支付进度款的违约金的计算方式：_____。

12.4.6　支付分解表的编制

2. 总价合同支付分解表的编制与审批：_____。

3. 单价合同的总价项目支付分解表的编制与审批：_____
_____。

13. 验收和工程试车

13.1 分部分项工程验收

13.1.2 监理人不能按时进行验收时，应提前_____小时提交书面延期要求。

关于延期最长不得超过：_____小时。

13.2 竣工验收

13.2.2 竣工验收程序

关于竣工验收程序的约定：_____。

发包人不按照本项约定组织竣工验收、颁发工程接收证书的违约金的计算方法：

_____。

13.2.5 移交、接收全部与部分工程

承包人向发包人移交工程的期限：_____。

发包人未按本合同约定接收全部或部分工程的，违约金的计算方法为：_____

_____。

承包人未按时移交工程的，违约金的计算方法为：_____

_____。

13.3 工程试车

13.3.1 试车程序

工程试车内容：_____

_____。

（1）单机无负荷试车费用由_____承担；

（2）无负荷联动试车费用由_____承担。

13.3.3 投料试车

关于投料试车相关事项的约定：_____。

13.6 竣工退场

13.6.1 竣工退场

承包人完成竣工退场的期限：_____。

14. 竣工结算

14.1 竣工结算申请

承包人提交竣工结算申请单的期限：_____。

竣工结算申请单应包括的内容：_____

_____。

14.2 竣工结算审核

发包人审批竣工付款申请单的期限：_____。

发包人完成竣工付款的期限：_____。

关于竣工付款证书异议部分复核的方式和程序：_____

_____。

14.4 最终结清

14.4.1 最终结清申请单

承包人提交最终结清申请单的份数：_____。

承包人提交最终结算申请单的期限：_____。

14.4.2 最终结清证书和支付

（1）发包人完成最终结清申请单的审批并颁发最终结清证书的期限：_____。

（2）发包人完成支付的期限：_____。

15. 缺陷责任期与保修

15.2 缺陷责任期

缺陷责任期的具体期限：_____。

15.3 质量保证金

关于是否扣留质量保证金的约定：在工程项目竣工前，承包人按专用合同条款第3.7条提供履约担保的，发包人不得同时预留工程质量保证金。

15.3.1 承包人提供质量保证金的方式

质量保证金采用以下第_____种方式：

（1）质量保证金保函，保证金额为：_____；

（2）_____％的工程款；

（3）其他方式：_____。

15.3.2 质量保证金的扣留

质量保证金的扣留采取以下第_____种方式：

（1）在支付工程进度款时逐次扣留，在此情形下，质量保证金的计算基数不包括预付款的支付、扣回以及价格调整的金额；

（2）工程竣工结算时一次性扣留质量保证金；

（3）其他扣留方式：_____。

关于质量保证金的补充约定：_____。

15.4 保修

15.4.1 保修责任

工程保修期为：_____。

15.4.3 修复通知

承包人收到保修通知并到达工程现场的合理时间：_____。

16. 违约

16.1 发包人违约

16.1.1 发包人违约的情形

发包人违约的其他情形：_____。

16.1.2 发包人违约的责任

发包人违约责任的承担方式和计算方法：

（1）因发包人原因未能在计划开工日期前 7 天内下达开工通知的违约责任：_____

_____。

（2）因发包人原因未能按合同约定支付合同价款的违约责任：_____

_____。

（3）发包人违反第 10.1 款〔变更的范围〕第（2）项约定，自行实施被取消的工作或转由他人实施的违约责任：_____。

（4）发包人提供的材料、工程设备的规格、数量或质量不符合合同约定，或因发包人原因导致交货日期延误或交货地点变更等情况的违约责任：_____

_____。

（5）因发包人违反合同约定造成暂停施工的违约责任：_____。

（6）发包人无正当理由没有在约定期限内发出复工指示，导致承包人无法复工的违约责任：_____。

（7）其他：_____。

16.1.3 因发包人违约解除合同

承包人按 16.1.1 项〔发包人违约的情形〕约定暂停施工满_____天后发包人仍不纠正其违约行为并致使合同目的不能实现的，承包人有权解除合同。

16.2 承包人违约

16.2.1 承包人违约的情形

承包人违约的其他情形：_____

_____。

16.2.2 承包人违约的责任

承包人违约责任的承担方式和计算方法：_____

_____。

16.2.3 因承包人违约解除合同

关于承包人违约解除合同的特别约定：_____。

发包人继续使用承包人在施工现场的材料、设备、临时工程、承包人文件和由承包人或以其名义编制的其他文件的费用承担方式：_____。

17. 不可抗力

17.1 不可抗力的确认

除通用合同条款约定的不可抗力事件之外，视为不可抗力的其他情形：_____

_____。

17.4 因不可抗力解除合同

合同解除后，发包人应在商定或确定发包人应支付款项后_____天内完成款项的支付。

18. 保险

18.1　工程保险

关于工程保险的特别约定：_____。

18.3　其他保险

关于其他保险的约定：_____。

承包人是否应为其施工设备等办理财产保险：_____。

18.7　通知义务

关于变更保险合同时的通知义务的约定：_____。

20. 争议解决

20.3　争议评审

合同当事人是否同意将工程争议提交争议评审小组决定：_____

_____。

20.3.1　争议评审小组的确定

争议评审小组成员的确定：_____。

选定争议评审员的期限：_____。

争议评审小组成员的报酬承担方式：_____。

其他事项的约定：_____。

20.3.2　争议评审小组的决定

合同当事人关于本项的约定：_____。

20.4　仲裁或诉讼

因合同及合同有关事项发生的争议，按下列第_____种方式解决：

（1）向_____仲裁委员会申请仲裁；

（2）向_____人民法院起诉。

附 件

协议书附件：

附件1：承包人承揽工程项目一览表

专用合同条款附件：

附件2：发包人供应材料设备一览表

附件3：工程质量保修书

附件4：主要建设工程文件目录

附件5：承包人用于本工程施工的机械设备表

附件6：承包人主要施工管理人员表

附件7：分包人主要施工管理人员表

附件8：履约担保格式

附件9：预付款担保格式

附件10：支付担保格式

附件11：暂估价一览表

附件1：

承包人承揽工程项目一览表

单位工程名称	建设规模	建筑面积/平方米	结构形式	层数	生产能力	设备安装内容	合同价格/元	开工日期	竣工日期

附件 2：

发包人供应材料设备一览表

序号	材料、设备品种	规格型号	单位	数量	单价/元	质量等级	供应时间	送达地点	备注

附件3：

工程质量保修书

发包人（全称）：＿＿＿＿＿＿＿＿＿＿＿＿＿＿＿＿＿

承包人（全称）：＿＿＿＿＿＿＿＿＿＿＿＿＿＿＿＿＿

发包人和承包人根据《中华人民共和国建筑法》和《建设工程质量管理条例》，经协商一致就（工程全称）签订工程质量保修书。

一、工程质量保修范围和内容

承包人在质量保修期内，按照有关法律规定和合同约定，承担工程质量保修责任。

质量保修范围包括地基基础工程、主体结构工程，屋面防水工程、有防水要求的卫生间、房间和外墙面的防渗漏，供热与供冷系统，电气管线、给排水管道、设备安装和装修工程，以及双方约定的其他项目。具体保修的内容，双方约定如下：

＿＿＿＿＿＿＿＿＿＿＿＿＿＿＿＿＿＿＿＿＿＿＿＿＿＿＿＿＿＿＿＿

＿＿＿＿＿＿＿＿＿＿＿＿＿＿＿＿＿＿＿＿＿＿＿＿＿＿＿＿＿＿＿＿。

二、质量保修期

根据《建设工程质量管理条例》及有关规定，工程的质量保修期如下：

1. 地基基础工程和主体结构工程为设计文件规定的工程合理使用年限；

2. 屋面防水工程、有防水要求的卫生间、房间和外墙面的防渗为＿＿＿＿＿＿＿年；

3. 装修工程为＿＿＿＿＿＿＿年；

4. 电气管线、给排水管道、设备安装工程为＿＿＿＿＿＿＿年；

5. 供热与供冷系统为＿＿＿＿＿＿＿个采暖期、供冷期；

6. 住宅小区内的给排水设施、道路等配套工程为＿＿＿＿＿＿＿年；

7. 其他项目保修期限约定如下：

＿＿＿＿＿＿＿＿＿＿＿＿＿＿＿＿＿＿＿＿＿＿＿＿＿＿＿＿＿＿＿＿

＿＿＿＿＿＿＿＿＿＿＿＿＿＿＿＿＿＿＿＿＿＿＿＿＿＿＿＿＿＿＿＿。

质量保修期自工程竣工验收合格之日起计算。

三、缺陷责任期

工程缺陷责任期为＿＿＿＿＿＿＿个月，缺陷责任期自工程通过竣工之日起计算。单位工程先于全部工程进行验收，单位工程缺陷责任期自单位工程验收合格之日起算。

缺陷责任期终止后，发包人应退还剩余的质量保证金。

四、质量保修责任

1. 属于保修范围、内容的项目，承包人应当在接到保修通知之日起7天内派人保修。承包人不在约定期限内派人保修的，发包人可以委托他人修理。

2. 发生紧急事故需抢修的，承包人在接到事故通知后，应当立即到达事故现场抢修。

3. 对于涉及结构安全的质量问题，应当按照《建设工程质量管理条例》的规定，立即向当地建设行政主管部门和有关部门报告，采取安全防范措施，并由原设计人或者具有相应资质等级的设计人提出保修方案，承包人实施保修。

4. 质量保修完成后，由发包人组织验收。

五、保修费用

保修费用由造成质量缺陷的责任方承担。

六、双方约定的其他工程质量保修事项：_____
_____
_____。

工程质量保修书由发包人、承包人在工程竣工验收前共同签署，作为施工合同附件，其有效期限至保修期满。

发包人（公章）：_____ 承包人（公章）：_____
地　　址：_____ 地　　址：_____
法定代表人（签字）：_____ 法定代表人（签字）：_____
委托代理人（签字）：_____ 委托代理人（签字）：_____
电　　话：_____ 电　　话：_____
传　　真：_____ 传　　真：_____
开户银行：_____ 开户银行：_____
账　　号：_____ 账　　号：_____
邮政编码：_____ 邮政编码：_____

附件 4：

主要建设工程文件目录

文件名称	套数	费用/元	质量	移交时间	责任人

附件 5：

承包人用于本工程施工的机械设备表

序号	机械或设备名称	规格型号	数量	产地	制造年份	额定功率/kW	生产能力	备注

附件 6：

承包人主要施工管理人员表

名　　称	姓名	职务	职称	主要资历、经验及承担过的项目
一、总部人员				
项目主管				
其他人员				
二、现场人员				
项目经理				
项目副经理				
技术负责人				
造价管理				
质量管理				
材料管理				
计划管理				
安全管理				
其他人员				

附件 7：

分包人主要施工管理人员表

名　称	姓名	职务	职称	主要资历、经验及承担过的项目
一、总部人员				
项目主管				
其他人员				
二、现场人员				
项目经理				
项目副经理				
技术负责人				
造价管理				
质量管理				
材料管理				
计划管理				
安全管理				
其他人员				

附件8：履约担保格式

履 约 担 保

_____（发包人名称）：

鉴于_____（发包人名称，以下简称"发包人"）与_____（承包人名称）（以下称"承包人"）于_____年_____月_____日就（工程名称）施工及有关事项协商一致共同签订《建设工程施工合同》。我方愿意无条件地、不可撤销地就承包人履行与你方签订的合同，向你方提供连带责任担保。

1. 担保金额人民币（大写）_____元（￥_____）。

2. 担保有效期自你方与承包人签订的合同生效之日起至你方签发或应签发工程接收证书之日止。

3. 在本担保有效期内，因承包人违反合同约定的义务给你方造成经济损失时，我方在收到你方以书面形式提出的在担保金额内的赔偿要求后，在7天内无条件支付。

4. 你方和承包人按合同约定变更合同时，我方承担本担保规定的义务不变。

5. 因本保函发生的纠纷，可由双方协商解决，协商不成的，任何一方均可提请_____仲裁委员会仲裁。

6. 本保函自我方法定代表人（或其授权代理人）签字并加盖公章之日起生效。

担　保　人：_____（盖单位章）

法定代表人或其委托代理人：_____（签字）

地　　址：_____

邮政编码：_____

电　　话：_____

传　　真：_____

_____年_____月_____日

附件9：预付款担保格式

预 付 款 担 保

_____（发包人名称）：

根据_____（承包人名称）（以下称"承包人"）与_____（发包人名称）（以下简称"发包人"）于_____年_____月_____日签订的_____（工程名称）《建设工程施工合同》，承包人按约定的金额向你方提交一份预付款担保，即有权得到你方支付相等金额的预付款。我方愿意就你方提供给承包人的预付款为承包人提供连带责任担保。

1. 担保金额人民币（大写）_____元（¥_____）。

2. 担保有效期自预付款支付给承包人起生效，至你方签发的进度款支付证书说明已完全扣清止。

3. 在本保函有效期内，因承包人违反合同约定的义务而要求收回预付款时，我方在收到你方的书面通知后，在7天内无条件支付。但本保函的担保金额，在任何时候不应超过预付款金额减去你方按合同约定在向承包人签发的进度款支付证书中扣除的金额。

4. 你方和承包人按合同约定变更合同时，我方承担本保函规定的义务不变。

5. 因本保函发生的纠纷，可由双方协商解决，协商不成的，任何一方均可提请_____仲裁委员会仲裁。

6. 本保函自我方法定代表人（或其授权代理人）签字并加盖公章之日起生效。

担　保　人：_____（盖单位章）

法定代表人或其委托代理人：_____（签字）

地　　　址：_____

邮 政 编 码：_____

电　　　话：_____

传　　　真：_____

_____年_____月_____日

附件 10：支付担保格式

支 付 担 保

_____（承包人）：

鉴于你方作为承包人已经与_____（发包人名称）（以下称"发包人"）于_____年_____月_____日签订了_____（工程名称）《建设工程施工合同》（以下称"主合同"），应发包人的申请，我方愿就发包人履行主合同约定的工程款支付义务以保证的方式向你方提供如下担保：

一、保证的范围及保证金额

1. 我方的保证范围是主合同约定的工程款。

2. 本保函所称主合同约定的工程款是指主合同约定的除工程质量保证金以外的合同价款。

3. 我方保证的金额是主合同约定的工程款的_____%，数额最高不超过人民币_____（大写：_____）元。

二、保证的方式及保证期间

1. 我方保证的方式为：连带责任保证。

2. 我方保证的期间为：自本合同生效之日起至主合同约定的工程款支付完毕之日后_____日内。

3. 你方与发包人协议变更工程款支付日期的，经我方书面同意后，保证期间按照变更后的支付日期做相应调整。

三、承担保证责任的形式

我方承担保证责任的形式是代为支付。发包人未按主合同约定向你方支付工程款的，由我方在保证金额内代为支付。

四、代偿的安排

1. 你方要求我方承担保证责任的，应向我方发出书面索赔通知及发包人未支付主合同约定工程款的证明材料。索赔通知应写明要求索赔的金额，支付款项应到达的账号。

2. 在出现你方与发包人因工程质量发生争议，发包人拒绝向你方支付工程款的情形时，你方要求我方履行保证责任代为支付的，需提供符合相应条件要求的工程质量检测机构出具的质量说明材料。

3. 我方收到你方的书面索赔通知及相应的证明材料后 7 天内无条件支付。

五、保证责任的解除

1. 在本保函承诺的保证期间内，你方未书面向我方主张保证责任的，自保证期间届满次日起，我方保证责任解除。

2. 发包人按主合同约定履行了工程款的全部支付义务的，自本保函承诺的保证期间届满次日起，我方保证责任解除。

3. 我方按照本保函向你方履行保证责任所支付金额达到本保函保证金额时，自我方向你方支付（支付款项从我方账户划出）之日起，保证责任即解除。

4. 按照法律法规的规定或出现应解除我方保证责任的其他情形的，我方在本保函项下的保证责任亦解除。

5. 我方解除保证责任后，你方应自我方保证责任解除之日起_____个工作日内，将本保函原件返还我方。

六、免责条款

1. 因你方违约致使发包人不能履行义务的，我方不承担保证责任。

2. 依照法律法规的规定或你方与发包人的另行约定，免除发包人部分或全部义务的，我方亦免除其相应的保证责任。

3. 你方与发包人协议变更主合同的，如加重发包人责任致使我方保证责任加重的，需征得我方书面同意，否则我方不再承担因此而加重部分的保证责任，但主合同第 10 条〔变更〕约定的变更不受本款限制。

4. 因不可抗力造成发包人不能履行义务的，我方不承担保证责任。

七、争议解决

因本保函或本保函相关事项发生的纠纷，可由双方协商解决，协商不成的，按下列第_____种方式解决：

（1）向_____仲裁委员会申请仲裁；

（2）向_____人民法院起诉。

八、保函的生效

本保函自我方法定代表人（或其授权代理人）签字并加盖公章之日起生效。

担 保 人：_____（盖章）

法定代表人或委托代理人：_____（签字）

地　　　址：_____

邮政编码：_____

传　　　真：_____

_____年_____月_____日

附件11：暂估价一览表

材 料 暂 估 价 表

序号	名称	单位	数量	单价/元	合价/元	备注

工 程 设 备 暂 估 价 表

序号	名称	单位	数量	单价/元	合价/元	备注

专 业 工 程 暂 估 价 表

序号	专业工程名称	工程内容	金额
		小计：	

参 考 文 献

[1] 中国建设监理协会. 建设工程监理概论 [M]. 4 版. 北京：中国建筑工业出版社，2015.

[2] 中华人民共和国国家标准. 建设工程监理规范（GB/T 50319—2013）[S]. 北京：中国建筑工业出版社，2013.

[3] 中国建设监理协会. 建设工程监理规范（GB/T 50319—2013）应用指南 [M]. 北京：中国建筑工业出版社，2013.

[4] 住房和城乡建设部，国家工商行政管理总局. 建设工程监理合同（示范文本）[M]. 北京：中国建筑工业出版社，2013.

[5] 中国建设监理协会. 《建设工程监理合同（示范文本）》应用指南 [M]. 北京：知识产权出版社，2012.

[6] 吴京戎，梁正伟，付兵，等. 建设工程监理 [M]. 西安：西北工业大学出版社，2015.

[7] 王光炎，钱闪光，洪伟，等. 建筑工程监理 [M]. 北京：教育科学出版社，2015.

[8] 中华人民共和国国家标准. 建设工程文件归档规范（GB/T 50328—2014）[S]. 北京：中国建筑工业出版社，2014.

[9] 全国监理员岗位培训教材编委会. 建设工程监理基础知识 [M]. 北京：中国建筑工业出版社，2016.